砷 冶 金

曲胜利 编著

北 京

冶 金 工 业 出 版 社

2021

内 容 提 要

本书共7章，主要内容有：砷的资源、性质及用途概述，粗三氧化二砷的生产技术，精三氧化二砷提纯生产技术，单质砷生产技术，高纯砷生产技术，含砷中间物料的治理技术和砷污染防治技术。

本书可供有色金属冶炼行业，特别是从事砷的回收处理的工程技术人员阅读参考，也可作为高校相关专业师生的教学参考书。

图书在版编目（CIP）数据

砷冶金/曲胜利编著 . —北京：冶金工业出版社，2021.2
ISBN 978-7-5024-8730-0

Ⅰ.①砷… Ⅱ.①曲… Ⅲ.①砷—化学冶金—精炼（冶金）
Ⅳ.①O613.63 ②TF114.3

中国版本图书馆 CIP 数据核字（2021）第 023077 号

出 版 人 苏长永
地 址 北京市东城区嵩祝院北巷 39 号 邮编 100009 电话 （010）64027926
网 址 www.cnmip.com.cn 电子信箱 yjcbs@cnmip.com.cn
责任编辑 张熙莹 郭雅欣 美术编辑 彭子赫 版式设计 禹 蕊
责任校对 石 静 责任印制 李玉山
ISBN 978-7-5024-8730-0
冶金工业出版社出版发行；各地新华书店经销；三河市双峰印刷装订有限公司印刷
2021 年 2 月第 1 版，2021 年 2 月第 1 次印刷
787mm×1092mm 1/16；13 印张；314 千字；196 页
79.00 元

冶金工业出版社 投稿电话 （010）64027932 投稿信箱 tougao@cnmip.com.cn
冶金工业出版社营销中心 电话 （010）64044283 传真 （010）64027893
冶金工业出版社天猫旗舰店 yjgycbs.tmall.com
（本书如有印装质量问题，本社营销中心负责退换）

序

　　砷是有色金属冶炼过程中最为有害的杂质元素之一。砷及其化合物的特殊性质，使得砷在冶炼过程中往往分散于废水、废气、废渣中，由于缺乏成熟的工艺装备进行综合回收，造成砷在冶炼过程中不断循环，影响主金属的直收率、降低设备的生产能力、增加能源消耗、恶化工作条件、危害身体健康、造成环境污染，使得人们往往"谈砷色变"。

　　教授级高级工程师曲胜利及其团队在砷资源综合回收及含砷危废治理方面具有丰富的生产与管理经验，综合多年研究和生产实践编写成了《砷冶金》，该书介绍了关于砷的历史记载、资源分布、性质和用途、生产技术的发展历程和现状以及今后的发展趋势，对含砷中间物料处理、冶炼过程中砷污染防治技术以及对高纯三氧化二砷和单质砷的生产做了细致的介绍，包括基础理论、工艺过程和主要设备以及技术经济指标等，对相关的研究开发和工业生产具有宝贵的指导和借鉴作用。

　　作者工作单位长期与国内科研设计单位和高校紧密合作，做了大量的科技开发工作，将干法骤冷收砷技术应用于有色金属冶炼行业，并结合造锍捕金技术处理复杂金精矿，创新成果使我国黄金冶炼水平处于世界前列，通过对砷产品的不断技术创新和生产实践，取得了显著的社会效益和经济效益，推动了有色金属冶炼行业砷资源综合回收利用的科技进步。

　　《砷冶金》的出版，对大专院校、科研设计、生产企业、管理部门和科技工作者了解砷冶炼技术的现状和科技进步，具有重要的参考作用；对推动有色金属工业的绿色化发展具有很好的指导作用。

2020 年 11 月

前　言

砷是一种非金属元素，主要用于制造合金及半导体材料，在农药、医药、颜料、化工等行业中也有着广泛的应用。砷在世界范围内分布广泛，地壳中砷的丰度约 2g/t，主要以硫化物矿的形式（如雄黄 As_4S_4，雌黄 As_2S_3 等）存在于自然界，常与黄铜矿、黄铁矿、磁黄铁矿、辉锑矿、方铅矿、闪锌矿、锡石等硫化物和贵金属金、银密切共生。伴随这些金属矿物的开采、选矿、冶炼以及砷矿物的自然风化，砷以原矿或砷的氧化物形式逸散到周围环境中，对大气、水体、农作物等造成污染。

作为黄金冶炼过程的伴生元素，砷害问题一直是企业存在的瓶颈问题，作者所在单位一直围绕黄金冶炼和清洁生产进行技术攻关，通过长期不懈的努力和生产实践，学习和借鉴国内外先进的砷治理技术，形成了独有的砷治理理念和模式。在此基础上，大量收集国内外相关资料并结合砷的产品冶炼提取技术著成本书，希望能对从事相关研究及工程技术工作的专家学者有所裨益。

本书力求内容丰富翔实，涵盖了主要砷产品的生产技术、含砷中间物料处理技术和砷污染防治技术。全书共分为 7 章，第 1 章为砷的资源、性质及用途概述，第 2 章为粗三氧化二砷生产技术，第 3 章为精三氧化二砷提纯生产技术，第 4 章为单质砷生产技术，第 5 章为高纯砷生产技术，第 6 章为含砷中间物料的治理技术，第 7 章为砷污染防治技术。

本书在编写过程中参阅了大量的文献，许多关于砷提纯、砷污染治理技术方面的最新成果都包含在本书的内容中，其中重要的资料都作为参考文献列于书中正文之后。作者对长期从事砷冶炼及相关研究的科技工作者表示崇高的敬意，对大家的无私贡献表示衷心的感谢。

本书是作者及研究团队集体智慧的结晶，作者所在单位有数位同事参与了本书的文献资料收集及整理工作，对他们的辛勤劳动表示诚挚的谢意。

　　本书在编写过程中得到了中国工程院柴立元院士团队大力支持。在此，感谢柴立元院士为本书作序，感谢中南大学冶金与环境学院老师和同学的支持和帮助。

　　作者力图向大家奉献一本系统介绍砷冶金的著作，但由于水平所限，书中不足之处，恳请广大读者批评指正。

曲胜利

2020 年 11 月

目　　录

1 绪 论

1.1 砷的历史

1.1.1 中国古代对砷的记载

砷在中国的应用很早，可以追溯到公元前 10 世纪，《周礼·考工记》中曾记载，先秦染织技术中所用的丝织物[1]，需用五彩的绣线加以"画缋"。在陕西宝鸡西周墓（大约在穆王时期）出土的实物中发现，当时的绣线是用雌黄和丹砂涂成黄、红两种颜色的。由此可见，我国早在公元前 10 世纪就已经把雌黄作为一种颜料使用。

约公元前 7~前 3 世纪，楚人和巴蜀人所著的中国先秦古籍《山海经》[2]中记载了多个产地的雄黄和青雄黄，这也是雄黄在古代文献中第一次出现，雄黄之名一直沿用到今天。此外，《山海经》中还首次提到了另外一种重要的含砷矿物——礜石，"有白石马，其名曰礜，可以毒鼠"。汉初的《淮南子·说林训》中曾记载"人食礜而死，蚕食之而不饥"。由此可证明我国在公元前 5~前 3 世纪就开始用礜石来毒老鼠、防治蚕病。

《神农本草经》是中国历史上现存最早的中药经典古籍，书中记载药物 365 种。其中，对雄黄药用功能做了比较详细的阐述。《抱朴子》一书为公元前 3 世纪晋朝葛洪的炼丹巨著，此书记载雄黄"赤如鸡冠"，雌黄则是"纯黄"，明确区分了雄黄和雌黄的颜色[1]。同时记载了炼丹术中处理雄黄的种种方法，对探究化学史上炼制单质砷和火药起源具有一定的科学价值。《炮炙论》为公元 5 世初雷斅支所作，此书为我国最早的中药炮制学专著，记载 300 种药物。书中"指开，拆得千重，软如烂金者上"，指出雌黄的矿物硬度低，质脆，易碎。

《洗冤集录》为南宋宋慈（惠父）著，是中国较早、较完整的法医学专书。书中提到"砒霜服下未久者，取鸡蛋一二十个，打入碗内搅匀，入明矾三钱灌之。吐则再灌，吐后便愈"。表明此时不单知道砒霜的提取方法，并且了解它的毒性和解毒的方法。《本草纲目》为明朝李时珍撰成，是中国古代药学史上内容最丰富的药学巨著。书中涉及砷的条目有：雄黄、雌黄和砒石。对雄黄的矿物学知识研究相当深入，对提取白砷也有一套较为完备的工艺方法。

《天工开物》为中国明代宋应星撰写，是明代最全面、最系统介绍生产技艺的科技专著。书中详细介绍了"烧砒"中砒霜的产地、性质以及烧砒方法与注意事项。书中指出砒霜在华南、华北被用于农业杀虫剂[3]，曾写到"一厂有造万钧者，速销不滞"，说明在明朝，烧砒的应用不仅仅局限于医药和炼丹的范畴，而是开始设立冶炼厂进行提炼，并应用于农业范畴。

1.1.2 国外历史对砷的记载

砷在国外的应用可以追溯到公元前 340 年，希腊人亚里士多德著作中记载了矿坑中发现雄黄之类的物质，鸡冠石经水溶解可毒杀鸟兽等现象[4]，说明当时的希腊人对砷化物的强烈毒性有了深入的研究。

公元 8 世纪，被称为医学之父的古希腊科学家希波克拉底，把雄黄和雌黄应用于医药，用来治疗溃疡。受中国炼丹术的影响，德国人马格努斯利用炼金术首次用硫化砷与肥皂通过加热方式来制得单质砷[5]。英国医生派利斯发现在铜冶炼厂长期工作的工人身上出现了阴囊癌，他怀疑此病是由于长期接触砷烟尘有关。

1905 年，埃利切首次合成了可以用来抗锥虫的有机砷化合物肿苯胺，从此含砷药物开始应用于临床范畴。

1.2 砷在自然界赋存的状况

1.2.1 含砷的矿物

1.2.1.1 自然砷矿物

组成与结构：成分主要为 As，含量为 98%，还含有少量 Sb(0.01% ~ 0.07%) 和微量 Ag、Fe、Ni 等混入物。三方晶系，呈粒状与束状形，多为不规则状集合体。属单质矿物。

物化性质：灰黑色，不透明，玻璃光泽，条痕为锡白色，但在空气中很快变成暗灰色，硬度为 3.0 ~ 4.0，性脆，密度为 5.63 ~ 5.79g/cm³，易氧化。

功能与用途：常与金、锑、雄黄、黄铁矿共生，但往往由于含量低而无法独立开发利用。

鉴别特征：灰黑色；不规则集合体；条横在空气中很快变为暗灰色。

产地：贵州铜仁、四川东北寨。

1.2.1.2 雄黄

别名：鸡冠石。

组成与结构：成分为 AsS，其中含 As 70.1%、S 29.9%，杂质较少。单斜晶系，晶体呈短柱状，晶面具纵纹。集合体为粒状或块状，有时为土状或粉末状。属硫化物类矿物。

物化性质：橘红色，当暴露于光与空气中，破裂成橙黄色粉末。条痕为浅橘红色。镜面为金刚光泽，断面为树脂光泽，透明至半透明。硬度为 1.5 ~ 2.0，密度为 3.56g/cm³，熔点低（310℃），灼烧时发生臭蒜味。

功能与用途：常与雌黄、辉锑矿共生，矿石工业品位为 As 10%，是提取砷的重要矿物原料，其工业用途为制人工雄黄。

鉴别特征：橘红色；条痕浅橘红色；硬度小；灼烧时发出臭蒜味。

产地：湖南石门、浏阳，云南华南，陕西宁陕。

1.2.1.3 雌黄

组成与结构：成分为 As₂S₃，其中 As 60.91%、S 39.09%，有时含微量 V、Ga、Hg 等

以及 FeS_2、SiO_2、Sb_2S_3 等混入物。单斜晶系，晶体呈短柱状、板状或片状，常为梳状、块状及粉末状集合体。属硫化物类矿物。

物化性质：柠檬黄色，有时微带浅褐色。金刚光泽至油脂光泽。在空气中易变为暗淡。条痕鲜黄色，硬度为 1~2，密度为 3.4~3.5g/cm^3。熔点低，约在 320℃灼烧时发出臭蒜味。

功能与用途：常与雄黄、辰砂、辉锑矿共生，是砷的主要矿石矿物。其工业品位为 As 10%，是提取砷的重要矿物原料，用于制造杀虫剂、除草剂、防腐剂以及医药、颜料、焰火等，同时也是生产半导体砷化镓的材料。

鉴别特征：柠檬黄色；硬度小；条痕鲜黄色；灼烧时发生臭蒜味。

产地：湖南石门界牌、浏阳，云南南华，陕西宁陕。

1.2.1.4 毒砂

别名：砷黄铁矿。

组成与结构：成分为 FeAsS，其中含 As 46.1%、Fe 4.3%、S 19.6%；Fe 可被 Co 取代形成钴毒砂（含 Co 12%），此外还机械混入 Au、Ag、Sb、Pb 等。单斜或三方晶系，多为星状三连晶，通常为粒状或致密块状集合体。属于砷化物类矿物。

物化性质：锡白色，表面具浅黄色的锖色，条痕为灰黑色，金属光泽，不透明，硬度为 5.5~6.0，性脆。密度为 5.9~6.3g/cm^3，敲击时发出臭蒜味。

功能与用途：毒砂是制取各种砷化物的矿物原料，其工业品位为 As 6%，主要用于生产农药、玻璃、洗涤剂等，同时毒砂常有 Co 的类质同象以及 Au 的混入，在利用时可综合回收 Co 和 Au。

鉴别特征：新鲜面为锡白色，敲击时发出臭蒜味，烧后残渣有磁性。

产地：广西宾阳大马山，广东曲江一六。

1.2.1.5 辉砷铜矿

组成与结构：化学组成为 CuAsS，成分中有时有银代替铜、锑代替砷；斜方晶系，晶体板状或短柱状，集合体呈块状，致密到细粒状、放射状、柱状到针状。

物化性质：黑到钢灰色，带浅红色调；金属光泽，不透明；性脆，硬度 3~3.5，相对密度 4.9。

功能与用途：产于中温热液脉状矿床中。通常与其他硫化物、自然砷、砷黝铜矿、淡红银矿、浓红银矿一起产出。

1.2.1.6 硫砷铜矿

组成与结构：化学组成为 Cu_3AsS_4，有时有类质同象混入物，锑代替砷、锌和铁代替铜，斜方晶系，晶体常呈柱状、板状，通常为粒状或致密块状集合体。

物化性质：钢灰色或带灰、黄的黑色，条痕为黑色，金属光泽也可黯淡无光，不透明，性脆，硬度为 3.5，相对密度为 4.3~4.5。

功能与用途：中温铜矿床中的特征热液型矿物，常与黄铜矿、黄铁矿、黝铜矿等共生，地表风化条件下，易转变为各种铜的砷酸盐，大堆积时或与其他铜矿共生时，可作为提取铜或砷的矿石。

1.2.1.7 脆硫砷铅矿

组成与结构：化学组成为 $PbAs_2S_4$，单斜晶系，柱状晶体，柱面有砷条纹。

物化性质：铅灰色，条痕褐色，金属光泽，不透明，断口贝壳状，硬度为3，相对密度为5.10（实测），性脆。

功能与用途：与其他硫盐、雄黄、铁矿等产于结晶的白云岩中，可被红铊铅矿交代。

1.2.1.8 辉砷镍矿

组成与结构：化学组成为 NiAsS，含 Ni 35.41%，含 As 45.26%，钴、铁代替镍，钴可达8.8%，铁可达15%，锑代替砷达1.4%；等轴晶系，晶体为八面体或立方体，晶面上通常有类似黄铁矿的晶面条纹，集合体呈块状、粒状或叶片状。

物化性质：锡白至钢灰色，常变为灰或浅灰黑色，条痕浅为灰黑色，金属光泽，不透明，断口参差状，性脆。

1.2.1.9 辉砷钴矿

组成与结构：又称辉钴矿，化学组成为 CoAsS，部分钴被铁和镍所代替，富铁称铁辉砷钴矿，富镍称镍辉砷钴矿，等轴晶系，晶体呈八面体或五角十二面体，或两者的聚形，集合体呈粒状或致密块状。

物化性质：锡白色，微带玫瑰红色色调，如在空气中久置，玫瑰红色会更浓，含镍高时，呈钢灰色带紫色色调，富铁者黑色，条痕灰黑色，金属光泽，性脆，硬度为5.5，相对密度为6.0~6.5，电的良导体。

功能与用途：标准的高温热液矿物，主要产于接触交代及含钴热矿脉中，在氧化带形成桃红色的钴华和黑色的水钴矿，炼钴的重要矿物原料，钴用于特种钢和合金以及蓝色染料等。

1.2.1.10 淡红银矿

别名：硫砷银矿。

组成与结构：化学组成为 Ag_3AsS_3，经常有少量的锑类质同象代替砷，在300℃以下砷和锑为类质同象，温度下将则发生固溶体离溶，因此，在淡红银矿中可以见到少量的硫锑银矿，三方晶系，晶体呈柱状，柱面有斜条纹，常见粒状或致密块状集合体。

物化性质：深红至朱红色，类似辰砂，条痕鲜红色，金刚光泽，半透明，性脆，硬度为2~2.5，相对密度为5.57~5.64，不导电。

功能与用途：产于铅锌银热液矿脉中，一般为晚期形成的矿物，炼银的矿物原料，晶体可作激光材料。

1.2.1.11 斜方硫砷矿

物理性质：在显微镜下可见多晶集合体，最大可达0.2mm，负载25g时显微硬度为58kg/mm²，计算相对密度为4.50，斜方晶系，假六方晶体。

光学性质：反射色为浅白灰色。在空气中双反射弱，在浸油中较清楚，由几乎为纯白色到浅蓝灰色。

化学性质：用电子探针分析了两个样品的成分：As 90.0%和90.8%，S 10.3%和10.3%。

产地：在法国发现，产于大理石化的石灰石之间的钙质细脉中，与雄黄、天然砷、少量的重晶石在一起。

1.2.1.12 硫砷铊汞矿

物理性质：呈他形颗粒（几分之一毫米）及薄片状存在于细脉中，具有细双晶条，显微硬度148kg/mm^2，密度5.83g/cm^3，颜色具有紫色色调的暗红色，半透明，浸油中呈红黑色，正方晶体结构。

光学性质：反射色呈浅蓝白色，双反射弱，内反射为红色。

化学性质：用电子探针分析其成分：Tl 20.4%和19.7%，Ag 3.8%和4.2%，Cu 3.9%和3.8%，Hg 34.7%和34.4%，Zn 2.0%和2.1%，As 13.2%和13.2%，Sb 2.6%和2.9%，S 19.6%和19.6%。

产地：在法国发现，产于黑色三叠纪白云岩矿化带中，与辉锑矿、单斜硫砷银矿、闪锌矿、雄黄、雌黄、黄铁矿、重晶石等矿物共生。

1.2.1.13 硫砷汞银矿

物理性质：呈平均为2mm的板状，负载25g（平均）时，显微镜硬度为115kg/mm^2，密度6.11g/cm^3，单斜晶系。

光学性质：反射色为浅蓝白色，在空气和浸油中双反射强。非均性很强，具有由灰蓝色到暗灰色的颜色效应，内反射为紫红色。

化学性质：用电子探针测定成分：Ag 21.9%，Hg 41.0%，As 15.6%，S 20.3%。

产状：在阿尔卑斯山脉、法国等地发现，产于黑色的三叠纪白云岩矿化带中；与辉锑矿、单斜硫砷银矿、闪锌矿、雄黄、雌黄、黄铁矿、重晶石以及尚未测定的矿物共生。

1.2.1.14 硫砷锇矿

组成与别名：OsAsS与RuAsS，矿物组成中Os与Ru能相互类质同象更换，Os含量小于Ru含量的称为硫砷钌矿，美国加利福尼亚州砂矿中产出的硫砷锇矿含Os 35.6%，Ru 18.1%，Ir 2.0%，Ni 0.9%，Pd 0.6%，Rh 0.2%，S 11.5%，As 30.6%。

物化性质：相对密度为8.44，呈不规则粒状及粒状集合体，在砂矿中呈碎块张，粒径100~150μm，无磁性，金属光泽，性脆，显微硬度982.1~1030.2kg/mm^2（Os含量少的样品）和804kg/mm^2（含Os 14%的样品平均值），颜色铅灰色至暗灰色，条痕灰黑色。

产状与产地：见于我国西藏阿尔卑斯褶皱带以斜辉辉橄岩为主的超基性岩及附近的砂矿中。岩体及有关的铬铁矿矿体遭受强烈的蛇纹石化及绿泥石化热液蚀变。矿石的主要组成矿物为铬尖晶石，脉石矿物为蛇纹石和绿泥石，此外还有少量Fe、Cu、Mo、Pb、Ni的硫化物。

1.2.1.15 硫砷铱矿

别名：硫砷铑矿。

组成与结构：硫砷铱矿 IrAsS，硫砷铑矿 RhAsS，前者成分中 Ir > Rh，后者 Ir < Rh。硫砷铱矿成分：Ir 44.8%~58.7%，As 21.7%~24.7%，S 12.7%~14.0%。硫砷铑矿成分：Rh 41.3%，As 33.3%，S 16.4%。两个矿物含有的杂质元素有 Pt、Os、Pb、Ru 以及 Ni、Co、Fe 等，矿物属于等轴晶系。

物化性质：硫砷铱矿呈块状产出，硬度大于 6，钢针刻无刻痕，相对密度 11.92，颜色铁黑色，铅灰色，金属光泽，性脆，不透明。硫砷铑矿呈细粒状，硬度大于 6，颜色灰色，金属光泽，不透明。

产状与产地：硫砷铱矿产于纯铁镁橄榄石有关的铬铁矿中，与自然铂共生，也产于铜镍硫化物矿床中，与自然铂、砷铱铂矿、辉砷镍钴矿等共生。硫砷铑矿产于铜镍硫化物矿床中，与富铑的砷铂矿、锑铂矿共生。

1.2.1.16 斜方砷铁矿

组成与结构：成分为 $FeAs_2$，其中含 As 72.82%、Fe 7.18%，Fe 常被 Co 或 Ni 所替代。斜方晶系，晶体呈柱状，柱面有直立条纹，通常为粒状集合体或块状集合体。

物化性质：银白色至钢灰色，金属光泽，条痕为炭黑色，不透明，硬度 5.0~5.5，密度 7.0~7.4g/cm³，断口不平，溶于硝酸，熔融温度 980~1040℃。

功能与用途：工业品位 As 为 10%，用于提取 As，以生产农药及杀虫剂、除草剂等。

鉴别特征：粒状集合体；晶面有直立条纹，性脆；加热发臭蒜味。

产地：美国科罗拉多、富兰克林。

1.2.1.17 砷镍矿

组成与结构：化学组成为 $Ni_{12-x}As_8$，当 $x = 0$ 时，成分为 Ni_3As_2，含 Ni 54.02%、As 45.98%；当 $x = 1$ 时，成分为 $Ni_{11}As_8$，含 Ni 51.85%、As 48.15%。成分中常混有 Co、Cu、Fe、Pb、Bi 等元素，四方晶系，复四方双锥晶类，常呈不规则粒状、板状、针状，集合体呈放射状，变胶体常呈同心圆构造。

物化性质：新鲜断口呈带浅红色调的银灰色，很快就变成铜红色，条痕浅黑灰色，金属光泽，不透明，参差状断口，性脆，硬度 5.0，相对密度 7.95，溶于硝酸，呈绿色。

产地与用途：产出很少，难形成工业意义的矿石。

1.2.1.18 红砷镍矿

组成与结构：化学组成为 NiAs，含 Ni 43.92%，As 56.08%，混入物有 Cu、Fe、Co、Bi、Sb、S 等，Sb 含量可达 6%，六方晶系，复六方双锥晶类，完好晶体少见，常呈致密块状集合体，粒状集合体，具有梳状、放射状结构的肾状体，有时呈网状和树枝状。

物化性质：淡铜红色，条痕褐黑色，金属光泽，不透明，断口不平坦，性脆，硬度 5.0~5.5，相对密度 7.6~7.8，具有良好的导电性能，易溶于硝酸和王水。

功能与用途：红砷镍矿熔点 968℃，当加热高于 850℃，具有反应：$3NiAs \rightarrow Ni_3As_2 + As$。在 400~500℃ 及砷蒸气下，则转化为二砷化镍：$NiAs + As \rightarrow NiAs_2$。

由于红砷镍矿颗粒外部形成 $NiAs_2$ 致密外壳，反应迅速停止，红砷镍矿高温时与红锑镍矿成固溶体，富集时与共生镍矿物可共同构成镍矿石。

鉴别特征：淡红铜色、褐黑色条纹。木炭上吹管烧之，生成光亮脆性小球及白色 As_2O_2 被膜，有砷的强蒜臭气。硝酸溶液呈苹果绿色，加氨水变成天蓝色，与二甲基乙二醛肟作用产生玫瑰色沉淀。

产地：瑞士、德国、中国云南。

1.2.1.19 副砷锑矿

组成与结构：化学组成为 $Sb_2(Sb,As)_2$，含 Sb 82.4%。单斜晶系，短柱状，有些柱晶有平行长细的条纹，细粒状集合体，也有呈六方板状晶型，聚片双晶常见。

物化性质：副砷锑矿呈银白色，性脆，解理完全。硬度 2.5~3.5，相对密度 6.52。

产地与产状：副砷锑矿与锑银矿共生，可交代方解石。

1.2.1.20 砷铜矿

组成与结构：化学组成为 Cu_3As。Sb 可取代 As 达 3%，称为锑砷铜矿，等轴晶系。一般为致密块状的粒状集合体，有时呈肾状、葡萄状。

物化性质：锡白至铜灰色，有黄至粉红褐色、锖色。条痕黑色，金属光泽，不透明，断口呈不平坦状。硬度 3.0~3.5，相对密度 7.2~7.9。

产地与产状：部分为热液成因。和自然铜、自然银、铜的硫化物、红锑镍矿等共生或伴生。

1.2.1.21 砷钌矿

物理性质：砷钌矿以不规则的包裹体（直径为 $100\mu m$）存在于含砷铱矿等矿物的矿石中。负载 100g 时，两个颗粒的显微硬度分别为 $743kg/mm^2$ 和 $933kg/mm^2$。按 Ru 0.89、Ni 0.11、As 1.00 组分计算密度为 $10.0g/cm^3$。

光学性质：在浸油中反射色呈浅橙褐色到浅褐灰色。双反射明显，非均性强，颜色效应橙褐色到淡钢灰色。

化学性质：用电子探针分析了 3 个样品，其成分变化范围为：Ir 2.1%~5.5%、Ru 44.7%~43.4%、Os 0~2.1%、Rh 2.1%~5.4%、Pd 1.6%~2.0%、Ni 4.4%~3.5%、As 39.4%~41.2%、总计 97.9%~98.6%（理论成分 Ru 57.44%、As 42.56%）。

1.2.1.22 砷钯矿

物理性质：在显微镜下研究时发现，颗粒大小为 0.005~0.4mm，平均为 0.04~0.06mm。负载 5g 时，显微硬度为 $272~35.2kg/mm^2$，平均为 $325.8kg/mm^2$；根据金刚石角锥痕迹的特点判断很脆，沿两个方向的解理较完全，计算密度为 $10.42g/cm^3$，钢灰色，金属光泽，无磁性。

光学性质：反射色为浅灰白色；弱双反射仅在浸油中具有较强的玫瑰色色调。非均性，具有不同的颜色效应：在空气中由带浅蓝色色调的暗灰色到浅红褐色，在浸油中由暗灰色到带浅红色色调的浅褐灰色。

化学性质：用电子探针分析的平均结果：Pd 67.1%~68.0%、67.55%，Ag 3.0%~3.5%、3.23%，Al 1.0%~1.8%、1.38%，As 25.8%~26.1%、25.95%，总计 97.8%~

99.8%、98.11%。

晶体结构：单斜晶系。

产状：在苏联发现，产于细脉浸染状镍黄铁矿黄铁-黄铜矿矿石中，与金和砷铂矿伴生。以伸长的、似脉状的、似蠕虫状和不规则形式，沿黄铜矿的形状析出。

1.2.1.23　砷钯汞矿

物理性质：单独的颗粒（直径达 0.7mm），密度 10.2g/cm³（计算密度 10.16g/cm³）；负载 100g 时，显微硬度 431kg/mm²。

光学性质：反射色为具有浅黄奶油色的白色，连生体呈弱的淡蓝色。空气中未见双反射，与砷钯华相比，在浸油中双反射很弱，从浅黄白色到浅蓝灰白色。非均性强，颜色效应有紫红褐色到亮灰色过渡金属的暗灰色。

晶体结构：六方晶体。

产状：在巴西发现，产于砷钯华精矿中，与砷锑铜钯矿在一起。

1.2.1.24　砷锑钯矿

物理性质：青铜色，负载 50g 时，显微硬度 561~593kg/mm²，平均 578kg/mm²，单个颗粒大小 0.1~0.5mm，一般为 0.25mm。

光学性质：反射色为青铜黄色，双反射弱，非均性明显。

化学性质：用电子探测针测定了 8 个颗粒，其成分变化：Pd 70.8%~74.0%、Cu<0.1%~2.5%、Sb 15.2%~25.5%、As 9.4%~2.8%、总计 97.6%~100.8%；各颗粒中含 Sb 和 As 的比例不同，如：含 Sb 15.2%~15.3% 及 As 9.0%~9.4%（Sb∶As≈1∶1）颗粒，含 Sb 23.4%~25.5% 及 As 2.8%~4.2%（Sb∶As≈1.6∶0.4）的颗粒。

晶体结构：单斜晶系，呈假六方晶体。

产状：产于铂砂矿富集带，在美国的阿拉斯加州发现。

1.2.1.25　等轴砷锑钯矿

物理性质：呈单独颗粒（0.4~0.8mm），计算密度 10.33g/cm³，平均显微硬度 592kg/mm²。

光学性质：反射色为亮黄白色，未见双折射；与砷钯华相比，在浸油中为亮黄色。显分均性或者具有暗褐色色调的弱非均性。

化学性质：用电子探针测定其成分变化范围：Pd 71.96%~72.90%、Cu 0.93%~1.13%、As 10.74%~10.99%、Sb 15.41%~15.74%。

晶体结构：等轴晶系。

产状：在巴西发现，产于砷钯华精矿中，与砷锑铜钯矿一起。

1.2.1.26　砷铱矿

物理性质：呈不规则包体，负载 100g 时，两个颗粒的显微硬度为 488kg/mm² 和 606kg/mm²，计算密度 10.9g/cm³。

光学性质：在浸油中反射色为带浅褐色色调的灰色。双反射弱或不明显，非均性弱，但很明显；颜色效应与砷钌矿一样，由浅橙褐色到灰色。

化学性质：用电子探针分析了5个样品，其成分变化范围：Ir 40.7%~53.1%、Ru 2.0%~1.5%（有一个样品中为10.3%）、Os 1.3%~0.2%、Pt 0.5%~1.5%、Rh 0~0.9%、Pd 0~0.5%、As 46.2%~43.6%、S 0~0.3%。

晶体结构：单斜晶系。

产状：砷铱矿和砷钌矿在几内亚发现。

1.2.1.27　砷碲铂钯矿

物理性质：呈细小颗粒（达40μm），负载15g时，显微硬度为494kg/mm^2。

光学性质：反射色为亮褐灰色，有时呈弱的非均性。

化学性质：其成分变化范围：Pd 5.32%~5.17%、Pt 0.68%~0.83%、As 0.89%~0.90%、Sb 0.48%~0.70%、Te 0.45%~0.65%。用电子探针测定成分：Pd 61.3%和59.6%、Pt 14.4%和17.6%、As 7.3%和7.2%、Sb 6.3%和9.3%、Te 8.9%和6.3%。

产状：在印尼的婆罗洲发现，在沉积河流的含铂铁精矿中呈Pt-Au形式产出。

1.2.1.28　砷铂矿

组成与结构：$PtAs_2$，杂质元素有Sb、Rh、Cu、Fe，有时有Sn。中国黑龙江伊利干河产出的砷铂含Pt 56.40%、As 40.9%、不溶物1.62%。矿物属等轴晶系。

物化性质：常呈细小等轴晶粒产出，晶形属偏方复十二面体晶类，晶粒大者约1~2mm，有的可达2cm。解理（100）不完全，性脆，硬度6.0~7.0，相对密度10.59，颜色锡白色，条痕灰色，金属光泽。用王水浸泡染为淡棕色。

鉴别特征：与自然铂相似，唯自然铂晶型少见，砷铂矿常呈自然晶产出。在木炭上吹管火焰灼烧析出Pt和As_2O_3。

产状与产地：主要产于与基性、超基性岩有关的铜镍硫化物矿床中、与磁黄铁矿、镍黄铁矿、方黄铜矿、黄铜矿以及铂、钯、镍、银、铅的锑化物、铋化物和碲化物共生或伴生。砷铂矿也见于河流冲积砂矿中。产地有黑龙江伊利干河、甘肃金川等地。

1.2.1.29　砒石

别名：红砒，白砒，人言，信石，砒黄，砒霜。

组成与结构：天然砒石为毒砂、雌黄等矿床氧化带上产物，相当于砷华。由于其数量少，历代均以人工制品代之。古籍曾记载其制法："将生砒就置火上，以器覆之，令烟上飞，着器凝结，累然下垂，如乳尖者入药为胜，平短者处之。"现常以毒砂、雄黄、雌黄为原料来制取，成分为As_2O_3，典型者为等轴晶系，八面体晶型，土状、钟乳状集合体。

物化性质：无色至灰白色，带有蓝、黄、红等色调。并有不同颜色层次，中间颜色浅，上、下颜色深。质脆，轻打可碎。稍经加热显臭蒜味和硫黄臭气。硬度1.5~2.0，密度3.7~3.9g/cm^3。缓慢溶于水中，通常碱溶大于酸溶。玻璃光泽至金刚光泽。条痕为白色或淡黄色。硬度1.5，性脆，密度3.72~3.88g/cm^3。灼烧发臭蒜味。溶解度大。在自然界中不易保存，稳定性差。

功能与用途：有剧毒，可作药用，具有去腐拔毒、平喘、解毒、祛痰之功能，主治皮肤癌等。砒石属剧烈毒药，要依法管理市售与药用。

1.2.1.30　白砷石

组成与结构：与砷华呈同质二象，化学组成为 As_2O_3。单斜晶系晶体场呈片状，也有沿 c 轴伸长。

物化性质：无色、白色，玻璃光泽，解理面上为珍珠光泽，透明或半透明，断口纤维状，硬度 2.5，相对密度 4.14，不导电，摩擦发光。

功能与用途：金属矿床氧化带中，当雄黄、毒砂和其他砷化物风化时，形成化物砷华、雄黄、自然硫共生。可作提炼砷之矿物原料。砷可供医药或作杀虫剂。

1.2.1.31　砷酸镁石

物理性质：呈隐晶质皮壳状（可达 3mm）和粉末状形成物。晶体沿（001）呈板状，沿 b 轴延展，形成（001）（011）（021）（102）晶面。合成矿物沿（001）解理完全。密度 2.28g/cm³（计算密度 2.326g/cm³）。无色、纯白、暗色，金刚光泽，有时为珍珠光泽。

化学性质：在捷克获得的砷酸镁石的成分为：MgO 15.6%、CaO 0.9%、As_2O_5 48.1%、H_2O 35.4%。

晶体结构：斜方晶系。

产状：在捷克和德国发现，与其他钙和镁的砷酸盐在一起。在捷克的亚西矿床中，与自然砷、白云石及少量的雄黄共生。

1.2.1.32　砷酸铁矿

物理性质：由细晶（可达 7mm）聚合为晶族。沿三个方向的解理均较完全，（100）解理最完全。密度 4.3g/cm³（计算密度 4.40g/cm³），硬度接近 3.0，暗褐色，几乎为黑色，半透明，金属光泽到金刚光泽，条痕为咖啡褐色；在很细的断口处透明。

化学性质：用电子探针进行三次测定成分，其平均值为：Fe 27.90%、Zn 0.93%、Ge 0.37%、As 47.3%、O 23.77%。

晶体结构：三斜晶系。

产状：在西南非洲某氧化带深部采矿层发现，产于白云岩-角页岩的角砾带（靠近与假细晶岩的接触带）；与辉铜矿等矿物共生。

1.2.1.33　砷锰矿

组成与结构：化学成分为 $Mn_3As_2O_6$，组成中 Mn 可被 Ca 和 Fe 所代替。三方晶系，沿 c 轴延长呈短柱状晶体。

物化性质：黑色，条痕褐色，硬度 4.0，相对密度 4.4。

产状：产于瑞典锰矿床方解石-重晶石脉中，与方解石、重晶石、萤石、赤铁矿共生。

1.2.1.34　翠砷铜矿

组成与结构：化学组成为 $Cu_2(H_2O)_3[AsO_4]OH$。斜方晶系。晶体呈短柱状、粒状，较少呈厚板状。

物化性质：鲜翠绿色，透明至半透明，玻璃光泽，硬度 3.5~4.0，相对密度 3.44，性脆。

产地：它的完好晶体与橄榄铜矿一起在绢云母片岩裂缝中产出，也与水砷铜石、蓝铜矿、孔雀石及橄榄铜矿一起产于铜矿床氧化带。

1.2.1.35 砷铅矿

组成与结构：化学组成为 $Pb_3[AsO_4]Cl$，单斜晶系，晶体呈柱状，常呈圆筒状、纺锤状，有时呈针状，集合体呈球状、肾状、葡萄状及粒状。

物化性质：黄至黄褐、橙黄色、白色或无色，条痕白色，松脂光泽，半透明，硬度 3.5，相对密度 7.04~7.24。

产地：产于含铅矿床氧化带中，与铅钒、白铅矿共生。

1.2.1.36 翠砷铜铀矿

组成与结构：化学组成为 $Cu_2(H_2O)_8[UO_2(AsO_4)]_2·nH_2O$，四方晶系，晶体呈板状。

物化性质：祖母翠绿，玻璃光色泽，硬度 2.5，相对密度 3.2。显微镜下呈绿色。

产状：多色性明显，垂直带较深部位，与其他次生铀矿物共生。

1.2.1.37 砷酸锑矿

物理性质：单独颗粒达 3mm，晶体习性为假八面体。未见解理，贝壳状断口，密度 4.63g/cm³，硬度为 4.0。颜色为亮红橙色，透明至半透明，金刚光泽，条痕呈亮黄色。

光学性质：一轴晶，几乎为双折射低的均值体，$N>2.00$。

化学性质：用电子探针测定其成分为：Ca 8.1%、Fe 11.2%、Sb 24.5%、As 31.3%。在 1∶1 的冷 HCl 中很难溶解，并使溶液显亮橙黄色。

晶体结构：正方晶系。

产状：在瑞士弗里克的矿样标本中发现，产于粒状赤铁矿中，与亮绿色黏土物质一起充填在孔隙中。

1.2.2 砷的矿床成因

具有工业意义的砷矿床都是内生作用形成的，由于化合物具有较大的挥发性，因此绝大部分的砷以化合物形式随着含矿溶液从岩浆中带出来，大量聚集于岩浆后期的热气和热液里。因此砷矿的形成温度范围很大[6]，从高温到低温热液阶段都可成矿，但多见于高温至中温热液阶段。

在外生条件下，砷矿风化后在地表形成色彩鲜艳的次生矿物臭葱石，并留在原地，是良好的找矿标志，但量少，一般没有工业价值。

从地质学角度看，砷矿床主要有下列四种工业类型[7]：

（1）矽卡岩型含砷矿：如同一般矽卡岩矿床一样，矽卡岩矿床产于酸性、中性岩浆岩和碳酸盐类岩石（如石灰岩、泥灰岩）的接触带或附近的围岩中。矿体呈透镜状或脉状矿石除毒砂外，还有锡石、黄铁矿、黄铜矿、方铅矿、闪锌矿、磁黄铁矿等。这是一种含砷的多金属矿床、常以开采铜、锡、铅、锌等多金属为主，附带采砷。矿石含砷千分之几至百分之二三十不等。

我国湖南湘华岑锡矿床属此类型。该矿为花岗岩与变质石灰岩接触交代生成的，矿体呈脉状，产于变质石砂岩中，以开采锡石为主，同时采出毒砂、黄铜矿、磁黄铁矿、方铅矿、闪锌矿等，广西大厂锡矿也属此类型。国外属此类型的有美国犹他州的哥尔德希尔矿床，该矿系砷、金、银、铅、铜的多金属矿床；日本的喀什奥卡系砷、金矿床。

（2）高温热液型毒砂矿床：高温条件下形成的毒砂矿床，产于酸性或中性岩浆岩体附近围岩中或二者的接触带里，一般认为是温度很高的（300~500℃）含矿溶液充填交代围岩，在围岩的裂隙中形成的，矿体形状不一，有脉状、透镜体状和其他形状。毒砂和斜方砷铁矿为其主要含砷矿物，同时伴生黄铜矿、黄铁矿、磁黄铁矿、闪锌矿、自然金等矿物。因此，它是一种有很大工业价值的毒砂矿，除可采出砷外，铜、金等也综合利用。

（3）中温热液型与多金属矿床：中温热液条件下形成的毒砂矿床呈脉状或似层状产于各种岩石中，其特点是毒砂常与铜、镍、钴的硫化物（如斜方硫砷铜矿、砷黝铜矿、砷镍矿、黄铜矿）以及铜、铅、锌的硫化物（如方铅矿、闪锌矿、黄铜矿）、自然金等共生。因此，这种砷与多种金属共生的矿床，砷常为开采铜、铅、锌、金等多金属的副产品，并常伴生某些稀有分散元素，值得综合利用。

（4）低温热液型雄黄-雌黄矿床：这类低温形成的砷矿多产于砂页岩、石灰岩等沉积岩的断裂带里。矿体呈脉状、扁豆状或不规则状充填在岩石的裂缝中，与雄黄、雌黄紧密共生，为主要矿物。还伴生一些低温矿物，如解锑矿、白铁矿、辰砂等。脉石矿物有：石英、方解石、绢云母等。矿石一般较富，除砷之外常有硒、锑、金、汞等可综合利用的元素。

典型的有我国湖南石门雄黄矿床，矿床呈一巨大管状，产于石灰岩中，沿倾斜延伸几百米深，其宽与厚各在10m以上，以产雄黄为主，雌黄少量。

我国云南石黄矿床，矿体生在砂岩页岩中，不规则细脉状，以产雌黄为主，少量雄黄。

外国属此类型矿床的有美国蒙赫登矿床、伊朗的米尔得矿床、俄罗斯高加索雄黄-雌黄矿床。

1.2.3 砷的储量

1.2.3.1 世界的砷储量

表1-1列出了各种精矿中一般含砷情况[8]。由于砷与铜、铅、钴、镍、锑、金、银等金属共生在一起，用常规的选矿方法难以分离，砷不可避免地部分进入精矿。如铜和铜锌矿选矿时，约40%的砷进入精矿；其他多金属矿的选矿过程，也有约15%的砷进入精矿[9]。

表 1-1 各种精矿的砷含量 （%）

精矿	铜精矿	铅精矿	锌精矿	锡精矿	锑精矿
As	0.65(0.19~1.88)	0.08~0.6	0.542(0.34~0.625)	0.2(0.5~1.55)	0.03~0.09~0.16
精矿	钴精矿	砷钴镍矿	银砷精矿	砷硫精矿	雄黄矿
As	50~55	33.79	2.5~3.5	0.5~40	5~30

大部分的伴生砷是从铜铅冶炼过程中回收的，按每吨铜储量带有砷 6.5kg 和每吨铅储量带有砷 8kg 计，世界铅铜资源中砷的资源储量及远景储量为 210 万吨和 310 万吨，而世界范围内只有 50% 的砷能回收，即可回收砷的世界资源储量约 100 万吨[10]，其中约一半集中在智利、美国、加拿大、墨西哥、秘鲁和菲律宾（见表 1-2）。

表 1-2 世界伴生砷的储量和远景储量 （kt）

地区与国家		储量	远景储量	地区与国家		储量	远景储量
北美	美国	50	80	欧洲		180	240
	加拿大	40	120	非洲		260	230
	墨西哥	40	70	亚洲	菲律宾	40	60
	其他		50		其他	80	80
	合计	140	320		合计	120	140
南美	智利	210	320	大洋洲		50	120
	秘鲁	40	100	世界总计		1010	1510
	其他	10	40				
	合计	260	460				

1.2.3.2 中国的砷储量

根据《全国各省矿产储量表》的矿产储量数据进行统计和计算[11]，截至 2003 年底，我国 19 个省、自治区的砷矿产地共 84 处列入储量表内（以下简称表内），累计探明砷资源储量 397.7 万吨（雄黄、雌黄矿物按含砷 70% 折算），其中基础储量为 135.1 万吨；保有砷资源储量为 279.7 万吨，其中保有基础储量 58.0 万吨。砷储量表外（以下简称表外）各种金属矿及硫铁矿中伴生丰富砷资源。通过对其他含砷矿种的砷资源数据统计（砷保有资源储量 = 保有矿石量 × 矿石含砷量），砷含量大于 0.1% 的储量有 138 万余吨，而含砷量小于 0.1% 的储量也约有 15 万吨。

我国的砷矿资源相对集中，主要分布于环太平洋中新生代造山区的中南及西部。其中广西、云南、湖南的累计探明（表内+表外）储量分别达 165.9 万吨、94.8 万吨和 82.7 万吨，共占全国累计探明储量的 61.6%；其保有储量分别达 92.6 万吨、79.6 万吨和 48.6 万吨，合计占全国总保有储量的 52.8%。广西（134.7 万吨）、云南（69.7 万吨）、湖南（68.9 万吨）三省区累计的表内砷探明储量共占全国总累计探明资源量的 68.9%；其保有储量分别为 67.1 万吨、54.8 万吨、39.9 万吨，共占全国总保有储量的 58.0%。上述三省区的砷储量占我国砷储量的绝大多数。其次，内蒙古和西藏自治区的砷保有储量占全国总保有储量的比例分别达 7.8% 和 5.1%。总的来看，砷矿资源主要分布在我国的西南地区。砷资源保有储量（表内）主要以大型矿床（大于 1 万吨）为主，产地数为 50 处，占总储量的 95.4%。在累计探明储量最多的三省区中，广西南丹和云南个旧两地砷资源的累计探明储量分别达 106.3 万吨和 41.0 万吨，各占全国总储量的 26.8%和 10.3%，居全国前列；其保有储量分别为 47.5 万吨和 28.5 万吨，各占总储量的 17.0%和 10.2%。

1.3 砷的来源

1.3.1 矿山开采

砷与铜、铅、锌、钴、锡、金、银等金属共生，随着这些金属矿产资源的开发，砷也被开采出来，大部分进入尾矿，15%~40%进入冶炼厂，具体见表 1-3。

表 1-3 有色金属精矿中砷的含量

元素	Cu	Pb	Zn	Sn	Sb	As-Co	Au	Pb-Sb
含量/%	0.19~1.88	0.46	0.34~0.625	0.5~1.65	0.09~0.16	50~55	1~5	0.76~1.2

由于砷市场容量有限（As_2O_3 的世界年用量大约是 5 万吨，年增长 1.5%）及砷回收技术落后，历年来进入冶炼厂的砷大部分以富砷渣的形式堆存，造成严重的环境污染，危害极大。

砷在自然界中有少量的单独矿床，其矿物主要是雄黄、雌黄和毒砂。如中国湖南石门雄黄矿，采出的矿石含 As_2S_2 高达 25%~30%，甘肃年木耳毒砂矿含砷 8.06%，像这类矿采出之后，经手选或机械选矿得到砷精矿供给作为提取砷的原料，这是少部分砷精矿的来源[12]。

更大量的砷是与重金属共生，开采金属矿石同时产出了大量的砷，这样的原矿都要通过机械选矿过程。将原矿中的各种金属选出成为金属精矿，砷也被选出得到精矿。实验证明各种含砷的金属原矿经过选矿处理可以得到各种金属精矿，但这些精矿中仍含有少量的砷。通过特殊的处理过程，也可以实现砷富集到精矿中，以此作为提取砷的原料[13]。

1.3.2 矿物冶金

砷是自然环境中广泛分布的元素之一，自然界中的砷大多是与有色金属矿物共生或伴生，随精矿进入冶炼系统。在有色金属冶炼过程中，砷不同程度地以硫化物、氧化物、砷酸盐以及亚砷酸盐形式进入废气、废水、废渣或产品中，如铜冶炼，给后续硫酸、精炼、电解等工序造成一系列工艺和环境问题，同时影响产品质量，危害人员身体健康[14]。

在冶炼各种含砷重金属原矿中，必然面临着一个从这些精矿中通过冶炼的手段将砷从各种金属中分离出去的问题。在分离过程中利用了一些特殊的物理化学过程，使得砷得到了富集，形成了一种人造砷精矿[15]，这样的含砷原料几乎成了当代提取砷的重要原料。

1.3.2.1 金冶金的砷

含砷金矿石是世界上公认的难处理金矿类型之一，也是处理量最大、可回收经济价值最高的金矿石。我国含砷金矿资源主要分布在西南、西北和东北等地区。含砷金矿石处理的难点在于金矿物与含砷矿物（主要是毒砂）以及黄铁矿密切共生，金以微细粒状分布，常被包裹在毒砂和黄铁矿中，或存在于其单个晶体之间，造成金的选别难度增大，同时金精矿中含砷量高，金的回收率低，也不利于后续的冶金工作。目前，浮选法是对含砷金矿进行预处理的有效方法之一，浮选含砷金矿的目的是将砷与金分离，从而实现金的回收。研究并改进含砷金矿的选矿工艺十分必要，既能提高选冶技术经济效益，还有利于环境保护，具有可持续发展的意义。目前，国内外许多学者对毒砂和含金硫化矿的分选进行了大量研究，含砷金矿浮选分离是含金硫化矿与砷矿物浮选分离的主要体现。毒砂与含金硫化矿物分选的研究重点在于浮选药剂的选择与浮选工艺的研究。

含砷矿物（毒砂、雄黄、雌黄等）常与金矿物共生，当金选矿时，需将砷矿物抑制，使砷进入尾矿。金精矿质量标准对砷有严格限制，金精矿质量标准见表1-4。

表1-4 金精矿质量标准

矿床类型	品 级	$Au/g \cdot t^{-1}$	杂质/%
			As
单一金属矿山	特级品	≥160	≤0.1
	一级品	≥140	≤0.1
	二级品	≥120	≤0.2
	三级品	≥100	≤0.2
	四级品	≥80	≤0.3
	五级品	≥70	≤0.3
多金属矿山	特级品	≥100	≤0.1
	一级品	≥80	≤0.2
	二级品	≥60	≤0.3
	三级品	≥40	≤0.3
	四级品	≥30	≤0.3

近十年来，含砷金矿得到了开发利用，除了传统的火法之外，湿法生化冶金技术迅速成熟。生产过程中的副产品有 As_2O_3、$Ca_3(AsO_4)_2$ 等物质。砷化合物是剧毒物质，As_2O_3 是毒药砒霜。无论砷化物在水中还是在大气中都有强烈的毒性作用，因此这些副产品在生产时必须回收。现在的回收技术还有待提高，不能停留在仅回收 As_2O_3 的水平上，可开发提取单质砷技术、生产光敏半导体材料等。

含砷金精矿经过两段焙烧工艺砷的走向与分布情况是：焙烧出来的烟气含气态的 As_2O_3，经过电除尘，将烟气的尘沉降去除后，烟气温度在280~330℃之间，As_2O_3 仍然以气态形式存在，进入骤冷塔后，来自电尘出口的高温炉与雾化的汽水混合，使烟气温度骤冷到150℃，将炉气中的气态 As_2O_3 转化为固态 As_2O_3，形成的气固混合炉气经布袋收砷器的滤布袋过滤后固态收集为成品 As_2O_3 包装、入库，烟气进入后段净化工序。

1.3.2.2 银冶金的砷

在回收金、银过程中，砷与金、银关系密切，必须采取措施将砷分离。利用硫酸化焙烧法从铜阳极泥中提取银过程中，砷主要生成不挥发的五价砷，留在焙烧渣中，少量砷生成 As_2O_3 挥发。硫酸化焙烧渣进行稀硫酸浸出脱铜。砷也被硫酸浸出，大部分进入浸铜液中。还原熔炼在 1100~1200℃ 下进行，通过造渣及还原反应生成硅酸盐、砷酸盐和锑酸盐。在 900~1200℃ 条件下将贵铅 Pb(Ag+Au) 进一步氧化精炼，待熔化后进行表面吹风氧化，使其中的 As、Pb、Sb 等杂质氧化生成挥发性氧化物进入烟尘，另一部分成为非挥发性氧化物进入炉渣。

1.3.2.3　铜冶金的砷

在铜冶炼过程中，大部分砷以 As_2O_3 形态挥发，部分砷以金属砷化物进入冰铜，部分砷呈砷酸盐形式进入炉渣中。冰铜吹炼时，大部分砷挥发，部分进入粗铜。整个熔炼过程，约 77%~93% 的砷进入烟尘和烟气，5%~16% 的砷进入熔炼渣，1%~7% 的砷进入粗铜。

炼铜以火法熔炼为主，约占世界铜产量的 85%；湿法炼铜可处理低品位铜矿或难选矿，约占世界铜产量的 15%。火法熔炼主要有密闭鼓风炉熔炼、反射炉熔炼、电炉熔炼、白银炼铜法、闪速熔炼诺兰大炼铜法等。炉料中的砷在熔炼产物中的分配情况与其在炉料中存在的矿物形态、熔炼炉操作等因素有关，一些工厂的测定表明，砷较大部分进入烟尘。铜冶金中砷的分布情况见表 1-5~表 1-9。

表 1-5　密闭鼓风炉熔炼砷的分布

项　　目		物料量/t	含砷品位/%	含砷量/t	砷分配率/%
收入	混捏料	2339.2	0.132	3.088	44.0
	团矿	711.7	0.130	0.925	13.6
	块矿	401.8	0.044	0.177	2.5
	转炉渣	1460.0	0.125	1.825	26.2
	含铜铅渣	24.0	2.050	0.492	7.1
	含铜铬渣	23.0	2.000	0.460	6.6
	小　计	4959.7	0.140	6.967	100.0
支出	冰铜	1484.1	0.151	2.241	32.2
	水碎渣	2955.0	0.072	2.128	30.5
	沉灰筒烟灰	69.5	0.239	0.166	2.5
	高效烟灰	77.5	0.289	0.224	3.2
	烟气	$7.142×10^6 m^3$	$296.22 mg/m^3$	2.116	30.4
	损失			0.092	1.2
	小　计			6.967	100.0

表 1-6　反射炉熔炼砷的分布

炉料含 As/%	As 挥发率/%	进入炉渣/%	进入冰铜/%
0.2~3.8	55~75	10~25	15~20

表 1-7　电炉熔炼砷的分布

炉料含 As/%	As 挥发率/%	进入炉渣/%	进入冰铜/%
0.9~3.8	8~24	50~70	22~24

表 1-8　闪速炉熔炼砷的分布

炉料含 As/%	As 挥发率/%	进入炉渣/%	进入冰铜/%
0.17	76	17	7

表 1-9 诺兰达熔炼砷的分布

炉料含 As/%	As 挥发率/%	进入炉渣/%	进入冰铜/%
0.14	82	13	5

1.3.2.4 铅冶金的砷

砷在铅冶炼中是一种有害杂质, 砷在铅精矿质量标准中有限制标准。铅精矿质量标准见表 1-10。

表 1-10 铅精矿质量标准 (YB 113—82)   (%)

品级	Pb	杂 质				
		Cu	Zn	As	MgO	Al$_2$O$_3$
一级品	≥70	≤1.5	≤5	≤0.3		≤4
二级品	≥65	≤1.5	≤5	≤0.35	≤2	≤4
三级品	≥60	≤1.5	≤5	≤0.40	≤2	≤4
四级品	≥55	≤2.0	≤6	≤0.50	≤2	≤4
五级品	≥50	≤2.0	≤7	协议	≤2	≤4
六级品	≥45	≤2.5	≤8	协议	≤2	≤4
七级品	≥40	≤3.0	≤9	协议	≤2	≤4

铅精矿中砷含量可达 0.3%~1%, 在烧结焙烧过程中, 绝大部分的砷以砷酸盐形式留在烧结块中, 仅有 5%~10% 的砷以 As$_2$O$_3$ 形式挥发进入烟气中。

在鼓风炉熔炼过程中, 烧结块中的砷酸盐 [Pb$_3$(AsO$_4$)] 还原为 As$_2$O$_3$ 和元素 As, 有时产生由某些金属的砷化物或锑化物组成的合金, 名为黄渣。通常是产生砷黄渣, 其中砷的含量比锑大许多倍, 因此, 我国工厂也称为砷冰铜。砷或锑与铁的化合物为黄渣的主要组分, 名为黄渣基, 其中常混有铜及铅的砷化物或锑化物。如果炉料中含有镍或钴, 则几乎全部变成砷化物或锑化物而进入黄渣。黄渣中常富集着相当大量的贵金属。

实践证明, 黄渣的产量及产生与否, 决定于烧结块中砷、锑含量与鼓风炉的还原能力, 如果还原能力小, 则炉料中的砷酸盐会还原而产生 As$_2$O$_3$, 随炉气排去, 不形成黄渣。因此, 工厂常以铅鼓风炉产生黄渣与否来判断还原能力的大小。黄渣成分示例见表 1-11。

表 1-11 黄渣成分示例   (%)

编号	As	Sb	Fe	Pb	Cu	Au	Ag	S
国外 1	15.60	—	71.60	3.50	1.20	—	0.049	5.50
国外 2	20.75	—	63.80	0.50	0.63	—	0.109	4.61
国外 3	35.00	0.60	43.30	4.60	7.80	0.0007	0.134	4.40
国内 1	21.74	—	66.05	0.79	4.76	1.00g/t	100.3g/t	—
国内 2	34.24	—	46.46	1.48	8.26	0.5g/t	54.4g/t	—
国内 3	20.78	—	63.11	4.14	5.51	0.5g/t	132.3g/t	—

根据大体估算, 有 50%~85% 的砷以金属砷化物的形式熔于粗铅中, 10%~25% 的砷以金属砷化物形式进入冰铜和黄渣中, 其余的砷进入炉气和炉渣中。黄渣中的砷的含量为

10%~35%，炉渣中砷的含量为 0.02%。炉渣烟化时，砷富集在烟尘中。

在火法精炼过程中，由于砷对氧的亲和力大于铅对氧的亲和力，因此，粗铅中的砷被氧化成 As_2O_3。As_2O_3 是两性的，与氧化铅反应形成亚砷酸铅，亚砷酸铅密度比铅小，浮在铅表面。因此，大部分砷进入浮渣，其含砷量为 1%~8%，少部分砷仍残留在铅中。浮渣再熔炼时，70%~90% 的砷进入冰铜。

在电解过程中，砷富集在阳极泥中，其含砷量可达 2%~10%。由于砷使阳极泥明显变硬，影响电流效率。因此，粗铅中砷的含量应保持在 0.35% 以下。

1.3.2.5　锌冶金的砷

冶炼厂的炼锌原料主要是硫化锌矿浮选而得的锌精矿，砷是锌冶金的有害杂质。锌精矿质量标准见表 1-12。

表 1-12　锌精矿质量标准（YB 114—82）　　　　　　　　（%）

品级	Zn	杂　　质					
		Cu	Pb	Fe	As	SiO_2	F
一级品	≥59	≤0.8	≤1.0	≤6	≤0.2	≤3.0	≤0.2
二级品	≥27	≤0.8	≤1.0	≤6	≤0.2	≤3.5	≤0.2
三级品	≥55	≤0.8	≤1.0	≤6	≤0.3	≤4.0	≤0.2
四级品	≥53	≤0.8	≤1.0	≤7	≤0.3	≤4.5	≤0.2
五级品	≥50	≤1.0	≤1.5	≤8	≤0.4	≤5.0	≤0.2
六级品	≥48	≤1.0	≤1.5	≤13	≤0.5	≤5.5	≤0.2
七级品	≥45	≤1.5	≤2.0	≤14	协议	≤6.0	≤0.2
八级品	≥43	≤1.5	≤2.5	≤15	协议	≤6.5	≤0.2
九级品	≥40	≤2.0	≤3.0	≤16	协议	≤7.0	≤0.2

1.4　砷的性质与用途

1.4.1　砷的地球化学

在自然界中，砷是普遍存在的元素，在地壳中的含量为 1.5~3mg/kg，处于所有元素的第 20 位。砷与锑、铋等类似，能和硫、铁等元素化合形成复合硫化矿。砷的矿物有 320 种以上，其中很少以单质砷形式存在。通常是以砷黄铁矿（FeAsS）、砷磁黄铁矿（$FeAsS_2$）、辉钴矿（CoAsS）、硫砷铜矿（Cu_3AsS_4）和雄黄（As_2S_2）等矿物形式富集于铅、锌、铜等有色金属的矿石中[16]。表 1-13 为常见的含砷矿物。

表 1-13　常见的含砷矿物

含砷矿物	分子式	含砷量/%	含砷矿物	分子式	含砷量/%
斜方砷铁矿	$FeAs_2$	72.9	砷铂矿	$PtAs$	43.3
斜方砷钴矿	CoAs	56.0	砷黄铁矿	FeAsS	46.0
红砷镍矿	NiAs	56.1	辉钴矿	CoAsS	45.2
硫砷铜矿	Cu_3AsS_4	19.0	铁硫砷钴矿	（CoFe）AsS	45.2-46.0
雄黄	As_2S_2	70	辉砷镍矿	NiAsS	45.2
雌黄	As_2S_3	60.9	白砷石	As_2O_3	75.5

　　砷在天然水体中的存在形态及多少由当地地质条件、含水层地球化学特点、水文条件、人为活动及气候变化所决定，总体来说，水体中的砷主要以无机的 As（Ⅲ）和 As（Ⅴ）形态存在，很少以有机砷的形态存在[17]。大多数砷的化合物在水中都具有一定的溶解性，因此砷在自然界水体中是广泛存在的。在自然条件下，由于地球物理和地球化学的共同影响，含水层中水岩相互作用促进了砷的转移与富集，使得地下水中的砷含量是砷浓度变化跨度最大、浓度最高的自然水体，其变化范围可达 $0.5 \sim 5000 \mu g/L$。

　　砷不仅广泛存在于地壳矿物、土壤和水体中，同时由于生命的新陈代谢及人类生产活动而存在于动植物体内及大气中。因此，砷广泛分布于岩石圈、大气圈、生物圈及水圈中。砷的地球化学循环如图 1-1 所示。

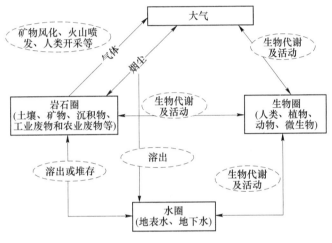

图 1-1　砷的地球化学循环

1.4.2　砷及其化合物

　　砷（As），原子序数为 33，位于元素周期表中第 4 周期第 ⅤA 族，砷的电子构型是 $3d^{10}4s^24p^3$。砷是两性元素，既有金属性，又有非金属性质，因此砷常常被称为半金属元素。砷单质有三种同素异形体：黑砷、灰砷、黄砷，其中灰砷最常见。灰砷的空间结构为六方晶型，其密度为 $5.73g/cm^3$，熔点为 $817℃$，沸点 $613℃$。一般情况下，单质砷是稳定的，和水、非氧化性的酸及碱不发生反应，但能与氧化性的稀硝酸、浓硝酸分别生成 H_3AsO_3 和 H_3AsO_4，热的浓硫酸可以把砷氧化成 As_4O_6。砷单质与熔融的碱也会反应，生成亚砷酸盐和氢气。

　　砷具有四种价态（−3，0，+3，+5），不同价态砷之间转化的标准电极电势如图 1-2 所示。砷的化合物种类繁多，其中最早被应用、最为熟知的是 As_2O_3。有资料显示，在 4 世纪前半叶，我国就有炼丹家采用硝石、猪油、松树脂与雄黄混合共热制得 As_2O_3。As_2O_3 俗名白砒、砒酸，有剧毒，因此它也是最古老的毒物之一。As_2O_3 是两性物质，既可溶解于酸，也可溶于碱。在非溶液体系中，常温下 As_2O_3 比较稳定，当加热到 $100℃$ 以上时，其会被空气氧化。在高温下，As_2O_3 能与许多金属的氧化物生成砷酸盐。但是 As_2O_3 往往是细小的粉状粉末，直接暴露于空气中容易起扬尘，危害环境，因此要密封保管。另一个比较重要的砷的化合物为臭葱石，其化学式是 $FeAsO_4 \cdot 2H_2O$，一般为双锥晶型和斜方晶型。颜色以蓝绿色、绿白色等为主，少数的呈白色。臭葱石由于其极小的溶解度、高的含砷量、高稳定性和过滤性能，被研究人员认为是砷最稳定、最为安全的砷的堆存形式，是无害化处理含砷固废的发展趋势。臭葱石易形成于含砷矿体的外层，它是其外层的矿物氧化后形成的次生矿物。在我国，臭葱石多分布于广西、广东、云南等地区。

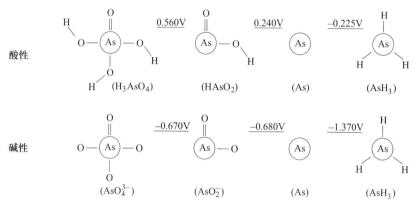

图 1-2　砷的标准电极电势

常见的砷的化合物还有砷化氢（AsH_3）、硫化砷（As_2S_3）、砷合金、砷酸盐和亚砷酸盐等。

1.4.3　砷及其化合物的性质

1.4.3.1　单质砷

砷（As）的相对原子质量为 74.9216。元素砷存在三种同素异形体：

（1）灰砷（As(α)）。灰色金属，六方晶体，密度为 5.72g/cm³，电阻率为 $35 \times 10^{-6}\Omega \cdot cm$。

（2）黑砷（As(β)）。黑色无定型体（非晶态），密度为 4.7g/cm³。

（3）黄砷（As(γ)）。黄色立方晶体，密度为 2.026g/cm³，加热或光照时转变为 As(α)。

在室温下最稳定的形态是灰砷（As(α)），习惯上称为"金属砷"，金属砷是电流的良好导体，但是砷的其他变体是高电阻的导体。金属砷 As(α) 属于第一类导体，在 0~100℃之间其值为 $3.5 \times 10^{-6}\Omega \cdot cm$。砷是一种在性质上介于金属和非金属之间的物质，具有两性元素的性质，但更接近非金属，有的学者称之为"半金属"。从砷的电子构型来看，它的最外层即价电子层的 3 个 4p 轨道处于半充满状态，因而化学性质不太活泼。在常温下，砷在空气中氧化很慢，但当灼烧时，则燃烧成白色的 As_2O_3。砷不溶于水，但当水存在时，强氧化性的氯和溴可将砷氧化成亚砷酸，然后氧化为砷酸。

高纯砷是指杂质总量小于 10×10^{-6} 的金属砷。高纯砷为灰砷（金属砷或 α 砷），为银灰色金属结晶状，六方晶系，密度 5.73g/cm³，质脆而硬，银灰色有金属光泽，接触空气表面逐渐氧化变成黑色，属于有毒产品。熔点 817℃（加压到 3.6MPa），升华点 615℃，

砷蒸气的分子是 As_4，为正四面体结构，在空气中加热到大于400℃时氧化成 As_2O_3。金属砷与热浓硫酸、浓硝酸反应生成 $H_3As_3O_4$，对 NaOH 水溶液、水、盐酸等不反应。高温时以 As-As 形态存在。

1.4.3.2 砷的氧化物

砷的氧化物有 As_2O_3 和 As_2O_5 两种，分别对应三价砷和五价砷。As_2O_3 俗称砒霜，是剧毒物质，对人的致死量为 0.1g，在《常用危险化学品的分类及标志》（GB 13690—2009）和《危险化学品安全管理条例》中它都是第六类危险化学品。在气相及立方晶型中，三价砷以 As_4O_6 形式存在[15]，在800℃以上发生解离，As_4O_6 和 As_2O_3 两种分子都有。单斜晶型中三价砷以 As_2O_3 形式存在，为难挥发的片状多聚体。

As_2O_3 在水中的溶解度与溶液中酸的浓度有关。在盐酸的浓度较低时，随着盐酸浓度的增大，As_2O_3 的溶解度减小，在约 3mol/L 的盐酸中，其溶解度最小；在盐酸的浓度较高，大于 3mol/L 时，随着盐酸浓度的增大，As_2O_3 的溶解度增大。As_2O_3 在碱中的溶解度比在水中大得多。在稀盐酸中的溶解产物为 H_3AsO_3，稀盐酸抑制 H_3AsO_3 的溶解；当盐酸浓度较大时，As_2O_3 呈现出弱碱性，生成 $AsCl_4^-$ 等配离子而使溶解度增大。As_2O_3 是比较弱的还原剂，在弱碱性介质中可以被碘定量氧化。

As_2O_5 是酸性氧化物，在水中的溶解度比较大，在 20℃、100g 水中能够溶解 230g As_2O_5。H_3AsO_4 为三元酸，酸性与 H_3PO_4 相近。

1.4.3.3 砷的氢化物

昔日马氏（Marsh）和古氏（Gutzeit）试砷法都是通过 AsH_3 的反应确定的，今天 AsH_3 也是半导体生产用气体，可以说在过去和现在都是引人注意的化合物。AsH_3 是一种无色的、有大蒜气味的剧毒气体，能溶于水和多种有机溶剂，不稳定，加热到 250~300℃ 就分解为单质砷；可由金属砷化物水解或用强还原剂还原砷的氧化物制得。

在缺氧的条件下，AsH_3 受热分解为单质。砷的氢化物是很强的还原剂，在空气中能够自燃，AsH_3 能还原重金属盐类，得到重金属单质。

1.4.3.4 砷的硫化物

砷的含硫化合物主要有 As_2S_3、As_2S_5、As_4S_3、As_4S_4 等。在五价砷溶液中通入 H_2S 得不到纯的 As_2S_5，因为在生成 As_2S_5 的同时，溶液的酸性在提高，五价砷的氧化能力随之增强，于是在生成 As_2S_5 的过程中会有单质硫和 As_2S_3 产生。As_2S_3 和 As_2S_5 为酸性硫化物，不溶于浓盐酸，都溶于碱性硫化物 Na_2S 溶液、$(NH_4)_2S$ 溶液和 NaOH 溶液，生成硫代砷酸盐。

1.4.3.5 砷酸铜

砷酸铜分子式为 $Cu_3(AsO_4)_2 \cdot 4H_2O$，是一种蓝色或蓝绿色粉末，不溶于水和酒精，能溶于氨水和稀释的酸；是常用的木材防腐剂[12]，也可用于防治白蚁，还可用作农业杀虫剂、除草剂、防真菌剂和灭鼠剂。首先在反应器内加入水，通入蒸汽加热，把 As_2O_3 加入反应器内调浆，加入1%~2%的硝酸作催化剂，再加入氧化剂；其次把生成的As_2O_5注入反应釜内，再注入氢氧化钠溶液和硫酸铜溶液进行合成反应，反应的产物经过滤、干燥即可得砷酸铜产品；最后将含水产品进行烘干包装。利用该方法制取砷酸铜，设备简单，工艺流程短，环境污染小，原料利用率高，产品质量高，成本低，可直接用于防治白蚁和木材防腐。

1.4.3.6 砷酸钙

一般含砷废水的处理，都是将砷处理成砷酸钙（$Ca_3(AsO_4)_2$），并将其作为最终的处理物。有时候为了进一步降低砷的溶解度，在用石灰处理含砷废水时，还加入硫酸铁，将砷变成更难溶砷酸钙铁。砷酸钙和砷酸钙铁都不溶于水，也不溶于氢氧化钠、碳酸钠等碱性溶液，但能够溶于稀盐酸中，稀硫酸也能够把其中所含的砷溶解出来。

1.4.3.7 亚砷酸铅

亚砷酸铅（$Pb_3(AsO_3)_2$）是白色粉末，剧毒，不溶于水，溶于稀酸和碱液，加热会释放出剧毒烟气，用作制造杀虫剂。将无色的亚砷酸钠溶液加入无色的硝酸铅溶液，两者反应生成白色的亚砷酸铅沉淀。向亚砷酸铅中加入硫化钠溶液，很快变成黑色沉淀，澄清速度快，过滤后滤液变成黄色沉淀。向亚砷酸铅中加入1∶1 HCl能够被溶解。

1.4.3.8 硫代砷酸盐

近年来，国外学者针对硫代砷开展了大量的化学热力学分析及实验研究。在溶解性硫化物存在的条件下，砷酸盐或亚砷酸盐中的氧可以被硫逐步替代形成硫代砷酸盐和硫代亚砷酸盐，从而导致水溶液中的无机砷含有砷酸盐、亚砷酸盐、硫代砷酸盐和硫代亚砷酸盐等多种形态。当水溶液中硫化物的浓度较低时，砷主要以含氧阴离子的形式存在，如砷酸盐和亚砷酸盐；而在富硫的水溶液中，硫代砷酸盐则是砷的主要形态。

硫代砷化物种类繁多，包括多种硫代砷酸盐和硫代亚砷酸盐以及不同类型的甲基硫代砷化物。与砷的常见形态不同，各类硫代砷化物的毒性和生物毒理作用大不相同。在进行硫代砷化物对费氏弧菌的毒理效应研究中发现，硫代砷化物的毒性与其中SH官能团的数量呈正相关；一硫代砷化物和二硫代砷化物的毒性远小于三硫代砷化物，而三硫代砷化物的毒性则与亚砷酸盐相当。人体肝细胞在砷代谢的过程中可产生一甲基硫代砷酸，而人体代谢砷的过程可认为是砷的毒性降低的过程，这显示甲基硫代砷化物的毒性相对较低。硫代亚砷酸盐仅在极其严苛的条件下才能稳定存在。即便在厌氧条件下，如水环境偏碱性（水中SH^-含量小于OH^-），硫代亚砷酸盐也不能长时间稳定存在，会转化为亚砷酸盐；而在有氧条件下，硫代亚砷酸盐则迅速转化为硫代砷酸盐。

1.4.3.9 砷的低价卤化物

As的低价卤化合物只有As_2I_4已确定。将研细的砷与碘按化学计量比混合，放在充有CO_2或加有八氢化菲的密封管中，加热到260℃则可制得。As_2I_4具有$I_2As\text{-}AsI_2$结构，是红色晶体，熔点为137℃；可在CS_2中于−20℃下重结晶提纯。它易水解和氧化，在温热

的 CS_2 溶液中会发生歧化，但在惰性气氛中可稳定到150℃。

1.4.3.10　三氟化砷

AsF_3 是有毒的液体。AsF_3（还有 SbF_3）是将非金属卤化物转化为氟化物的重要试剂，它极易使 PCl_3 氟化而制得 PF_3。AsF_3 的氟化能力比 SbF_3 的氟化能力弱，但是若制备高沸点的氟化物就宁可使用 AsF_3，因为反应生成的 $AsCl_3$（沸点130°C）可用蒸馏方法从产物中去除。将 Cl_2 通入用冰冷却的 AsF_3 中，生成混合卤化物 $AsCl_2F_3$，在过量的 AsF_3 中能导电，可能是以 $[AsCl_4]^+[AsF_6]^-$ 的形式存在。AsF_3 与 P_4O_6 在室温下就能发生爆炸式的反应，生成的产物有较大变动。

1.4.3.11　三氯化砷

$AsCl_3$ 是油状液体，与 PCl_3 相似，在水中发生水解。但 $AsCl_3$ 的水解能力较 PCl_3 弱，介于非金属卤化物 PCl_3 与金属卤化物 $CaCl_2$ 之间。因此，在浓 HCl 中 As^{3+} 是存在的，而 P^{3+} 即使在最浓的 HCl 中也不存在。

$AsCl_3$ 的水解能力比 AsF_3 弱，即随着卤素相对原子质量的增加而逐渐减弱[6]。鉴于 $AsCl_3$ 容易发生水解这一性质，$AsCl_3$ 除了可直接用 As 与 Cl_2 反应制得外，还常用以下三种方法制备：（1）在 HCl 气流中加热 As_4O_6 或蒸馏 As_4O_6、NaCl 和 H_2SO_4 的混合物；（2）在通氯气下加热回流 As_4O_6 与 S_2Cl_2 的混合物；（3）还可由 As_2O_3 和 HCl 或 NH_4Cl 在250℃反应制得。$AsCl_3$ 已用作不同反应中的非水溶剂。它具有较大的液态范围，较低的黏度，中等的介电常数和较小的电导率。

1.4.3.12　三溴化砷和三碘化砷

$AsBr_3$ 和 AsI_3 都可在 CS_2 中回流相应的元素获得，用 $AsCl_3$ 与 BBr_3 或 BI_3 反应也可方便地得到 $AsBr_3$ 或 AsI_3。在热浓 HCl 中，将 $AsCl_3$ 与 KI 相互作用也可得到 AsI_3，并常用此法回收 AsI_3。通过 Raman 光谱对 $AsBr_3$ 和 $AsCl_3$ 混合物进行的研究，也证明了混合卤化物 $AsCl_2Br$ 和 $AsClBr_2$ 的存在，但直到目前为止，这些纯物质并没有分离出来。

1.4.3.13　五氟化砷

AsF_5 可用 F_2 与 As 或 As_4O_6 直接反应来制备。在低于55℃时，用 SbF_5 和 Br_2 处理 AsF_3 也可得到 AsF_5。AsF_5 的熔点为 -79.8℃，沸点为 -52.8℃，密度为 $2.33 \times 10^{-3} kg/m^3$（$-55$℃）。$AsF_5$ 的化学性质相当多地表现在作为氟离子的接受体反应中，在形成六氟砷酸盐的反应中，AsF_5 往往还是一个氧化剂。在强碱溶液中 AsF_6^- 并不水解，但加酸转化为 $HAsF_6$ 后就能与水反应，形成 $HAsF_5OH$[6]。

1.4.3.14　五氯化砷

在砷的化合物中也得到了少数几个卤氧化物。在封闭管子中，在320℃下加热 As_4O_6 与 AsF_3 得到 AsOF，但它的特性还没有完全了解。而对三氧化砷溶于三氟化砷的溶液进行[19]F 核磁共振谱测定，表明这个溶液是一个多物种的随机混合物，单个的物质并没有分离出来。和 $AsCl_5$ 的合成一样，AsOCl 也直到 1976 年才被真正合成出来。它是在 $CFCl_3$/ CH_2Cl_2 溶剂中，在 -78℃ 下，用臭氧与 $AsCl_3$ 作用合成出来的。$AsOCl_3$ 是真正含有 As =O 双键的少数化合物之一，在 -25℃ 缓慢分解（它比 $AsCl_5$ 更稳定），0℃ 时则立即分解。

1.4.3.15 砷化镓

砷化镓（GaAs）是一种重要的半导体材料，属ⅢA-ⅤA族化合物半导体。其为闪锌矿型晶格结构，晶格常数为 5.65×10^{-10}m，熔点为 1237℃，禁带宽度为 1.4eV。砷化镓于 1964 年进入实用阶段。砷化镓可以制成电阻率比硅、锗高 3 个数量级以上的半绝缘高阻材料，用来制作集成电路衬底、红外探测器、γ 光子探测器等[13]。由于其电子迁移率比硅大 5~6 倍，故在制作微波器件和高速数字电路方面得到重要应用，如移动电话、卫星通信、微波点对点连线、雷达系统等地方。用砷化镓制成的半导体器件具有高频、高温、低温性能好、噪声小、抗辐射能力强等优点；此外，还可以用于制作转移器件——体效应器件。

砷化镓是半导体材料中兼具多方面优点的材料，但用它制作的晶体三极管的放大倍数小、导热性差，不适宜制作大功率器件。且它在高温下会分解，故要生产理想化学配比的高纯的单晶材料，技术上要求比较高。

1.4.3.16 阿散酸

阿散酸又名对氨基苯胂酸或氨苯胂酸、胂酸苯胺，是目前最常用的有机砷制剂之一，农业部于 1993 年批准生产，美国 FDA 至今仍批准使用。试验证明，阿散酸用作饲料添加剂对畜禽的生长发育、生产性能等都具有明显的促进作用，并可防治某些肠道疾病。阿散酸是白色或微黄色结晶性粉末，几乎无臭味；在水和乙醇中微溶，在氯仿、乙醚和丙酮中不溶，能溶解于氢氧化钠溶液、热水、甲醇等溶剂中。

1.4.3.17 洛克沙肿

洛克沙肿是最经济的有机砷制剂，也是一种多功能剂，化学名称为 3-硝基-4-轻基苯胂酸。洛克沙肿具有促生长、抗球虫、治痢疾、沉积色素等功效，可与多种抗生素、促生长剂配合使用，如金霉素、杆菌肽锌、速大肥、痢特灵等及所有的抗球虫药，包括盐霉素、莫能菌素、球痢灵及尼卡巴嗪、拉沙洛等。洛克沙肿于 1996 年在中国上市，目前有多个厂家生产。

洛克沙肿被认为是有机砷化物，目前被美国、日本、中国及拉丁美洲（欧盟除外）等许多国家列为动物用药品，属抗菌剂类药，具抗生素和促进生长的作用。农业部于 2001 年 7 月 3 日发布了《饲料药物添加剂使用规范》，该规范对洛克沙肿的使用做出了规定：饲料中使用洛克沙肿应先制成 10% 的预混剂，每 1000g 预混剂中含洛克沙肿 50g 或 100g 蛋鸡产蛋期禁用，休药期 5 天[4]。

有机砷制剂被国家列为允许使用的药物饲料添加剂品种，且在生产中使用越来越普遍。大量的砷制剂排放到自然界中[4]，经自然界物理、化学、生物等因素长期而复杂的作用，使有机砷分解，最终污染土壤和水源。据预测，一个万头猪场按美国 FDA 允许使用的砷制剂剂量推算，若连续使用含砷的加药饲料，5~8 年后将可能向猪场周边排放近 1t 砷，16 年后土壤中砷含量将上升 0.28mg/kg，按此计算，不出 10 年，该地所产甘薯中砷含量会全部超过国家食品卫生标准，这片耕地只能废弃或种植其他作物。

1.4.3.18 苄基砷酸

苄基砷酸是我国首创的黑钨和锡石细泥有效捕收剂，呈灰白色粉末，无臭，化学性质稳定，不潮解，溶于热水或碱性溶液，能和多种金属离子形成难溶性化合物，有毒；在锡石、黑钨矿和稀土矿的浮选中作为捕收剂，也是浮选多种金属氧化矿的捕收剂。苄基砷酸和混合甲苯砷酸（对位和邻位甲苯砷酸）对黑钨的捕收性能极为相似，可以在相同的浮选流程和相同的药剂制度下互相替代使用，得到极为接近的浮选结果。黑钨比重大，粗粒黑钨用重选法处理可以达到很高的指标，但黑钨性脆，在采选过程中容易产生矿泥，采用重选法回收受到粒度限制，对矿泥的处理指标较低，湖南、广东、江西等地一些采用重选法用摇床等回收黑钨细泥的选厂，一般回收率只有 20% ~ 40%，相当一部分钨金属随矿泥流失。用浮选法处理黑钨细泥，回收率比重选法高，因此用重选法处理粗粒矿砂，浮选法处理矿泥的重浮联合流程来提高选厂钨回收率的做法是可取的。

1.4.3.19 甲基砷

甲基砷是有机砷化物的一种重要形式，如甲基砷（CH_3As）、二甲基砷（$(CH_3)_2As$）和三甲基砷（$(CH_3)_3As$）等。人体和自然界都可以使砷甲基化。已知真菌、酵母菌、细菌都可使砷甲基化，另有 15 种细菌又可将亚砷酸盐氧化为砷酸盐。

1.4.4 砷的危害及环境卫生标准

1.4.4.1 砷的毒性及危害

单质砷由于其不溶于水和酸，不能被人体直接吸收，因此被认为毒性很小。但是砷的化合物是一种具有类金属特性的原生质毒物，具有广泛的生物效应，已被美国疾病控制中心和国际防癌机构确定为第一类致癌物。砷的化合物毒性大小取决于其分子结构形式，表 1-14 列出了一些有机和无机砷化合物对老鼠的 LD_{50}。通常的，As（Ⅲ）是 As（Ⅴ）毒性的 60 倍，无机砷毒性大于有机砷[9]。

表 1-14　一些有机和无机砷化合物对老鼠的 LD_{50}

化合物	对老鼠的 $LD_{50}/mg \cdot kg^{-1}$	化合物	对老鼠的 $LD_{50}/mg \cdot kg^{-1}$
砷化氢	3	苯胂酸	50
三氧化砷	20	对氨基苯胂酸	216
砷酸钾	14	对氨基苯胂酸钠	75
砷酸钙	20	胂凡钠明	100
甲胂酸	700 ~ 1800	阿司匹林	1000 ~ 1600
二甲基次胂酸	700 ~ 2600		

砷对植物的危害不仅在于其能够破坏植物体内的叶状体，降低植物体内的叶绿素含量，影响植物的光合作用，进而抑制了植物的生长；还在于其可以降低植物体内酶的活性，改变细胞核酸，破坏细胞生理结构，进而导致植物的大量减产甚至死亡。

砷对于人体的危害非常大，口服 0.1g As_2O_3 可致命。砷可导致人体呼吸系统、消化系统、神经系统和造血系统等疾病；长期接触直接接触砷的化合物，可引起肺、肝脏、肾脏、膀胱及皮肤等器官的癌变。对人体而言最直接的砷的威胁来自于饮用水体中的砷，其次为空气和食品中的砷。有研究表明[10]，砷对人体的毒性作用主要和细胞酶系统有关，砷可以和蛋白质中的硫氢基结合生成稳定的螯合物，使细胞酶失去活性，从而导致细胞代谢的混乱，进一步引起神经系统的紊乱，人体器官的病变衰竭。砷的化合物毒性很大，对人体伤害大，要注意防护，特别是对于冶金工厂的工人以及从事砷的研究的人员来说，要做好安全措施。

1.4.4.2　砷的环境卫生标准

鉴于砷的危害性，世界各国都制定了严格的排放标准[11]。美国环保署将砷列为Ⅰ类致癌物。该署在 2006 年将饮用水中的砷含量标准从 0.05mg/L 降低至 0.01mg/L，并规定工业废水中砷的浓度要低于 0.5mg/L，含砷的固体废弃物不可以随意丢弃，要经过毒性浸出实验。我国对于砷的排放标准也很严格，规定饮用水中砷含量要低于 0.05mg/L，居民区空气中砷含量要低于 0.003mg/m^3，地表水砷含量要低于 0.05mg/L，工业废水中砷含量要低于 0.5mg/L。

1.4.5　砷的用途

由于砷的物理化学性质非常特殊，具有两性元素的特性，可以与许多元素结合，形成具有特殊用途的物质，既可以形成无机化合物，又可以形成有机化合物，还可以形成具有特殊性能的合金。因此在高科技及工业技术中发挥重要作用，如在光电、合金、医药、农药、木材防腐、玻璃、军事、颜料等许多领域都有重要的用途。但由于砷及其化合物的毒性，目前，其在多方面的应用正在日益消失或萎缩[8]。

1.4.5.1　光电材料

砷在高技术光电材料领域正得到日益广泛的应用，可以说这是目前砷的应用唯一增长的领域，但其总量较小，估计全球年用量不会超过 100t，而且由于技术要求较高，应用主要局限于日本、美国等技术领先国家。

砷用于固态电子元件的掺杂半导体，有砷化镓（GaAs）、砷化铟（InAs）等。GaAs 作为第二代半导体的代表，是镓与砷按 1:1 的原子比化合形成的金属间化合物，广泛应用于二极管、显像管、微波炉和太阳能电池等。虽然 GaAs 材料的机械强度比硅小，但也足够满足 MEMS 方面的应用开发，故它在超高速、微波、毫米领域也得到较快的发展。近些年以来，虽然受到以 GaN 为代表的第二代半导体新型材料的冲击，但是砷半导体的应用仍然广泛。砷化锗镉（CdGeAs$_2$）是一个黄铜矿类半导体，它具有优越的非线性光学性质，因此砷化锗镉晶体在光电领域具有广泛的应用前景，倍受国内外瞩目。

1.4.5.2　合金材料

砷由于同时具有金属性和非金属性，与金属化合可以生成砷合金，而含砷合金能有效地改善原合金的性质[9]。

近几年砷在其他合金上的应用日渐增多，我国在新中国成立初期曾由水口山冶炼厂和沈阳有色铜加工厂共同研制含砷高达20%的铜砷合金，用于抗海水腐蚀的军事工业。而国内外应用比较普遍的Pb-Cs-As合金主要用于蓄电池的阴极栅板上起抗腐蚀作用，以提高蓄电池的使用寿命。另外，其他印刷用合金和铸模工艺中的砷的应用也比较多，其主要目的是加入砷后，不仅能使合金防腐能力提高，而且有助于减少合金偏析和裂化现象。合金中加入砷的量虽然很少，但质量提高却很大，已广泛用于各种机械防腐、耐磨的部位。日本和美国在此方面研究较多，砷的应用范围也越来越广[10]。日本有世界上最大的高纯砷生产厂家——古河机械金属厂，年产量可达40~50t，产出高纯砷的纯度达到5N（99.999%）和7.5N（99.999995%），5N砷用于生产半导体玻璃，7.5N砷用于生产GaAs单晶。

1.4.5.3　生物医药

中医学认为雄黄（As_2S_2）和雌黄（As_2S_4）有解毒、杀菌的功效，比如药品牛黄解毒片中就含有雄黄。在现代，砷的应用一般集中于医学研究，砷在治疗白血病方面有很好的效果。

近年来研究发现，砷剂在眼部疾病的治疗有一定功效。As_2O_3对控制和治疗恶性黑色素瘤、神经母细胞、缺氧性增殖视网膜病变和视网膜色素上皮细胞不良反应等有较好影响，其独特药效也正在进一步研究和论证之中。

砷在抗癌方面的研究比较早，临床证明氧化砷对抗癌有较好的效果。大量体外研究结果表明，As_2O_3在低浓度（0.1~0.5μmol/L）下，可诱导食管癌细胞分化；在0.5~2.0μmol/L浓度下，As_2O_3可诱导多发性骨髓瘤、肝癌、恶性淋巴瘤、肺癌、结肠癌等细胞凋亡。在3.0~14.0μmol/L浓度下，可诱导非小细胞肺癌、卵巢癌、宫颈癌、乳腺癌等细胞凋亡。在0.1~100.0μmol/L浓度下，可诱导胃癌细胞凋亡。As_2O_3对多种实体瘤的治疗非常有效，在恶性肿瘤的治疗中发挥着越来越重要的作用，甲基化代谢产物成为很有潜力的抗肿瘤药物。因此，含砷药物对于医学是很好的药剂，合理应用含砷物质可以造福人类。

1.4.5.4　农药

在20世纪，砷也大量应用于农药领域。美国有30%左右的氧化砷是用于农业化学制品生产，农田杀虫一般采用无机砷农药，由于其制造简单，生产成本低，杀虫效果好，迅速占领了市场。但是后来发现无机砷农药对环境的危害很大，渐渐的，研究人员研究了有机砷农药作为其替代品，20世纪50~60年代，开始生产甲基砷酸锌（$CH_3AsO_3Zn \cdot H_2O$）、甲基砷酸钙（$CH_3AsO_3Ca \cdot H_2O$）、甲基硫化砷（CH_3AsS）、甲基砷酸铁铵（$(CH_3AsO_3)_3FeNH_4$）等。但由于砷对人、畜的危害性和对土壤理化性质的破坏性，这类农药已逐渐被禁用或限制使用。

1.4.5.5　木材防腐剂

砷对昆虫、细菌与蕈类有极大的毒性，使得它成为木材防腐方面的理想物质。全世界使用的铬酸铜砷，又称防腐盐（CCA），自19世纪50年代工业化生产后，在砷的消耗中占比最大。在20世纪，全球产出的砷有一半以上是用于制备木材防腐剂（CCA、ACA、

FCAP 等），1980 年仅美国消耗含砷木材防腐剂即达 1.6 万吨。但是欧盟毒性、生态污染和环境科学委员会（CSTEE）的风险评估认为，使用含有铜、铬和砷木材防腐剂处理的木材对人身健康存在威胁。我国从 20 世纪 80 年代开始，也先后建立了多家木材防腐厂及防腐剂生产厂，用于生产枕木和矿井坑木等的防腐[12]。

但是近年来，由于 CCA 的毒性以及环境不友好性，很少使用它作为木材防腐剂，一般使用其他的低毒性的防腐剂作为替代品。在欧盟，根据美国环境保护局的网站，自 2003 年 12 月 31 日，用 CCA 处理的木材不再被用来建造居住或公共用建筑，而改用 ACQ、硼酸盐、铜唑类、环克座与普克利等处理的木材替代。我国也规定和限制了含砷防腐剂的使用，使得砷在这个传统应用领域的用量正慢慢缩减。

1.4.5.6　玻璃搪瓷工业

砷及其氧化物在玻璃工业中有着重要的应用。我国氧化砷 70% ~ 80% 用于玻璃行业，已有研究者将以砷酸钠和砷酸钙为主体的物质用于玻璃工业。而美国玻璃行业用量仅占 5.15%，用量少的原因主要是砷在玻璃中的用途已经被取代。

As_2O_3 有很好的玻璃澄清效果，在玻璃行业中是最常见的一种澄清剂，有着"澄清王"的称号。一般制作玻璃时，在原料玻璃纤维中加入少量的 $NaNO_3$ 与 As_2O_3，低温时，As_2O_3 与硝酸盐分解产生的氧气反应而被转化为 As_2O_5。高温时，As_2O_5 分解放出氧气，由于玻璃熔体中氧气的溶解度很小，其中的气泡迅速吸收氧气长大，最后浮至液面消失，从而达到澄清玻璃熔体的目的。As_2O_3 能使着色较强的亚铁离子转变为着色弱的高价铁离子，提高玻璃的透明度和白度。另外 As_2O_3 还可以提高玻璃的化学均匀性，同时还可以改善导热性。

但是由于含砷物质的毒性，限制了其广泛的应用，目前国内外在积极研究 As_2O_3 的替代品，在降低毒性的同时改善玻璃的性能，一般比较常见的替代品是 Sb_2O_3，同时脱色剂中用 Cs、Se 代替 As。

1.4.5.7　军事

第一次世界大战后，美国生产了 20000t 的路易氏剂，一种含砷的化学武器，其中的糜烂剂会刺激肺，主要用于芥子气的抗凝剂或特殊情况下的防护服。这些存货大部分在 20 世纪 50 年代后期用漂白剂处理后被倒入墨西哥湾。在越南战争期间，美军曾使用蓝色枯叶剂（二甲砷酸）作为彩虹除草剂的一种，破坏越南的粮食作物[13]。

1.4.5.8　颜料

醋酸亚砷酸铜曾被用来当作绿色颜料，并有许多不同的俗名，包括"巴黎绿"与"宝石绿"，它导致了不少的砷中毒事件。舍勒绿——一种亚砷酸铜，曾在 19 世纪用来当作甜品内的食用色素。

2 粗三氧化二砷生产技术

2.1 多膛炉脱砷技术

2.1.1 概述

多膛炉又称多段炉、耙式炉等，由美国 Nichols 公司在 1890 年开发，用于焙烧黄铁矿。1931 年，中国进口了用于焙烧钨矿的多膛炉，这是中国进口的第一台多膛炉。此后逐步扩展至煅烧高岭土、氧化镁、活性铝、镍矿、钼矿和钨矿，活性炭生产和再生，污泥热处理等 70 多个领域，形成了一系列的炉型。前后共有 2000 余台多膛炉投入使用，至今世界各地仍有 1000 多台还在运行。

多膛炉的特点是炉床面积大，物料在炉内的停留时间长，能获得较好的焙烧效果，因此多用来进行矿物的焙烧和物料杂质的脱除，另外多膛炉可以使用多种燃料，燃烧效率较高，并且可以利用任何一层的燃料燃烧器以提高炉内温度。但由于物料停留时间长，调节温度时较为迟缓，控制辅助燃料的燃烧较为困难。此外，由于多膛炉造价及运行成本较高，国内只有少数冶炼企业使用。

多膛炉脱砷技术是目前国内外从矿石中分离砷的方法之一。该法基于砷矿物在一定温度下，于弱氧化气氛中，能直接升华或分解成蒸气挥发，或氧化成具有很高蒸气压的气体，从而与矿石中其他组分分离而脱除。多膛炉具有烟尘率低的优点，从而可缩小烟气处理系统，提高砷产品质量和减少中间产物量，并可灵活处理含砷、锑范围较宽的物料。由于多膛炉炉内气氛及温度易于控制，国外使用较为普遍，如瑞典隆斯卡尔炼铜厂、智利埃尔印第欧铜矿公司曾长期以此处理含砷铜精矿，砷挥发率较好。

2.1.2 多膛炉脱砷原理及影响脱砷效果因素

2.1.2.1 多膛炉脱砷原理

根据精矿的特性，研究认为影响V族金属挥发的焙烧参数是最终温度、升温速度、炉气气氛和硫势。

（1）最终温度是指精矿中杂质的热离解温度（此温度也取决于焙烧气氛和熔点极限）。

（2）升温速度对杂质的挥发有明显的影响，对复杂硫化矿的热敏感性影响也大。升温速度慢，能使气固反应进行，促使表面相互反应，提高孔隙度和避免共晶化合物熔融。升温速度快，会使局部过热，减少杂质脱除的有效面积[18]。

（3）炉气气氛以氧的分压表示，理论上焙烧可以在中性、还原和氧化气氛中进行。实际上，氧化焙烧会引起挥发性差的五价砷和五价锑的生成（生成砷酸盐和锑酸盐），损失了稳定的硫化物，过多地生成氧化铁化合物和生成低熔点共晶体。因此，为取得理想的结果，焙烧气氛应是中性至还原性。

（4）硫势是指游离硫的多少，炉气中有游离硫的存在，会加速砷、铋、锑金属的挥发。因此，物料焙烧应在有富硫气体存在的条件下进行。复杂硫化物选择焙烧时，游离硫由黄铁矿离解得出。

在还原气氛下进行如下的反应：

硫砷铜矿　　　　　　　　　$2Cu_3AsS_4 \Longrightarrow Cu_2S + 4CuS + As_2S_3(g)$　　　　　　(2-1)

黄铁矿　　　　　　　　　　$2FeS_2 \Longrightarrow 2FeS + S_2(g)$　　　　　　　　　　　　(2-2)

毒砂　　　　　　　　　　　$8FeAsS \Longrightarrow 4FeAs + 4FeS + As_4S_4(g)$　　　　　　(2-3)

根据上述反应式中离解硫化物，要求将物料加热到一定的温度，但不能马上升温达到，因为这会很快使精矿熔结。若逐步升温，则各种硫化物离解所需的不同温度就会顺次达到。而且，在挥发性硫化物的脱除过程中，焙烧物料的熔结温度也会提高。因此，焙烧炉中有合适的温度剖面是很关键的。在还原气氛下的反应末期，可以提高物料温度，这对最终脱除杂质有利。底部炉膛温度和炉气气氛可通过烧嘴调节。气态产物在烟气系统中进一步处理得出 As_2O_3 产品。

2.1.2.2　影响脱砷效果因素

一般来说，多膛炉焙烧脱砷效果主要与下料量、温度控制、物料的翻动及停留时间、负压等因素有关。

A　下料量

下料量应采用自动控制，保证下料量稳定。若采用人工操作，容易造成下料量忽大忽小，影响炉内温度，另外也造成工人劳动强度大、耙臂和耙齿使用寿命短、脱砷效率低等不利影响。

B　温度控制

炉内温度主要由天然气等燃料的燃烧热提供，其次就是矿物中的硫化物燃烧的燃烧热所提供。温度的控制是多膛炉对物料焙烧效率的重要环节，若焙烧温度过低，物料中的砷化合物很难脱除，达不到多膛炉脱除砷的焙烧目的；温度控制过高，物料中的 PbO、SiO_2 等低熔点物质易形成胶状低熔点化合物而黏结在炉床上形成炉结，胶状物黏结在耙齿上，严重制约耙齿的翻料效率，砷化合物挥发效率下降，严重影响焙烧渣的质量，同时在长时间的高温控制下多膛炉耙齿、耙臂会发生金相变化，刚性减弱，加之炉床上胶状结块的加厚，造成耙齿与结块空间减小，在耙齿随耙臂转动的过程中摩擦力加大，耙齿易变形，使用寿命大大减小，传动装置的负荷加大，直接威胁中心轴、耙臂、传动装置的使用寿命。生产实践证明，精矿焙烧脱砷温度控制在 650~720℃ 为宜。炉内保证齿路清晰，无黏结、结块现象。物料流动正常，脱砷效率可达 97% 以上。

C　物料的翻动及停留时间

多膛炉耙齿在炉内对物料的翻动是保证多膛炉脱砷效率的主要因素之一，翻动效率好，炉料中的砷化合物挥发速度加快，脱砷效率提高。炉料在炉内的停留时间很重要，取决于耙臂的转速（即中心轴转速），停留时间长则延长了砷化合物挥发时间，可提高脱砷效率，但炉料过长时间地在高温和高浓度还原气氛存在的状况下，部分物质将被还原软化，烧结现象加重，炉床结块现象严重，同时生产产量降低。通过生产实践验证，耙臂一般转速为 $0.8 \sim 1.2 \text{r/min}$ 为宜，投料量控制在 $3.2 \sim 4.5 \text{t/h}$ 为宜。

D 负压

为确保被挥发出的砷、硫化合物气相物质及时挥发，必须确保多膛炉内定量的负压控制。如负压过大易将翻动过程中扬起的细炉料带到烟气中，烟尘量加大将增加收尘负担，同时造成有价金属损失，直收率降低，并影响到粗三氧化二砷的质量，此外负压增大导致炉内补风量增大，含氧量增大不利于砷的挥发，易使三价砷氧化成五价砷生成不易挥发的砷酸盐留在矿物中，影响脱砷率；反之，负压过小，挥发出的砷、硫化合物不能及时外排，浓度加大，挥发效率降低，而且由于炉体上部几层温度不太高，含砷的烟气在炉顶反而会凝结生成玻璃砷，脱除效率降低，而且造成炉顶、炉门等冒烟，恶化操作条件。在实际操作过程中，须控制炉顶微负压，在 $-20 \sim -45 \text{Pa}$ 之间为宜。

多膛炉用于含砷矿物的脱砷，层数越多，物料在炉内停留时间越长，产出物含砷自然就越低。但层数越多，结构越复杂、动力消耗越大、投资费用也越高。多膛炉一般有干燥层（顶层）、预热层（第一层）、焙烧层、冷却层。那么，多膛炉以多少层为宜，应根据物料情况和后续工艺的要求来定。

2.1.2.3 运行参数的确定

A 床能力

有色金属冶金行业的炉窑多用"床能力"来描述设备的处理能力，既该设备每天每平方米处理的物料量。"床能力"往往不是计算得来的，而是总结出来的数据。多膛炉的床能力一般为 $0.3 \sim 0.38 \text{t/}(\text{m}^2 \cdot \text{d})$。我国的多膛炉多在 $10 \sim 12$ 层。在单层面积相同的情况下，总的处理量实际上差不多。现在的趋势是通过改进多膛炉结构，如将中心轴的内外壁加厚、适当提高焙烧温度等来提高床能力。

B 燃料消耗量

白桦结合多年的设计经验，并收集了多家企业多膛炉的生产实测数据，综合整理归纳成单位炉料量所需的热量（q），从而得出多膛炉燃料消耗量计算公式：

$$B_\text{燃} = F\alpha q/Q_\text{低} \times 24 \tag{2-4}$$

式中　$B_\text{燃}$——单位燃料消耗量，m^3/h 或 kg/h；

　　　F——多膛炉面积，m^2；

　　　α——炉子床能力，$\text{t/}(\text{m}^2 \cdot \text{d})$；

　　　q——单位炉料所需热量，kJ/t；

　　　$Q_\text{低}$——燃料低发热值，kJ/m^3 或 kJ/kg。

单位炉料量所需的热量 $q = (2.35 \sim 2.55) \times 10^6 \text{kJ/t}$。根据所设计多膛炉的保温情况，控制焙烧温度的高低，取高值或者低值。

C 其他参数

中心轴冷却风出口温度：$190 \sim 200\text{℃}$；烟气温度：$550 \sim 600\text{℃}$；炉顶负压：$0 \sim 20 \text{Pa}$。

2.1.3　多膛炉的结构

多膛炉由直立圆筒形壳体、砌体内衬、中心轴、耙臂、传动系统等组成，并配有多个燃烧室[19]，如图 2-1 所示。

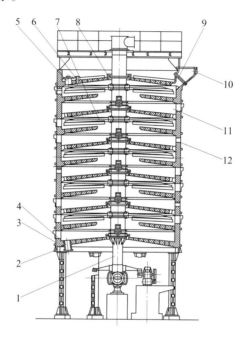

图 2-1　12 层多膛焙烧炉

1—中心轴；2—底座；3—炉床；4—排渣口；5—入孔门；6—进料口；7—耙臂；8—密封；
9—排气口；10—观察口；11—炉膛；12—炉壳

（1）壳体。壳体由 10～12mm 厚的钢板（Q235A）焊接而成。多膛炉为多层结构，通常有 7～12 层炉床，每层炉床设置有 4～6 个操作门，1 个测温孔；其中还有 2～3 层设有燃烧室接口（或热烟气接入口）；再加上排烟口，整个壳体上开满了孔洞。为了保证强度，壳体外用槽钢焊接成加强圈，加强圈位于砌体的每层拱脚的中心处。最初设计的加强圈采用单根槽钢 Y 轴方向围成，生产中发现单根槽钢围成的加强圈显得有点单薄，炉子运行时间长了壳体会产生变形，而且炉壳加强圈的强度还影响到砌体每一拱层的寿命。后来，设计改用两根槽钢组成箱型结构，从而大大提高了加强圈的强度。

（2）砌体内衬。砌体为多层结构，由于炉温并不高，因此采用黏土质耐火材料（N-1）即可。砌体为圆形，炉墙厚度 230mm，砌体与壳体之间留有 40～50mm 间隙填塞硅藻土（但每一层的拱脚砖要直接顶住壳体），炉墙用直形砖和辐射形砖组合砌筑。层与层之间的隔层由异型砖砌筑而成，每一层的净空约 770mm。

多膛炉的生产过程是将物料送入炉顶干燥层，再自上而下经预热、焙烧、冷却各层后排出。物料的运动借助旋转中心轴上伸出的扒臂扒动。奇数层物料由外向里从中心矿口落入下层，偶数层物料由里向外从外围矿口落入下层。因此多膛炉的隔层砌体上开有许多孔，尤其是偶数层，在靠近炉墙一周开有几十个下料孔，下料孔周边砖的设计尤为重要，且往往是薄弱环节。

（3）中心轴。中心轴用含铬耐热铸铁（RTCr-1.5）铸造而成。一台多膛炉由多节中心轴串联组成，中心轴由传动装置带动。中心轴的作用是带动耙臂旋转，因此保证中心轴的使用寿命是很关键的。中心轴在高温下工作，靠通风来冷却。为增强中心轴强度，提高其使用寿命，设计中可将中心轴内外壁厚度加大，这样还可提高多膛炉床能力[20]，中心轴断面结构如图2-2所示。

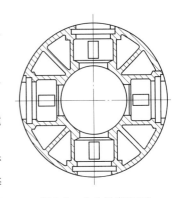

图 2-2 中心轴断面图

（4）耙臂、耙齿。耙臂由钢管和低铬铸铁铸造的外管组合而成，耙臂一端安装在中心轴上。耙齿由高铬铸铁（Cr28）铸造而成，耙齿安装在耙臂上，耙齿直接与炉料接触，炉料靠耙齿的扒动在炉内运动，因此要求耙齿材质要耐磨。

（5）传动系统。传动系统由电动机、减速机、大皮带轮、小皮带轮、大伞齿轮、小伞齿轮、底轴等部件组成。

（6）燃烧室。多膛炉靠配置燃烧室来控制温度，以满足工艺要求。多膛炉燃烧室可采用方形结构和圆筒形结构形式，现多采用方型结构。方形结构燃烧室对于安装各种烧嘴，尤其是中心轴冷却风返回燃烧室进入点接管的配置比较灵活简单，但方形结构燃烧室体积较大，影响燃烧室所在层的操作门的配置。圆筒型燃烧室结构紧凑与烧嘴一体化所占空间小，缺点是中心轴冷却风的返回进入点不好配置。

不同层要求的温度不同，燃烧室一般配置在相对高温层。如通常设计的10层多膛炉燃烧室配置在4层、6层、8层，每层设2个燃烧室。这样的配置有利于控制温度，缺点是所占的空间较大，不利于燃烧室配置层操作门的开设。

2.1.4 多膛炉含砷矿物脱砷工业化应用

以智利埃尔印第欧（El Indio）铜矿公司 200t/d 工业化铜矿脱砷系统（$\phi6.55m$，高 25m 的 14 层多膛炉）为例，整个系统分为如下几步：焙烧脱砷、锑，旋涡收尘，烟气后燃室，烟气在热交换器中冷却到 400℃，电收尘，烟气用空气骤冷至 120℃ 以冷凝 As_2O_3，布袋收砷和包装。工艺流程如图2-3所示。

多膛炉为 14 层，设计能力（湿）8.5t/h，加入焙烧的精矿粒度 65% 为 37μm，含水 7%，经计量后通过气动控制的密封闸门连续给入炉子顶部。每个偶数炉膛有两个烧油嘴，精确保持每一炉膛的温度，使过程顺利进行而不会引起物料熔结。在第 2~7 层加入限量空气将部分气态硫和硫化物转为氧化物，放出热成为热源。过程中大部分的热实际上是由这些反应提供的。实践中完全证实炉膛烟气温度剖面对焙烧炉连续生产起着重要的作用。1 号膛炉维持 500℃±40℃，随后炉膛的温度慢慢升高至 8 号炉膛 700℃，其余炉膛温度不允许高过 720℃。严格控制温度的原因是：在 630~640℃ 时，硫砷铜矿不会分解，要到达 7~8 号炉膛时大部分才分解。后来温度升高至最大值 720℃，其目的是需完全脱砷，并尽可能脱锑。如炉温大于 750℃，则料床熔结。

如前所述，控制炉内氧位也是脱砷的重要因素。精确控制烧嘴的过剩氧量和 2~7 号炉膛的过程空气量，检查门保持密封，使炉内氧位小于 0.3% O_2。720℃ 热焙砂通过密封阀排出，再入水冷密封螺旋运输机中，焙砂用于熔炼系统。一台中间轴流风机使焙烧炉内保持微负压。烟气经两个旋涡除尘器除尘，烟尘返回多膛炉的第 11 层，随后烟气进入后燃烧室，在此通入空气，将硫和硫化砷转化为氧化物（放热反应），控制温度为 700℃±25℃，烟气再进入立式不锈钢多管热交换器冷却至 350~400℃，利用间断操作的喷砂清理系统清理管外的砷玻璃型结块及 Cu/Fe 硫化物和氧化物结块。实践表明，后燃烧室温度不应大于 750℃，以免结瘤变硬无法清除。净化后烟气用空气骤冷至 120℃±5℃，骤冷室为特殊设计可产出大小均匀的 As_2O_3 结晶，且无大的维修问题。在上述温度下，As_2O_3 析出基本完全，一般情况下生成的硫酸不会冷凝，但操作不善时将有短时冷凝。含 As_2O_3 烟气进入袋滤室，袋材最初用丙烯酸系纤维，但由于耐酸和耐热性差，后改用特氟隆（聚四氟乙烯），效果良好。

2.1.5　多膛炉工艺技术指标分析

智利埃尔印第欧（El Indio）铜矿公司 200t/d 硫砷铜精矿多膛炉选择焙烧脱砷系统脱砷率可以达到 97%以上，运行效果良好。指标见表 2-1~表 2-4。

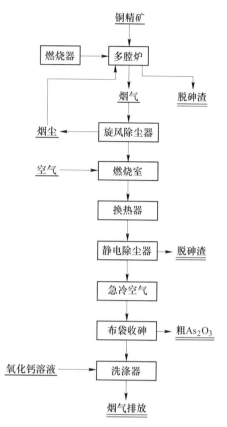

图 2-3　智利埃尔印第欧公司
多膛炉脱砷工艺流程

表 2-1　多膛炉操作数据

项　目	温度/℃			氧含量/%		
	平均	上限	下限	平均	上限	下限
第一层	542	612	455	0.3	0.4	0.2
第二层	645	688	592			
第三层	642	687	582			
第四层	652	683	612			
第五层	642	670	620			
第六层	665	693	645			
第七层	699	722	665			
第八层	700	720	692			
第九层	657	695	623			
第十层	719	732	693			
第十一层	659	693	610			
第十二层	714	728	677			

项　目	温度/℃			氧含量/%		
	平均	上限	下限	平均	上限	下限
第十三层	653	688	602	0.2	0.3	0.2
第十四层	716	727	700			
后燃烧室	691	722	648	0.4	0.6	0.2
电收尘入口	377	403	357	6.9	8.0	4.8
电收尘出口	267	295	250			
布袋室	120	120	118			
燃油消耗/L·t^{-1}	27	38	20			
电耗/kW·h·t^{-1}	162					
给料量/t·h^{-1}		8.5	7.0			

表 2-2　多膛炉各层产物和烟灰化学成分分析

产　品	化学成分/%								
	Au /g·t^{-1}	Ag /g·t^{-1}	Cu	Fe	As	Sb	SiO$_2$	Al$_2$O$_3$	S
给料	68	372	22.4	24.3	6.4	0.63	4.3	0.37	37.4
第二层	87	386	22.6	25.5	6.4	0.68	5.6	1.07	34.3
第四层	105	459	29.2	31.3	2.88	0.58	6.5	1.11	27.1
第六层	105	460	28.6	30.6	1.49	0.64	5.6	1.05	32.1
第八层	117	479	30.9	32.3	0.32	0.30	6.3	1.03	28.0
第十层	115	499	31.4	33.7	0.08	0.35	6.0	1.16	26.1
第十二层	116	507	31.6	33.4	0.09	0.30	6.3	1.12	26.5
焙砂	115	488	32.1	34.7	0.04	0.27	6.0	1.15	26.2

表 2-3　多膛炉 As、Sb、S 的脱除率

元　素	给料/%	焙砂/%	脱除率/%
As	8.0	0.32	97.2
Sb	0.5	0.34	51.0
S	37.8	23.0	56.1
As	8.2	0.34	97.0
Sb	0.55	0.41	46.3
S	36.3	22.3	55.8
As	7.5	0.25	97.7
Sb	0.48	0.34	50.2
S	37.6	22.7	54.9

表 2-4　智利 El Indio 铜矿公司 As₂O₃ 产品分析

成　分	含量/%	成　分	含量/%
As_2O_3	96.0	Sb	0.84
Au	<1.0g/t	Bi	<0.01
Ag	8g/t	Se	<0.01
Cu	0.35	Pb	<0.01
Fe	0.21	SiO_2	0.46
Te	0.02	Al_2O_3	0.10

2.2　回转窑脱砷技术

2.2.1　概述

回转窑是对散状或浆状物料进行干燥、焙烧和煅烧的热工设备。它广泛应用于有色金属冶炼、钢铁冶金、化工、水泥和耐火材料等工业部门，尤其是在有色金属冶炼和耐火材料工业中占有重要地位。

20 世纪 70 年代在湖南地区部分黄金矿山生产一些高含砷金银矿，受当时黄金生产工艺的制约，砷严重制约了金、银的回收，导致这部分矿产资源无法利用，因此自 70 年代开始，相关研究人员对湖南所产含砷金银精矿进行了回转窑焙烧脱砷工艺研究，通过生产实践表明，窑内可创造不同气氛和温度，满足脱砷的要求，使金、银充分解离和暴露而易于提取，同时还产生了粗三氧化二砷产品，资源得到了充分利用，在当时创造了显著的经济效益。回转窑蒸馏法有以下优点：流程简单、机械化、自动化程度高、劳动条件好，生产安全可靠，能产出 96.5%~99.5% 的白砷系列产品。

回转窑物料从窑尾（筒体的高端）进入回转窑内煅烧。由于筒体的倾斜和缓慢的回转作用，物料既沿圆周方向翻滚又沿轴向（从高端向低端）移动，继续完成其工艺过程，最后，生成熟料经窑头罩进入冷却机冷却。按照加热方式可分为外燃式和内燃式，加热方式根据物料性质决定，为避免烟气影响粗砷的质量，多采用外燃式。按照加热方式的不同，回转窑又可分为燃油回转窑、燃气回转窑和电加热回转窑[21]。

回转窑脱砷工艺有以下优点：

（1）物料受热均匀。由于物料在圆筒内不断翻动，使埋入物料深层处的颗粒能自动翻到表面层，以便与气体介质直接接触，均匀地进行物理化学反应，因而产品质量均匀。

（2）适应性强，成品质量高。倾斜圆筒的旋转，能使物料进行周向翻动并做轴向移动，这样在圆筒内就不必设置耐高温、耐磨材料制作的刮板、搅耙。因此特别适用于高温反应的物料煅烧、焙烧等过程。

（3）安全稳定。回转窑设备成熟，生产过程不易出现机械故障。

（4）绿色环保。尾气装置的配置，大大降低了排放出的尾气中有害物质的含量，生产过程更绿色环保。

其缺点如下：

（1）由于回转窑属于卧式窑，其窑体主要依靠占据平面空间，与竖窑相比，竖窑主要占据立面空间，因此回转窑占地面积较竖窑大许多。这对于场地紧张的工厂来说是非常不利的。由于回转窑的设备体积庞大、设备复杂，因此其投资通常较高。

（2）回转窑的能耗较高，由于回转窑填充系数较低，大部分热量随烟气损失。

（3）焙烧过程中物料在窑腔内来回摩擦窑壁，因此回转窑的窑衬寿命要低许多。

（4）回转窑通常存在结圈问题，物料焙烧过程中产生的低熔点物质及挥发物结晶等常常会附着在窑壁上，会造成回转窑结圈。

2.2.2 回转窑脱砷及工作原理

2.2.2.1 回转窑脱砷原理

含砷金精矿以毒砂、黄铁矿为主要矿物，其他矿物甚微，因而焙烧过程中毒砂和黄铁矿主要发生热分解和氧化反应[22]。银金精矿脱砷的实质是：在弱氧化气氛及适当的温度下，使砷矿物受热分解及氧化，砷呈 As_2O_3 形态挥发，并随后冷凝收集，从而达到砷与主要金属分离，并附产回收 As_2O_3 的目的。金精矿中的砷主要以毒砂形态存在，在中性及弱氧化气氛中，毒砂按如下反应分解及氧化。

$$4FeAsS =\!=\!= As_4 + 4FeS \tag{2-5}$$

$$As_4 + 3O_2 =\!=\!= 2As_2O_3 \tag{2-6}$$

$$2FeAsS + 5O_2 =\!=\!= Fe_2O_3 + As_2O_3 + 2SO_2 \tag{2-7}$$

$$As_2O_3 + 3MeO =\!=\!= Me_3(AsO_4)_2 \tag{2-8}$$

当氧化气氛较强及温度较高时，砷则过氧化成难挥发的 As_2O_5，并生成砷酸盐。显然，高价砷氧化物的生成不利于精矿中砷的脱除，因此焙烧过程必须维持较低温度及弱氧化气氛[23]。

金精矿尚存较高的铁及一定量的铅、锌、锑等硫化物，在脱砷焙烧过程中的行为如下[22]：铁在精矿中主要以毒砂及黄铁矿形态存在，黄铁矿在中性及弱还原气氛中发生热分解。

$$2FeS_2 =\!=\!= 2FeS + S_2 \tag{2-9}$$

在脱砷焙烧过程中（600~700℃）其反应为：

$$2FeAsS + 5O_2 =\!=\!= Fe_2O_3 + As_2O_3 + 2SO_2 \tag{2-10}$$

$$4FeS_2 + 11O_2 =\!=\!= 2Fe_2O_3 + 8SO_2 \tag{2-11}$$

铅以方铅矿形态存在，在600℃便开始挥发，焙烧时可生成硫酸盐，也可生成氧化铅。

$$3PbS + 5O_2 =\!=\!= 2PbO + PbSO_4 + 2SO_2 \tag{2-12}$$

在低温焙烧（480℃）时，主要生成硫酸盐，而在高温时则多生成 PbO，PbO 大部分与 SiO_2 作用生成低熔点的硅酸铅。因此，精矿中的铅含量高，导致焙烧矿在窑内烧结结窑。另外，硫化铅及氧化铅易挥发，造成白砒质量下降。锌以闪锌矿形态存在，在脱砷焙烧过程中生成硫酸盐。

$$ZnS + 2O_2 =\!=\!= ZnSO_4 \tag{2-13}$$

锑在精矿中含量少，以辉锑矿形态存在，在焙烧过程中生成 Sb_2O_3。

$$2Sb_2S_3 + 9O_2 =\!=\!= 2Sb_2O_3 + 6SO_2 \tag{2-14}$$

生成的 Sb_2O_3 部分挥发，造成 As_2O_3 中含锑。

2.2.2.2　回转窑工作原理

物料在回转窑内的焙烧过程是物料从窑的高端喂入，由于窑有一定的倾斜度，且不断回转，因此使物料连续向低端移动。热源采用内热或外热的方式，使窑内物料加热，并产生高温烟气，烟气在风机的驱动下，自低端向高端流动，而物料和烟气在逆向运动的过程中继续进行热量交换，使物料进一步反应。因此研究回转窑的工作原理，主要是研究物料在窑内的运动、窑内气体的流动、热量和物料与气体间的传热现象和规律。

A　回转窑内物料的运动

生料从窑的冷端喂入，在向热端运动的过程中煅烧成熟料。物料在窑内的运动情况直接影响到物料层温度的均匀性；物料的运动速度影响到物料在窑内的停留时间（即物料的受热时间）和物料在窑内的填充系数（即物料的受热面积）；因此也影响到物料和热气体之间的传热。为了使回转达到高产，必须了解窑内物料的运动情况，物料在回转窑内的运动情况如图 2-4 所示。

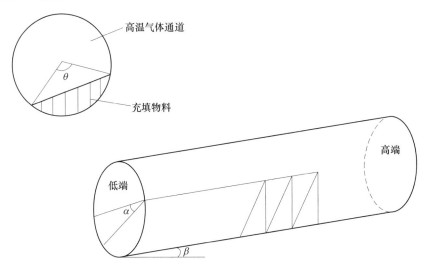

图 2-4　回转窑内物料充填与运动简图
α—物料休止角；β—窑倾斜角；θ—填充角

窑内的物料仅占据窑容积的一部分，物料颗粒在窑内的运动过程是比较复杂的。假设物料颗粒在窑壁上层及料层内部没有滑动现象，当窑回转时，物料颗粒靠着摩擦力被窑带起，带到一定高度，即物料层表面与水平面形成的角度等于物料的自然休止角时，则物料颗粒在重力的作用下，沿着料层表面滑落下来。因为窑体以 2% ~ 5% 的倾斜度安装，所以物料颗粒不会落到原来的位置，而是向窑的低端移动了一个距离，落在一个新的点，在该新的点又重新被带到一定高度再落到靠低端的另一点，如此不断前进。

因此，可以形象地设想各个颗粒运动所经过的路程，像一根圆形的弹簧。实际上物料在回转窑内运动时，物料颗粒的运动是有周期性变化的，物料颗粒或埋在料层里与窑一起向上运动，或到料层表面上降落下来，但是只有在物料颗粒降落的过程中，才能沿着窑长方向移动[24]。

窑内物料的填充系数（填充率），是指窑内物料层截面与整个截面面积之比或窑内装填物料占有体积与整个容积之比，用符号 φ 表示

$$\varphi = \frac{A_M}{\frac{\pi}{4}\overline{D}^2} \qquad (2-15)$$

或

$$\varphi = \frac{4G_M}{60\pi\overline{D}^2 v_M \rho_M} \qquad (2-16)$$

式中　A_M——窑内物料所占弓形面积，m^2；

　　　G_M——单位时间内窑内物料流通量，t/h；

　　　$\overline{D}$——窑直径，m；

　　　v_M——窑内物料轴向移动速度，m/min；

　　　ρ_M——窑内物料体积密度，t/m^3。

一般来讲，当回转窑的填充系数较大、转速较慢的时候，窑的斜度较大，反之亦然。这些参数直接影响着回转窑内物料运动速度以及煅烧过程。当回转窑斜度较小的时候，为得到同样的物料速率，回转窑速就应快些，这个时候窑内物料翻滚次数增多，有利于物料混合以及炽热气流、窑内衬料以及物料三者之间的换热。同时，斜度较小，窑内填充系数相对增加；回转窑的长径比较大或入窑物料分解率增大，回转窑的填充系数也可增加。回转窑的斜度与填充系数的关系见表2-5。

表 2-5　斜度与填充系数的关系

斜度 i/%	5.0	4.5	4.0	3.5	3.0	2.5
填充系数 φ/%	8.0	9.0	10.0	11.0	12.0	13.0

B　回转窑转速

回转窑的转速（窑体每分钟转圈的周数）与窑内物料活性表面、物料停留时间、物料轴向移动速度、物料混合程度、窑内换热器结构以及窑内的填充系数等都有密切关系。

$$n = \frac{G\sin\alpha}{1.48\overline{D}^3 \varphi i \rho_M} \qquad (2-17)$$

式中　n——回转窑的转速，r/min；

　　　G——窑的生产能力，t/h；

　　　α——窑内物料自然堆积角度。

C　物料在窑内的运动速度

回转窑内物料运动的情况比较复杂，影响因素很多，因此要想用简单的公式来准确计算物料在窑内各带的运动速度是比较复杂和困难的。在对回转窑内物料运动的规律进行分析和模拟试验后，得出很多计算回转窑内物料运动的速度的公式，其中最为常用的一般公式为：

$$v_m = \frac{L}{60\tau_m} = \frac{\beta D_i n}{60 \times 1.77\sqrt{\alpha}}(m/s) = \frac{\beta D_i n}{1.77\sqrt{\alpha}}(m/min) \qquad (2-18)$$

其中　　　　　　　　　　　　　$$\tau_{\mathrm{m}} = \frac{1.77\sqrt{\alpha}L}{\beta D_{\mathrm{i}}n}$$　　　　　　　（2-19）

式中　　v_{m}——物料在窑内运动的速度，m/s；

　　　　τ_{m}——物料在窑内停留的时间，min；

　　　　n——窑的转速，r/min；

　　　　α——物料的休止角度；

　　　　β——窑的倾斜度（角），$\tan\beta \approx \sin\beta$，称为斜度；

　　　　D_{i}——窑的衬砖内径，m。

　　窑内物料运动速度与其物理性质、窑径和窑内热交换装置等有关。物料的粒度越小，运动速度越小，如粉料的运动速度高于料球运动速度。干燥带的运动速度与链条的悬挂方式、悬挂密度有关。预热带的物料运动速度与窑内热交换装置有关。分解带由于物料分解释放气体使物料呈流态化，因此物料运动速度最快，在分解带，物料分解需要吸收大量的热，但是物料流速又快，因此窑的分解带比较长。

　　窑内料层厚度不同，物料被带起的高度也不同，料层厚，带起高，在窑回转一周时，物料被带起的次数少，即翻动的次数少，受热的均匀性就差；但料层过薄，窑的产量降低，因此必须选择合适的料层厚度，通常窑内物料的填充系数为6%~15%。当窑内物料流量稳定时，移动速度快的地带，其填充系数小。

　　因此在实际生产中，为了稳定窑的热工制度，必须稳定窑速，若因焙烧不良而降低窑速时，需相应地减少喂料量，以保持窑内物料的填充系数不变。一般回转窑的传动电机和喂料机的电机是同步的，以便于控制。

　　D　回转窑内气体的流动

　　a　回转窑内气体的流动过程

　　为了使回转窑内燃料燃烧完全，必须不断地从窑头送入大量的助燃空气，而燃料燃烧后产生的烟气和生料分解出来的气体，在向窑的冷端流动的过程中，将热量传给与之相对运动的物料以后，从窑尾排出。

　　窑内气体在沿长度方向流动的过程中，气体的温度、流量和组成都在变化，因此流速和阻力是不同的。通常用窑尾负压表示窑的流体阻力，在窑操作正常时，窑尾负压应在不大的范围内波动，如窑内有结圈，则窑尾负压会显著升高。在生产中，当排风机抽风能力相同时，根据窑尾负压可以判断窑的工作情况。

　　b　窑内气流速度的大小对窑内传热的影响

　　窑内气流速度的大小影响传热系数，因而影响传热速率、窑的产量和热耗，影响窑内飞灰生成量，即影响料耗。

　　当流速过大时，传热系数增大，但气体与物料的接触时间减少，总传热量有时反而会减少，表现为废气温度升高、热耗增大、飞灰增多、料耗加大，不经济。相反，当流速低时，传热效率降低，产量会显著下降，也不合适。

　　窑内气流速度，各带不同，一般以窑尾风速来表达，如直径为3m的湿法窑，以5m/s左右为宜。干法窑的窑尾风速相应大一些，一般约10m/s。窑尾风速增大，回转窑的飞灰量增多，一般来说，窑内的飞灰量与窑尾风速的2.5~4次方成正比。

E 回转窑内的传热机制

仅从热力学和传热学的观点出发讨论。回转窑内的传热源是燃料燃烧后的高温烟气，受热体是生料和窑内壁。是典型的气-固传热，传给生料的热量供煅烧过程中干燥、预热、分解和煅烧，用以完成全部工艺要求。

高温气体中具有辐射传热能力的组成主要是 CO_2 和 H_2O（气），但由于烟气中夹带着粉体物料，因此增大了气体的辐射率。同时因为窑内流动气体和湍流作用，产生了有效的对流传热。堆积生料之间以及窑回转时物料周期性地与受热升温的窑体内壁相接触而有辐射与传导传热共存。

总之，窑内气-固与固-固之间同时存在辐射、对流、传导三种传热方式。其间关系错综复杂，再加上回转窑系统中，预热器和冷却机都与窑首尾相衔，在一定程度上对窑内气-固温度分布也会产生一定影响。回转窑作为输送设备，对物料运动规律，粉尘飞扬循环等也对传热有影响，从而更增加计算难度和复杂性[25]。

经简化后，取回转窑内某一断面 1m 长的范围内，综合传热机制关系如图 2-5 所示。

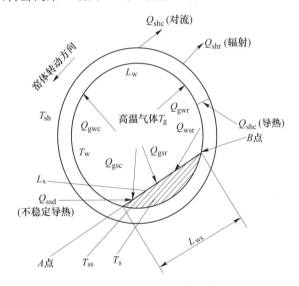

图 2-5 窑内传热机制分析

Q_{wsr}—窑壁衬料以辐射方式向物料表面传导的热量；Q_{shc}—窑外壳向大气对流散热量；Q_{shr}—窑外壳向大气辐射散热量；

Q_{gwc}—气体以对流方式传给窑壁衬料的热量；Q_{gwr}—气体以辐射方式传给窑壁衬料的热量；

Q_{gsc}—气体以对流方式传给物料表面的热量；Q_{gsr}—气体以辐射方式传给物料表面的热量；

Q_{ssd}—物料表面向内部的非稳态传热

2.2.3 回转窑的结构

回转窑规格用筒体内直径和长度表示，如 $\phi4m \times 60m$ 回转窑，即表示筒体内直径为 4m，长度为 60m。虽然回转窑种类繁多，但从机械结构上看，回转窑均由筒体、轮带、支承装置、传动装置和窑头、窑尾密封装置等部分组成。回转窑的结构如图 2-6 所示。

（1）筒体与窑衬。筒体由钢板卷成，是回转窑的基体；筒体内衬耐火材料称窑衬，厚度为 150~250mm。

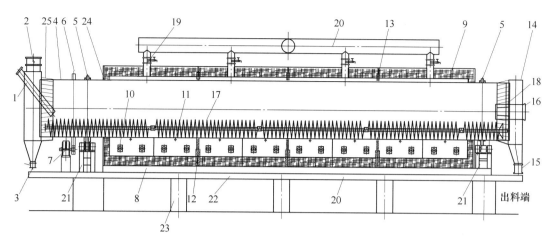

图 2-6　外热式回转窑组成示意图

1—斜溜管；2—进料装置及排气管；3—清料孔；4—转筒；5—支撑滚圈；6—传动齿轮；7—电机减速机；

8—加热炉底盘；9—加热炉；10—烧嘴；11—炉腔测温孔；12—下部挡火墙；13—上部挡火墙；14—出料装置；

15—出料插板阀；16—热烟气进管；17—桶内螺旋轴；18—螺旋轴挡圈及加强筋；19—排烟装置；

20—排烟管路；21—传动支架；22—基础底盘；23—底盘支撑基础；24—窑体密封装置；25—滚筒密封装置

（2）滚圈。回转窑的重量通过滚圈传递到支承装置上；滚圈将窑的全部荷重传递到支承装置上，是回转窑最重的部件。

（3）支承装置。承受回转部分的全部重量，它是由一对托轮轴承组和一个大底座组成。

（4）传动装置。回转窑的回转是通过传动装置实现的。

（5）窑头罩和窑尾罩。窑头罩是热端与下道工序的中间体，窑尾罩是冷端与物料预处理设备及烟气处理设备的中间体。

（6）燃烧器。燃烧器一般是从筒体热端插入，有喷煤管、油喷嘴、煤气喷嘴等。

（7）热交换器。为增强换热效果，筒体内设有各种换热器，如链条、格板式热交换器等。

（8）喂料设备。是回转窑的附属设备，干粉料或块料用溜管流入窑内；含水40%的生料浆用喂料机臼入溜槽流入窑内或用喷枪喷入窑内；呈过滤机滤饼形态的含水物料，可用板式饲料机喂入窑内。

其机械结构有如下特点：

（1）回转窑是以薄壁圆筒为主体的机器。从功能上看，筒体是回转窑的核心部分，物料的焙烧过程全部其中进行；从结构上看筒体是躯干，其他部件都是为筒体服务的，且各部分尺寸都按筒体规格来确定；从外形上看，筒体是回转窑中最大、最重的部件。因此，筒体是回转窑中最关键的部件。

（2）形大体重。回转窑筒体直径一般为 $3\sim7m$，特大型的有 $7.6m$；窑长一般为 $50\sim80m$，大型的窑长230m。主要零件单个质量达十几吨到几十吨，如 $\phi3.5m\times145m$ 窑的一个轮带净重达18t，而筒体有300多吨。因此给设计、制造、运输、安装和维修带来一系列问题。

（3）多支点支承方式。支承装置常为 $3\sim7$ 档，属静不定结构。这给筒体的安装、找正和调整工作带来不少困难。筒体长期运转后，各档支承零件磨损不均匀，各档基础沉陷也不一致，破坏了筒体的直线性，均对窑的长期安全运转不利。目前出现的新型预分解型短窑系统，有可能使传统的三档支承改为二档支承，成为静定系统，有利于窑的长期安全运转。

（4）热的影响。回转窑是一种热工设备，要考虑温度对材料性能的影响，如窑口护板直接与高温熟料长期摩擦，须选用耐热、耐磨材料。在机械结构上要考虑减少或消除温度应力，如轮带和筒体垫板之间预留热膨胀间隙，以消除缩颈温度应力；设法缩小轮带内外表面的温差，以减小轮带的温度应力等。在设计中，应考虑因安装与操作温度不同，会引起各零部件相对位置的变化。如窑筒体伸长时，是否会与密封装置的零部件相碰撞；应估计轮带在托轮上位置的变动量，从而确定各档支承装置的间距大小等。在润滑上，应加强隔热和冷却，并选用合适的润滑油。

2.2.4 含砷精矿回转窑脱砷工业化应用

焙烧物料与炉气在窑内逆向而行。高砷金精矿由窑尾加入，首先在低温区（约650℃）与已经氧化的含 SO_2 低氧炉气相遇，砷优先氧化挥发，随着物料向窑移动，砷逐渐脱去，行至窑头较高温度区域（750~800℃）与越来越浓的高氧气体相遇，此时砷几乎绝大部分脱除，大大有利于硫铁的氧化脱硫。窑内始终满足高砷物料在低温弱氧化气氛条件下脱砷，脱砷后的低砷物料在较高温度、氧化气氛条件下脱硫，使脱砷脱硫在同一焙烧窑内巧妙结合，达到较理想的脱砷效果，获得符合火法冶炼要求的低砷焙砂（含砷小于2%）。由于机械尘产出率低于5%，故采用简单的三级旋风收尘器即可达到机械尘与 As_2O_3 的有效分离。既使 As_2O_3 难于冷凝在机械尘中，又能有效地阻止机械尘混入 As_2O_3，从而保证了能直接获得较纯的 As_2O_3 产品。整个焙烧系统（窑体、冷却收尘系统）处在负压及较密封的情况下操作，有利于控制有毒气体的外逸，减少砷、硫对车间环境的污染[26]。工艺流程如图2-7所示。

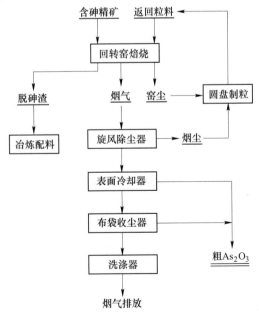

图2-7 湖南某公司金精矿脱砷工艺流程

2.2.5 回转窑工艺技术指标分析

以湖南某公司3000t/a回转窑脱砷系统为例，焙烧脱砷率可达96.24%，回收 As_2O_3 产品含量在95%以上。指标见表2-6和表2-7。

表2-6 某厂3000t/a回转窑脱砷工艺指标

序号	名 称	数量	序号	名 称	数量
1	处理砷矿量/t·a^{-1}	3000	8	烟尘率/%	65
2	年工作日/d	330	9	脱砷率/%	96.24
3	焙烧温度/℃	500~700	10	脱硫率/%	84.80
4	焙烧矿产出率/%	64.26	11	回收三氧化二砷含量/%	>95
5	焙烧炉床能力/t·(m²·d)$^{-1}$	11.56	12	焙烧渣含砷/%	<2
6	鼓风量/m³·h^{-1}	9788.17	13	系统收砷效率/%	>99
7	烟气量/m³·h^{-1}	13408.16	14	吨矿焙烧电耗/kW·h	250

表2-7 回转窑焙烧产物成分分析

项 目	成 分	含量/%
As_2O_3	As_2O_3	>95
	Au	<1.0g/t
焙烧渣	Au	117.58g/t
	As_2O_3	1.06
	S	4.18

2.3 沸腾炉两段焙烧脱砷技术

2.3.1 概述

早在20世纪初期，澳大利亚、南非等国就采用焙烧工艺处理含砷金精矿，当初使用的焙烧炉呈长方形倾斜状，后来经过不断的改进，演变成多膛焙烧炉。1946年，Cochenour Willians金矿最先采用流态化焙烧炉处理含砷金精矿，20世纪60年代鲁奇公司又将流化床工艺成功地应用于黄金行业的工业生产，使得焙烧工艺得到了进一步的发展。就在同一时期，瑞典的波立登公司也成功地将自己开发的缺氧磁化焙烧技术应用于工业生产。到了20世纪80年代，美国先后建成了富氧焙烧和固砷固硫焙烧工厂。据不完全统计，自90年代以来，世界各地新建的难处理金矿黄金冶炼厂采用焙烧工艺就达16家之多，占整个新建难处理金矿预处理厂的一半还要多，其中美国和加拿大就有5家大型金矿采用焙烧预氧化法。较有代表性的是美国的Jerrit Canyon和BigSpring及南非的New Consort。

沸腾焙烧是固体流态化技术在工业上的具体应用。它利用矿粒在炉内一定流速的空气作用下进行的一种激烈焙烧反应，介于静止的固定床和气流输送床之间。矿粒在焙烧过程中，一直处于不停的运动状态——一种类似黏性液体沸腾的状态，因此称它为沸腾床，也称流化床或假液化床等，通称"流态化"。运动的料层泛称沸腾层，它静止时的料层称固定层。鼓风机将气体鼓进沸腾炉固定物料层，物料的状态随气流速度的变化而变化，随着气流速度的增高，当气流速度继续增大超过临界值时，物料粒子做紊乱运动，物料粒子就在一定高度范围内翻动，像液体沸腾一样，称之为"流态化床"，也就是沸腾状态。

沸腾炉的特点是它能保持较厚的焙烧料层，空气从炉底通入，经分布器进入炉内，矿料入炉随同炉料混合，整个料层在空气鼓动下，上下翻沸，高度可有 $1 \sim 1.5 \mathrm{m}$，焙烧反应十分强烈，反应温度高达 $800 \sim 900 ℃$，炉内热容量大、速度快、强度高[27]。

随着原料市场的变化，处理普通硫铁矿效益逐步降低，含砷金精矿等复杂金精矿日益成为主流矿源。而传统沸腾工艺为采用单炉操作（即一段氧化焙烧），在处理含砷等金精矿时，由于无法实现砷、铅等杂质元素的分离，因此出现金回收率偏低问题。针对含砷金精矿，研发出两段焙烧技术进行处理。

2.3.2 两段焙烧脱砷原理及工艺

2.3.2.1 两段焙烧脱砷原理

含砷金精矿中的砷主要以 FeAsS（毒砂）形式存在，另有一定量砷存在于 FeS_2 中。采用一段氧化焙烧工艺，精矿中的金属硫化物被氧化生成金属氧化物和 SO_2，FeS_2 在较高氧化气氛下反应生成 Fe_2O_3，则与砷迅速反应，形成稳定的铁砷化合物：

$$4FeS_2 + 11O_2 =\!=\!= 2Fe_2O_3 + 8SO_2 \uparrow \qquad (2\text{-}20)$$

$$As_2O_3 + Fe_2O_3 + O_2 =\!=\!= 2FeAsO_4 \qquad (2\text{-}21)$$

铁砷化合物严重抑制金的浸出。当矿物含砷 $2\% \sim 3\%$ 时，采用一段焙烧，焙砂中金的浸出率仅为 $45\% \sim 50\%$。两段焙烧工艺是将含砷金精矿先在一段炉缺氧条件下进行焙烧，FeS_2 生成 Fe_3O_4，物料中的砷挥发；之后再进行二段氧化焙烧，使铁充分氧化，金与紧密结合的硫化矿物和其他矿物分离，在氰化物浸出时获得较高的浸出率[28]。

通过选择性地控制沸腾炉内的反应温度和气氛，在氧气不足的情况下，反应主要生成 Fe_3O_4，称磁化法焙烧，主要目的是脱砷。

如氧不足则进行：

$$3FeS_2 + 8O_2 =\!=\!= Fe_3O_4 + 6SO_2 \uparrow \qquad (2\text{-}22)$$

脱砷反应：

$$2FeAsS + 5O_2 =\!=\!= Fe_2O_3 + As_2O_3 \uparrow + 2SO_2 \uparrow \qquad (2\text{-}23)$$

在这种沸腾焙烧预处理过程中，将金精矿通过沸腾炉两段焙烧处理，由于浮选金精矿的主要载金矿物一般为黄铁矿、磁黄铁矿以及砷黄铁矿，因此焙烧过程主要是载金矿物黄铁矿的焙烧过程，同时去除硫、砷、铜、铅等影响氰化浸出的杂质。金精矿沸腾炉焙烧一般采用浆式给料，焙烧温度控制较低（$500 \sim 700 ℃$ 之间），根据炉内温度和气氛分布的差异，在炉内各部分主要发生如下反应[29]：

$$2FeS_2 =\!=\!= 2FeS + S_2 \qquad (2\text{-}24)$$

$$S_2 + 2O_2 =\!=\!= 2SO_2 \uparrow \qquad (2\text{-}25)$$

$$4FeS + 7O_2 \longrightarrow 2Fe_2O_3 + 4SO_2 \uparrow \qquad (2\text{-}26)$$

$$4FeS_2 + 11O_2 =\!=\!= 2Fe_2O_3 + 8SO_2 \uparrow \qquad (2\text{-}27)$$

$$2FeAsS + 5O_2 =\!=\!= As_2O_3 \uparrow + Fe_2O_3 + 2SO_2 \uparrow \qquad (2\text{-}28)$$

$$4CuFeS_2 + 15O_2 \Longrightarrow 4CuSO_4 + 2Fe_2O_3 + 4SO_2 \uparrow \qquad (2\text{-}29)$$

当然，根据氧势的差异，载金矿物黄铁矿的最终焙烧产物不一定完全是 Fe_2O_3，具体产物往往跟焙烧温度和气氛有关，可以根据 Fe-S-O 体系的氧势-硫势图进行分析。图 2-8 是 680℃时 Fe-S-O 体系的平衡相图[30]，该温度处在正常焙烧温度的上限。

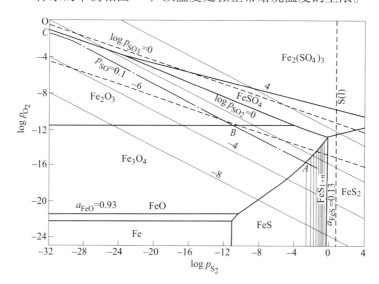

图 2-8　680℃时 Fe-S-O 体系的氧势-硫势图
（单位：atm，1atm=101325Pa）

从图 2-8 可知，随着焙烧反应的进行，体系中硫势呈下降趋势，氧势逐步增高。在 $p_{\Sigma O}=0.1atm$（相当于环境中 O_2、SO_2 和 SO_3 分压之和为 0.1atm）条件下，黄铁矿的氧化焙烧沿着 $p_{\Sigma O}=0.1atm$ 这条线从 A 点向 B、C 方向进行。黄铁矿的焙烧首先是按照反应式（2-24）分解成磁黄铁矿和元素硫，当体系的硫势低于 A 点数值时，黄铁矿分解释放元素硫的反应就会结束；焙烧过程沿着 AB 方向继续进行，在此区间 FeS 氧化焙烧的产物是 Fe_3O_4；只有当体系的硫势继续降低到低于 B 点时，FeS 氧化焙烧的产物才变成 Fe_2O_3。

在金精矿氧化焙烧时一般都会有一定的空气过剩系数，因此焙烧反应平衡时氧势均会高于 B 点。由于反应使气相中 SO_2 对氧势和硫势具有的平衡作用，相应的硫势也会低于 B 点，因此黄铁矿的最终焙烧产物仍然是 Fe_2O_3，但是在焙烧过程中，黄铁矿颗粒内部氧化气氛不足时，黄铁矿氧化进行的不够彻底，仍有可能生成少量的 Fe_3O_4。而且核心有可能因为没有完全燃烧而残留有 Fe_2S_3。

2.3.2.2　两段焙烧脱砷工艺过程

两段焙烧脱砷工艺过程主要是对物料中的金、银及铜、锌、铅、砷等进行合理配置，含硫必须达到 20% 以上，含砷控制在合理范围，一般要求控制在 2%~8% 之间。两段焙烧工艺通常有干法和湿法两种上料方式。其中干式进料是先将物料进行干燥，使其含水降低到 8% 以下，再通过圆盘给料机和其他形式的加料机送入焙烧炉内。干式进料的优点是可以处理含硫较低的精矿。浆式进料的物料在浆化前先要除杂，浆化后再经振动筛除杂（避免杂质堵塞软管泵），然后由软管泵入。采用浆式进料时，需要充分考虑国内软管泵和国外软管泵输送能力的差异，以及输送到炉内需要的压力，可以增加高位缓冲槽，采用两级输送，这样既保证了泵送料浆到炉内的压力，同时也延长了输送软管的寿命。

一段炉焙烧时，料浆经软管泵输送到一段焙烧炉内，炉况稳定时，据一级旋风后工艺气体和后燃烧室后工艺气体的温差，判断炉内气氛，调整一段焙烧炉的给料量。一段炉焙烧在较低的温度和缺氧条件进行，炉温控制在 $600 \sim 700℃$ 之间，通过添加工艺水来控制炉温。经过一段炉焙烧，精矿中的 Fe 大部分成为 Fe_3O_4，As 成为 As_2S_3、As_2O_3，S 以 SO_2、SO_3 从烟气中排出，物料的细粒和烟尘约有 $75\% \sim 80\%$ 从烟气中排出。

经过一段炉焙烧的物料残硫控制在 $3\% \sim 4.5\%$，物料经翻板阀或星形阀进入二段炉料进行氧化焙烧。二段炉烟气同一段炉的烟气混合进入燃烧室，部分没有燃烧的气体在此充分燃烧，烟气中的 S 生成 SO_2，As_2S_3、As 和 O_2 转化为 As_2O_3。焙烧炉烟气流速由鼓风机鼓入的空气控制，控制其足以使产生的细粒焙砂移走。粗焙砂积聚在炉床上，通过焙烧炉的排料口排出。焙砂超过炉床的水平高度取决于流化床的压降比，其反过来又控制翻板阀或星形阀的排料[31]。

焙烧炉出来的烟气含气态的 As_2O_3，经过电除尘，将烟气的尘沉降去除后，烟气温度在 $280 \sim 330℃$ 之间，As_2O_3 仍然以气态形式存在，进入骤冷塔后与来自电尘出口的高温炉气与雾化的汽水混合，使烟气温度骤冷到 $120 \sim 150℃$，将炉气中的气态砷转化为固态 As_2O_3，形成的气-固混合炉气经布袋收砷器的滤布袋过滤后固态收集为成品 As_2O_3 包装、入库，烟气进入后段净化工序。

骤冷塔上部设有雾化喷嘴，将水雾化成微粒，依靠水的蒸发热将烟气温度降下来。塔的控制系统能保证雾化的水粒在离开塔之前，已经完全汽化，使塔内部干式运行[32]。

2.3.3 沸腾炉的结构

沸腾焙烧以流态化技术为基础。固体颗粒在气流的作用下，构成流态化床层似沸腾状态，被称做流态化床或沸腾床。这样矿石可在沸腾状态下进行加热焙烧，有利于提高焙烧质量。焙烧过程有反应热放出，产生含有二氧化硫的气体主要用来制造硫酸，矿渣则用作冶金原料。硫化矿沸腾焙烧技术是 20 世纪 50 年代初联邦德国的巴登苯胺纯碱公司和美国的多尔公司分别开发的。

沸腾焙烧炉炉体为钢壳内衬保温砖再衬耐火砖构成。炉子的最下部是风室，设有空气进口管，其上是空气分布板。空气分布板上是耐火混凝土炉床，埋设有许多侧面开小孔的风帽。炉膛中部为向上扩大的圆锥体，上部焙烧空间的截面积比沸腾层的截面积大，以减少固体粒子吹出。沸腾层中装有余热锅炉的冷却管，炉体还设有加料口、矿渣溢流口、炉气出口、二次空气进口、点火口等接管。具体结构如图 2-9 所示。

沸腾炉分直筒型炉和上部扩大型炉两种：（1）直筒型炉焙烧强度较低，炉膛上部不扩大或略微扩大，外观基本上呈圆筒形。（2）上部扩大型炉早期用于破碎块矿（作为硫酸生产原料开采的硫铁矿，多成块状，习惯称块矿）的焙烧，后来发展到用于各种浮选矿，包括有色金属浮选精矿、选矿时副产的含硫铁矿的尾砂以及为了提高硫铁矿品位而通过浮选得到的硫精矿等粒度较小的矿粉的焙烧，焙烧强度较高。工业生产常采用的沸腾焙烧炉有道尔式和鲁奇式沸腾炉两类。

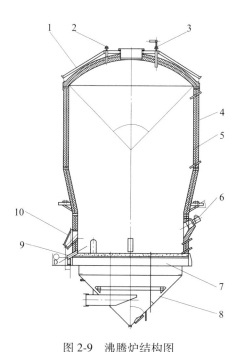

图 2-9 沸腾炉结构图

1—炉顶盖；2—加水口；3—加料口；4—砖体；5—炉壳；6—烧嘴；7—空气分布板；
8—下气室；9—底排料口；10—溢流排料口

2.3.4 两段焙烧工业化应用

以山东某黄金冶炼企业两段焙烧脱砷生产系统为例，该系统采用两台沸腾焙烧炉，年处理矿量 15 万吨，投矿砷品位 2%~5%，该工艺的特点是一段还原焙烧，使精矿中的砷转变为 As_2O_3 进入烟气，精矿中的一部分硫转化为 SO_2，另一部分以单质硫的形式升华进入烟气。烟气在旋风收尘器内，由于给入空气而进行二次燃烧，硫转化为 SO_2。一段炉的大颗粒烧渣与旋风收尘器的粉尘进入二段焙烧炉进行硫酸化焙烧。烟气再经二段旋风收尘器收尘后与一段旋风收尘器的烟气合并进入炉气冷却器使烟气温度降至 350℃ 进入电收尘器。烟气经电收尘器收尘后进入收砷系统，收砷后烟气进入净化系统再经两转两吸工艺制成硫酸，焙砂及粉尘进入氰化系统提取金、银。生产过程如图 2-10 所示。

2.3.4.1 进料

目前进料方式有干式进料和浆式进料，采用何种进料方式，主要根据原料含硫的高低来选定，其目的是为了在自热条件下处理各种不同含硫量的金精矿。所谓干式进料是将金精矿经过干燥，使含水量降低到 8% 以下，再通过圆盘、皮带或抛料机加入炉内进行焙烧。干式进料的优点是可以处理含硫较低的金精矿，缺点是干燥过程需用煤或油等燃料，干燥过程会造成金精矿的粉尘，既污染环境又造成金的损失。由于浮选厂采用的过滤设备所得金精矿含水量都在 10%~16%，如果采用干式进料就必须经过干燥处理，这样就增加了基建投资和黄金的损失，目前这种进料方式也逐渐被淘汰。浆式进料是将金精矿调成矿浆浓度为 70% 左右的料浆，然后经振动筛除去杂物后，再用软管泵打入矿浆分配槽，通过喷枪

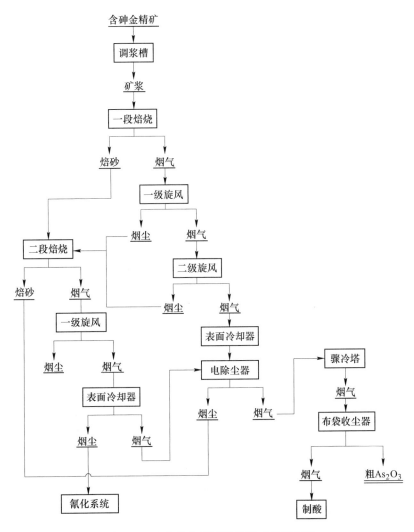

图 2-10 山东某公司两段焙烧工艺流程图

喷入流态化焙烧炉进行焙烧。与干式进料相比，浆式进料具有如下优点：（1）配料均匀；（2）精矿不需干燥，可减少精矿飞扬损失，从而减少金的机械损失；（3）炉体为全封闭状态，避免了二氧化硫气体的外泄，也保证了烟气浓度，炉前操作环境好。基于以上优点，目前大多数黄金冶炼厂都采用浆式进料。缺点就是金精矿含硫量必须在23%以上才能保证金精矿自燃。

2.3.4.2 焙烧

两段焙烧是在两台炉内进行，通过分配矿石氧化需要的空气量，使得一段沸腾炉处于弱氧化气氛和较低的温度下焙烧（炉温通过向炉内加水调节），一段炉的出口烟气经1号旋风收尘器收尘后，捕集到的焙砂及一段焙烧炉溢流焙砂经过密封回料器送 N 段沸腾焙烧炉继续脱硫氧化。二段炉内氧气为过剩状态，焙烧温度为 630~680℃（炉温通过向炉内加水调节），二段炉的出口烟气进入 2 号旋风收尘器收尘。经收尘后的烟气与 1 号旋风收尘器收尘后的烟气一同进入后燃烧室，通过向燃烧室内继续送风，使烟气中以蒸气形式出现的 S_2 燃烧并生成 SO_2，而 As_4S_6 和 As_2O_3，均转化成 As_4O_6。

焙烧过程的主要反应如下：

$$3FeS_2 + 8O_2 === Fe_3O_4 + 6SO_2 \qquad (2-30)$$

$$4FeS_2 + 11O_2 === 2Fe_2O_3 + 8SO_2 \qquad (2-31)$$

$$3FeAsS === FeAs_2 + 2FeS + AsS \qquad (2-32)$$

$$12FeAsS + 29O_2 === 4Fe_3O_4 + 3As_4O_6 + 12SO_2 \qquad (2-33)$$

2.3.4.3　收尘

黄金冶炼厂最早的收尘方式为重力收尘工艺，但该工艺只能收集粗颗粒的焙砂尘。后来出现了旋风收尘器，该除尘器能够捕集烟尘中 $10\mu m$ 以上的焙砂尘，从而大大提高了烟气的收尘效率。但是当采用沸腾焙烧炉进行流态化焙烧时，由于烟尘率高达 60% 以上，显然仅仅采用旋风收尘无法满足生产的需要。于是出现了静电收尘，这一技术的应用大大增加了流态化焙烧在黄金冶炼厂应用的可行性。目前几乎所有的黄金冶炼厂都采用重力收尘、旋风收尘和静电收尘的联合收尘工艺。

2.3.4.4　收砷

目前收砷的方法主要有干法收砷、湿法收砷及其水洗后石灰中和法除砷三种工艺。前面两种工艺作为生产粗砷产品使用，后一种工艺主要是用于除去制酸烟气中的微量砷，使烟气达到制酸的要求，或者是用于除去废水中的砷。干法除砷是将通过静电收尘器收尘后的烟气通过喷雾冷却塔或弯管式空气骤冷器使烟气温度急剧降至 $120℃$，炉气中的 As_2O_3 骤冷后发生冷凝，形成 As_2O_3 晶体。在 $120℃$ 时，As_2O_3 饱和蒸气压仅 $0.267Pa$（$2\times10^{-3}mmHg$），气态中 As_2O_3 含量理论值为 $23mg/m^3$，降温沉砷彻底[33]。此时烟气中的 As_2O_3 由气态转变成固态的 As_2O_3 晶粒，晶粒随着烟气进入布袋收尘器或低温电收尘器进行收集，从而得到粗砷产品。干法收砷最关键的就是要严格控制好温度，因为此时烟气温度已经接近露点温度，防止发生冷凝和布袋黏结，从而影响砷的回收率。骤冷塔冷却水的喷水装置必须确保冷却水的喷水呈雾化状态，一旦雾化喷嘴出现滴水或小量的水流，将会使粉状的粗砷浆化，并凝结在骤冷塔的塔壁，出现玻璃砷，对设备产生严重影响，其清理难度较大，造成停车生产，并污染环境。因此收砷设备要选用特殊材料，耐腐蚀并且可靠性高，温度的控制要绝对精确，以保证除砷效率并确保安全生产。目前应用得最多的收砷技术是通过喷雾降温后，再用布袋收尘器收砷的技术。

烟气骤冷是从气相中回收砷的重要步骤；当温度降到 $175\sim250℃$ 时会产生玻璃砷，附着在设备、管道壁上，越积越多，使生产无法正常运行；采用骤冷塔就是使烟气迅速降温至 $150℃$ 以下，以防止玻璃砷的产生。因此，骤冷塔的设备结构、操作技术条件是非常苛刻的，即经过喷嘴雾化的水滴不能挂在塔壁上，因为挂在塔壁上的水会顺着塔壁流到塔底，而会出现骤冷塔漏水的情况。潼关冶炼厂通过生产实践对骤冷收砷装置进行了改进，骤冷塔外壁增加了电热元件，总功率为 $218kW$。在运行初期，给骤冷塔壳体加温，正常运转后停止加温，运行效果很好。

布袋收尘器要注意防止结露。早期的收尘器保温效果较差，烟气进口温度和出口温度相差30℃左右，发生结露时布袋会被堵塞。潼关冶炼厂通过对布袋收尘器保温，要求进出口烟气温度差小于10℃。另外，奥图泰（瑞典）有限公司提供的布袋收尘器壳体为夹层结构，向夹层通入热风，可以保证收尘器壳体上不结露。其中，热风预热器、空气加热器、循环风机以及灰斗加热等用电设备，总功率为235.5kW。从实际生产情况来看，仅仅在运行初期需给布袋除尘设备升温，正常运行后不再加温，这样电耗增加有限。该设备造价是普通布袋收尘器价格的2倍[34]。

2.3.4.5 二氧化硫气体处理

目前焙烧金精矿所产生的烟气基本上都是用于制取硫酸，制酸普遍采用的是两转两吸接触法生产流程。采用该法制酸，SO_2烟气的利用率可达99.5%以上。烟气通过制酸，不但解决了SO_2气体的污染，同时也综合回收了有价元素硫。

2.3.5 两段焙烧工艺技术指标分析

以山东某黄金冶炼企业两段焙烧脱砷生产系统为例，两段焙烧技术砷的脱除率达到了92%以上，系统收砷率达到了99%以上，运行效果良好。具体指标产品分析见表2-8和表2-9。

表 2-8 某厂 450t/d 两段焙烧工艺指标

序号	名　称	数量	序号	名　称	数量
1	处理精矿量/t·d^{-1}	450	7	焙烧矿产出率/%	75.6
2	焙烧炉入炉矿浆浓度/%	70~75	8	烟气量/m^3·h^{-1}	49687.9
3	年工作日/d	330	9	烟尘率/%	65
4	一段炉焙烧温度/℃	550~600	10	脱砷率/%	92.00
5	二段炉焙烧温度/℃	600~700	11	系统收砷效率/%	99.5
6	焙烧矿产量/t·d^{-1}	340			

表 2-9 粗 As_2O_3 产品分析

成　分	含量/%	成　分	含量/%
As_2O_3	>96.93	Si	0.01
Cu	0.006	Ca	0.01
Fe	0.05	Cl	0.02
Se	0.04	S	0.1
Sb	0.7		

2.4 熔池熔炼脱砷技术

2.4.1 概述

当前火法炼铜造锍熔炼阶段普遍采用闪速熔炼和熔池熔炼工艺，这两种工艺在冶炼强度、入炉原料、能耗和操作等方面各有优势和不足。闪速熔炼法由于对原料适应性差、备料复杂、工艺流程长、投资费用高、专利费用昂贵等因素制约，在国内应用较少，大多数中小铜冶炼企业采用熔池熔炼工艺。

广义熔池熔炼是指化学反应主要发生在熔池内的熔炼过程。但常指的熔池熔炼除上述特征外，还具有向熔体鼓入空气或氧气特点。由于向熔体中鼓入空气或富氧，强化了气液反应，使得炉子生产率、冰铜品位和烟气中 SO_2 含量都得到极大提高。同时由于强化了熔炼过程，使之能够自热进行，节能效果也非常显著。

熔池熔炼包括特尼恩特炼铜法、三菱法、奥斯麦特法、瓦纽柯夫炼铜法、艾萨熔炼法、诺兰达法、顶吹旋转转炉法（TBRC）、白银炼铜法、水口山炼铜法和富氧底吹熔炼法等。熔池熔炼是将硫化精矿加入熔体的同时，向熔体鼓入空气或工业氧气，在剧烈搅拌的熔池内进行强化熔炼。由于鼓风向溶池中压入了气泡，当气泡通过熔池上升时，造成"熔体柱"运动，这样便给熔体输入了很大的功能。它的炉型有卧式、立式、回转式或固定式，鼓风方式有侧吹、顶吹、底吹三种。

熔池熔炼是 20 世纪 70 年代开始在工业上应用。由于熔池熔炼过程中的传热与传质效果好，可大大强化冶金过程，达到了提高设备生产率和降低冶炼过程能耗的目的，而且对炉料的要求不高，各种类型的精矿，干的、湿的、大粒的、粉状的都适用，炉子容积小，热损失小，节能环保都比较好，特别是烟尘率明显低于闪速熔炼。熔池熔炼炼铜工艺见表 2-10。

表 2-10　熔池熔炼炼铜工艺汇总

方法种类	研发国家	工业化时间	原料	产物	送风方式
艾萨熔炼法	澳大利亚	1992 年	铜精矿	冰铜	顶吹
奥斯麦特法	澳大利亚	1992 年	铜精矿	冰铜	顶吹
三菱法	日本	1970 年	铜精矿	冰铜	顶吹
诺兰达法	加拿大	1973 年	铜精矿	冰铜	侧吹
特尼恩特炼铜法	智利	1977 年	铜精矿	冰铜	侧吹
瓦纽科夫炼铜法	前苏联	1977 年	铜精矿	冰铜	侧吹
白银炼铜法	中国	1981 年	铜精矿	冰铜	侧吹
水口山炼铜法	中国	2001 年	铜精矿	冰铜	富氧底吹
富氧底吹熔炼法	中国	2008 年	铜精矿	冰铜	富氧底吹

熔池熔炼的目的是为了将铜精矿或焙砂中的金属硫化物与脉石分离，在有熔剂存在的情况下，熔炼一般在 1250℃ 时进行。熔炼时，加入炉内的原料将分离成两层液体，即浮在上面由脉石和造渣物料形成的炉渣层及沉在下面由金属硫化物组成的冰铜层。由于砷能以氧化物的形式挥发，原料中的砷将被部分脱除。高温时形成的冰铜由最稳定的硫化物组成。比如，Cu_2S 和 FeS 分别是铜和铁的最稳定的硫化物，它们是冰铜的主要成分。当冰铜品位接近 80% 时，砷的脱除就会发生逆转。据分析，主要原因为：高品位冰铜中金属铜的存在，影响了砷的分离；砷易于在金属铜中溶解。在现有 5 种常见的铜熔炼系统中，熔炼和吹炼时砷的脱除和分布情况见表 2-11 和表 2-12。

表 2-11 不同工艺熔炼和吹炼时的脱砷情况 （%）

工 艺	熔炼脱砷率	吹炼脱砷率
反射炉+PSC	90	65
特尼恩特反应炉+PSC	91	90
诺兰达反应炉+PSC	92	89
奥托昆普炉+PSC	88	68
三菱炉	91	78

表 2-12 各种火法工艺中砷的分布 （%）

冶炼过程分布	反射炉+PSC	特尼恩特炉+PSC	诺兰达炉+PSC	奥托昆普炉+PSC	三菱炉
粗铜	6.7	3.3	3.5	11.4	4.6
炉渣	27.0	7.2	9.0	21.5	43.0
转炉渣	6.1	0.2	2.0	2.5	6.6
350℃收集的烟尘	31.8	1.9	2.0	34.7	9.2
250℃收集的烟尘	—	85.1	83.5	13.3	36.6
进入烟囱的烟尘	28.4	2.3	—	16.6	—
总 计	100.0	100.0	100.0	100.0	100.0

从上述表中可以看到，不同的铜冶炼工艺脱砷率差异很大。脱砷工艺（熔炼/吹炼）的差别可以用各家冶炼厂操作条件不同来解释。比如，物料成分、熔炼温度、吹炼速度、富氧浓度、烟气成分、产品成分不同和产品相对量有差异等，导致砷的脱除率不同。在熔炼阶段砷主要通过挥发和造渣的方式脱除，不同工艺的脱砷方式见表 2-13。

表 2-13 不同工艺的脱砷方式

工 艺	脱 砷 方 式
反射炉+PSC	砷主要通过挥发和造渣的方式脱除。因为反射炉内的气氛属于弱还原性质，并且炉子具有较大的容量，砷易于通过焙烧挥发的方式脱除。在 P-S 转炉中，更多的砷则是通过焙烧挥发和造渣的方式脱除
特尼恩特反应炉+PSC 诺兰达反应炉+PSC	这两种炉挥发方式脱砷率较高，造渣方式脱砷率则较低。P-S 转炉的脱砷率随着鼓入空气量的增多而增加，这样，处理低品位冰铜时，砷的脱除率就较高。这两种反应炉的冰铜品位大致相同（70%左右）
奥托昆普炉+PSC	这类设备通过挥发途径脱除的砷量更少，因为炉内气氛属于强氧化性，有利于 As_2O_5 的形成，从而在渣中可以脱除更多的砷。可以看出，由于有大量的烟尘循环，这类设备砷的脱除率比特尼恩特炉和诺兰达炉低
三菱炉	熔炼阶段，砷在炉渣和烟尘中的分布明显不同。吹炼过程中，砷在炉渣、烟尘和粗铜的分布率则大致相同，通过加强氧化处理，可以将粗铜中的砷更多地转移到炉渣中。熔炼和吹炼作业中富氧浓度分别为48%和33%

烟气处理铜冶炼烟气中的砷多以二聚物 As_4O_6 形式存在。烟气冷却后，砷开始进行冷凝。根据烟气中砷的含量，冷凝始于 200℃，终于 80℃。为了使冶炼烟气在进入硫酸厂前的砷含量足够低，烟气必须冷却，然后先以 As_2O_3 的形式脱除烟气中存在的大部分砷。最后，剩余的砷采用湿法工艺从烟气中脱除。实践证明，将回收的烟尘再返回熔炼炉进行处理，会造成回路中砷及其他杂质含量的增加，最终将使阳极铜中的有害杂质含量增加。因此，应该取消这种做法。总之，铜精矿中的砷可以纯 As_2O_3 的形式回收，或者在烟尘弃置前采用湿法冶金工艺处理。

2.4.2　熔池熔炼脱砷原理

熔炼的目的是为了将铜精矿或焙砂中的金属硫化物与脉石分离，在有熔剂存在的情况下熔炼一般在 1250℃ 时进行。熔炼时，加入炉内的原料将分离成两层液体，即上层由脉石和造渣物料形成的炉渣层，下层由金属硫化物组成的冰铜层。由于砷能以氧化物的形式挥发，原料中的砷将被部分脱除。高温时形成的冰铜由最稳定的硫化物组成。比如，Cu_2S 和 FeS 分别是铜和铁的最稳定的硫化物，它们是冰铜的主要成分。根据有关资料显示，当冰铜品位接近 80% 时，砷的脱除就会发生逆转。分析原因主要为：（1）高品位冰铜中金属铜的存在，影响了砷的分离；（2）砷易于在金属铜中溶解。因此在熔炼过程中要控制冰铜的品位[35]。

造锍熔炼及脱砷过程的主要化学反应为：高价硫化物的分解，造锍，造渣，脱砷等。主要反应如下。

分解反应：

$$2FeS_2 \longrightarrow 2FeS_2 + S_2 \tag{2-34}$$

$$2CuFeS_2 \longrightarrow Cu_2S + 2FeS + \frac{1}{2}S_2 \tag{2-35}$$

造铜锍：

$$FeS + Cu_2O \Longrightarrow FeO + Cu_2S \tag{2-36}$$

$$FeS + Cu_2S \Longrightarrow Cu_2S \cdot FeS(铜锍) \tag{2-37}$$

造渣反应：

$$FeO + SiO_2 \Longrightarrow FeO \cdot SiO_2 \tag{2-38}$$

$$FeS + 3Fe_3O_4 + 5SiO_2 \Longrightarrow 5(2FeO \cdot SiO_2) + SO_2 \tag{2-39}$$

脱砷反应：

$$2Cu_3AsS_4 \Longrightarrow Cu_2S + 4CuS + As_2S_3 \tag{2-40}$$

$$8FeAsS \Longrightarrow 4FeAs + 4FeS + As_4S_4 \tag{2-41}$$

$$2FeAsS + 3FeS_2 \Longrightarrow 5FeS + As_2S_3 \tag{2-42}$$

$$2As_2S_3 + 9O_2 \Longrightarrow 6SO_2 + As_4O_6 \tag{2-43}$$

烟尘和除尘烟气通过骤冷塔迅速降温后并入布袋除尘器收砷，之后再送制酸系统。富氧底吹炉出口烟气温度高达 900～1200℃，经过余热锅炉降至 400℃ 以下，在此降温过程中，由于直升烟道、锅炉以及锅炉本体漏风提供氧气，烟气中的可燃物质会产生二次燃烧，烟气中的部分 SO_2 在烟尘催化下即转化为 SO_3，SO_3 含量增加导致烟气露点提高。

2.4.3 典型熔池熔炼设备结构

底吹熔炼又称氧气底吹造锍多金属捕集技术，来源于水口山炼铜法。采用的熔炼设备为卧式底吹转炉，炉型类似于 P-S 转炉，富氧空气从炉底部的两排氧枪喷入熔体中，熔池搅拌强度很高，能够实现自热熔炼，无需额外的燃料加热，能耗低；原料的适应性强、无需干燥和制粒；适用于处理低品位、复杂、难处理的多金属矿料，含金、银高的贵金属伴生矿，甚至垃圾矿料。由于采用底吹高速气体喷吹，没有风口堵塞问题，而且气泡分散均匀，气体利用率高。工艺流程短，配置简单，技术装备是国内自主研发，投资费用低。

底吹炼铜法是一种新兴的炼铜技术，自 2008 年在山东方圆有色金属有限公司首次投产以来，陆续又有山东恒邦股份有限公司、包头华鼎铜业发展有限公司、垣曲冶炼厂、青海铜业、中原黄金冶炼厂、灵宝市金城冶金股份有限公司和梅州金雁铜业等公司相继采用。

2.4.3.1 富氧底吹炉的结构

富氧底吹炉是一个卧式圆筒形转动炉，炉体外壳为钢板，内衬耐火砖，两端采用封头形式，结构紧凑。在炉体的吹炼区下部安装氧枪，在炉顶部设有水冷加料口，其中心线与氧枪中心错开位于两只氧枪水平位置的中间。在吹炼区一侧的端面上安装一台主燃烧器，用于开炉烘炉、化料和生产过程中需要进行补热用。在炉体的另一端端面上，可安装一支辅助烧嘴，需要时用于熔化从锅炉掉入炉内的熔体结块，提高熔渣温度。在此端面上设有放渣口，炉渣由此放出，经过流槽进入渣包。锍放出口设在炉体的另一端，采用打眼放锍方式，泥炮机堵口，锍放入钢包，送转炉吹炼。烟气出口设在炉尾部垂直向上，与余热锅炉的上升段保持一致[36]。

底吹炉炉衬采用镁铬砖砌筑，在冰铜口、渣口、放空口以及烟气出口处等易损坏部位并设置水套保护，保证其使用寿命。氧枪口区的砖体结构是特殊设计的，砖的材质和性能更好，可以延长氧枪寿命和枪口区砖体的寿命。

圆筒形的炉体通过两个滚圈支承在两组托轮上，炉体通过传动装置，拨动固定在滚圈上的大齿圈，可以做 360° 的转动。在生产过程中需停风、保温或更换氧枪时，才转动炉体，而只需要转动 90° 就能把氧枪转到液面以上，避免氧枪被熔体灌死，氧枪从工作位置到转出熔体需要约 40 秒。传动系统由电动机、减速器、小齿轮、大齿圈组成。具体如图 2-11 所示。

2.4.3.2 富氧底吹炉的特点

东营方圆崔志祥等人根据生产实践总结出底吹炉有如下特点[37]：

（1）底吹完全吹的是冰铜层，而冰铜的流动性比渣的流动性要好一倍，在其他条件相同的情况下，底吹时熔体中雷诺准数要高很多，相应的许多参数都优于其他吹熔体的方法。

（2）底吹时，气体在熔体中是顺势而上，在上升过程中，气体被流动性很好的冰铜很容易分割成许多小气泡，相同气体量时，它有较大的气-液相界面面积，有较好的反应动力学条件，因此反应迅速，熔体被过热，加速了渣和冰铜的分离。

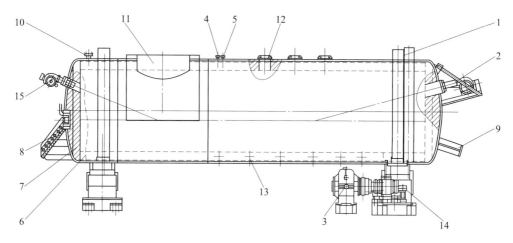

图 2-11　底吹炉示意图

1—固定旋转圈；2—主燃烧器；3—传动装置；4—测压口；5—测温口；6—炉壳；7—砖体；
8—出渣口；9—放铜口；10—测量孔；11—出烟口装置；12—加料口装置；
13—氧枪；14—转角控制器；15—燃烧器

（3）气泡上浮过程中，具有"气泵"的作用，随着气泡上浮能量逐渐消失，因此无明显噪声。

（4）送风装置氧枪送入熔体的气流直径是经风口送入气流直径的 1/10，因此气泡体积小，停留时间长，形成"乳化液"体积大。底吹时滞留气泡的体积为熔体的 1/3，而诺兰达侧吹仅为 19%。

（5）搅拌均匀、无"死区"，优于其他熔池熔炼方法。

（6）吹冰铜因总有 FeS 存在，生成 Fe_3O_4 的机会少。富氧气体首先经过冰铜层反应，进入渣层时氧势已显著降低，气相的浓度显著升高，因而不具备大量生成的条件。

2.4.4　熔池熔炼脱砷工业化运用

以山东恒邦冶炼股份有限公司铜冶炼富氧底吹熔炼脱砷系统为例，采用 $\phi 4.4m \times 16.5m$ 氧气底吹熔炼炉，配套余热锅炉、电收尘、骤冷收砷装置，年处理各类矿物原料 60 余万吨。氧气底吹熔炼炉生产过程中炉子底部的氧气喷枪将富氧空气吹入熔池，使熔池处于强烈的搅拌状态。炉料从炉子顶部加入到吹炼区的熔池表面，迅速被卷入搅拌的熔体中，形成良好的传热和传质条件，使氧化反应和造渣反应激烈地进行，释放出大量的热能，使炉料很快熔化，生成锍和炉渣。锍和炉渣在沉降区进行沉降分离后，锍由放锍口放出送转炉吹炼，渣从渣口放出，经缓冷送选矿厂选矿，回收渣中的铜和金及其他有价金属。烟气由排烟口排出，进入余热锅炉经降温除尘后进入脱砷工段生产粗 As_2O_3，烟气送制酸。工艺流程如图 2-12 所示。

该工艺生产过程如下：备料配置的混合物料经圆盘定量给料机及移动皮带输送到底吹炉，通过氧枪输送的氧气高温熔炼产出炉渣和符合转炉生产的冰铜，烟气经余热锅炉和电收尘产出的烟尘返回配料及电尘灰处理，烟气输送到硫酸车间进行制酸。

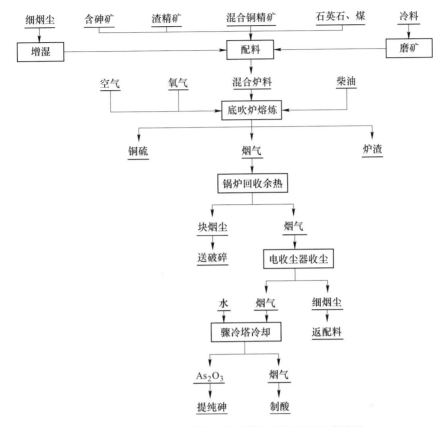

图 2-12 山东恒邦冶炼股份有限公司底吹炉工艺流程

2.4.4.1 原料制备

外购的复杂金精矿、银精矿、铜精矿等物料和含砷浸出渣、石英石通过汽车运至精矿仓储存，渣（铜）精矿和返料用汽车运到精矿仓。精矿仓中的各种复杂金精矿和铜精矿利用抓斗起重机抓配成的混合精矿、渣精矿、石英石分别通过抓斗桥式起重机、圆盘给料机和定量给料机经胶带输送机送至熔炼厂房，吹炼用的石英石和返料经胶带输送机送至吹炼厂房。

2.4.4.2 氧化熔炼

混合炉料经胶带输送机卸到炉顶中间料仓中，再经定量给料机和移动式胶带加料机连续地从炉顶加入 $\phi4.4m \times 16.5m$ 氧气底吹熔炼炉内。从炉子的底部使用 5~9 支氧枪鼓入氧气和保护空气，使熔池形成剧烈搅拌，炉料在熔池中迅速完成加热、脱水、熔化、氧化、造铜锍和造渣等熔炼过程，反应产物液体铜锍和炉渣因密度的不同而在熔池内分层，并分别从铜锍口和渣口间断地放出。产生的液体铜锍（捕集金、银、铂、钯等贵金属）用钢包经电动平板车和起重机送 PS 转炉吹炼，炉渣经钢包、电动平板车、起重机转送热渣缓冷场，渣经冷却后送炉渣选矿车间，选出的渣（铜金）精矿返精矿仓。

2.4.4.3　烟气脱砷

该公司对底吹熔炼炉主要元素分布进行了调查，发现烟气中砷占投入砷总量的77%以上，由此可见底吹炉熔池熔炼过程中，大部分砷以气态形式挥发进入烟气中，因此必须把砷从烟气中进行回收。具体见表2-14。

表2-14　富氧底吹熔炼主要元素分配率　　　　　　　　　　（%）

项　　目		Cu	As	Sb	Pb	Zn
投入	入炉料	100.00	100.00	100.00	100.00	100.00
产出	冰铜	79.22	2.17	12.93	30.77	9.79
	底渣	15.92	16.84	68.53	23.85	71.38
	锅炉灰	0.32	1.42	2.99	5.64	0.50
	电尘灰	8.84	2.10	1.80	15.69	3.14
	烟气	3.14	77.47	8.77	9.17	15.32

底吹熔炼炉出炉烟气主要有 SO_2、SO_3、H_2O、N_2、CO_2、S_2、As_2S_3、As_2O_3 以及烟尘等，烟气经上升烟道、余热锅炉、电收尘器除尘过程中，由于漏风以及烟尘的催化等原因，部分 SO_2 转化为 SO_3。

生产实践表明，烟气自冶炼炉出烟口进入烟道开始就有部分 SO_2 转化为 SO_3，烟气在电收尘出口处有 1%~5% 的 SO_2 已转化为 SO_3。生成的 SO_3 在移动过程中与烟尘中的水蒸气结合形成硫酸蒸气，当移动过程中温度低于硫酸露点时，将会凝结成硫酸液体附着在粉尘颗粒或者直接在设备上凝结。这不仅降低了 SO_2 的制酸效率，还会严重腐蚀设备。

И. A. Bapahoba 计算烟气漏点的公式如下：

$$T = 186 + 20\lg\varphi_{H_2O} + 26\lg\varphi_{SO_3} \tag{2-44}$$

式中　φ_{H_2O}，φ_{SO_3}——烟气中水蒸气和 SO_3 的体积分数，%。

可见，硫酸的露点温度主要与烟气中的 SO_3 分压和水蒸气分压有很大关系。

收砷系统不运行时，富氧底吹熔炼系统硫酸净化工段外排稀酸量为 $400m^3/d$，酸浓度为 6.86%，进入硫酸工段的烟气中 SO_3 量为 $266.56m^3/h$，而电除尘出口烟气量约为 $58000m^3/h$，则 SO_3 含量为 0.46% 左右。当骤冷塔喷水量在 100L/min 时，И. A. Bapahoba 公式计算烟气的露点在 205℃ 左右。为了避开玻璃态砷的生成温度区间（175~250℃），一般干法骤冷收砷控制骤冷塔出口温度在 175℃ 以下，因此这给干法骤冷收砷应用带来了很大的困难，收砷系统开车初期运行情况不稳定，骤冷塔底部出现大量稀酸，对设备造成严重损害，同时影响金铜冶炼系统开车率[38]。

为了使熔炼烟气中气态的 As_2O_3 转化为固体的 As_2O_3，同时避免玻璃砷的产生，烟气需骤冷至 175℃ 以下。熔炼烟气在电收尘出口烟气温度为 300~400℃，进入 $\phi4500mm \times 25200mm$ 的骤冷塔，在骤冷塔中，将制备的碱性吸收液（碱性吸收剂与水混合，吸收液中碱性溶质所产生 OH^- 或 HSO_3^- 物质的量与烟气中的 SO_3 物质的量比例至少达到 1.1:1，碱性吸收剂一般为氢氧化钠、碳酸钠、亚硫酸氢钠）与压缩空气通过骤冷塔顶的喷头雾化喷入塔内，吸收液与从骤冷塔底部进入的冶炼烟气在塔内发生物理化学反应，烟气中的 SO_3 与雾化后的吸收液接触，发生酸碱中和反应，生成硫酸盐，化学反应方程式为：

$$2OH^- + SO_3 = SO_4^{2-} + H_2O \tag{2-45}$$

或

$$SO_3 + 2HSO_3^- = SO_4^{2-} + 2SO_2 + H_2O \tag{2-46}$$

吸收液中的水分与高温烟气接触，水分被蒸发，带走大量的热，烟气温度骤降至 160~190℃，As_2O_3 由气态析出变成固态。产出的部分颗粒状硫酸盐从骤冷塔下部排出，骤冷后烟气进入沉降室，沉降室内烟气流动速度变慢，利用自然沉降与分流板将大部分硫酸盐、其他烟尘和小部分砷回收。烟气在经过沉降室进入布袋除尘器中，利用布袋除尘器回收析出的 As_2O_3，得到粗 As_2O_3 产品，烟气中大部分的砷在布袋中进行收集。熔炼炉烟气收砷之后进入制酸系统，烟气中残留的少量砷在制酸净化系统中除去，净化形成的污酸硫化后形成的硫化渣返回熔炼炉处理。

2.4.5 富氧底吹熔炼脱砷工艺主要技术指标

山东恒邦冶炼股份有限公司采用的 $\phi 4.4m \times 16.5m$ 氧气底吹熔炼炉，混合含金铜精矿处理量可达 100t/h，在处理高品位含砷矿物时，其砷的回收率可达 70% 以上。由于在骤冷收砷过程中采用了碱性捕收剂，导致粗砷品位降低，因此产出的砷产品品位通常在 70% 以上。富氧底吹熔炼脱砷及骤冷收砷工艺指标见表 2-15 和表 2-16，粗 As_2O_3 产品分析见表 2-17。

表 2-15 富氧底吹熔炼脱砷工艺技术指标

指标	名　称	数值	指标	名　称	数值
工艺指标	混合含金铜精矿处理量/t·h⁻¹	100	工艺指标	氧料比/m³·t⁻¹	125~150
	混合铜精矿含 Cu/%	13~15		熔池温度/℃	1120~1180
	混合铜精矿含 Au/g·t⁻¹	20		冰铜层/mm	900~1100
	混合铜精矿含 Ag/g·t⁻¹	1000		渣层/mm	200~350
	混合铜精矿含 As/%	2~4		熔池深度/mm	1150~1350
	混合炉料水分/%	6~9		最大熔池面/mm	1400
	鼓风富氧空气氧浓度/%	65~75	金属回收率	Cu/%	97.5
	铜锍品位（Cu）/%	40~60		Au/%	98
	炉渣含铜/%	≤3.5		Ag/%	97
	炉渣中 Fe/SiO₂	1.5~1.9		As/%	70

表 2-16 骤冷收砷工艺指标

指标	数值	指标	数值
烟气流量/m³·h⁻¹	58000	喷枪入口水压/MPa	0.29
骤冷塔出口温度/℃	160~170	喷枪入口风压/MPa	0.32
骤冷塔耗水量/L·min⁻¹	90~120	布袋出口温度/℃	125~140
喷枪数量/支	4		

表 2-17   粗 As_2O_3 产品分析   （%）

成　分	含　量	成　分	含　量
As_2O_3	>70	Cl	4.00
Pb	4.18	S	8.00
Cu	1.02	Si	0.10
Zn	0.47	Ti	0.04
Bi	0.43		

3 精三氧化二砷提纯生产技术

3.1 概述

砷经常与各种金属矿伴生，其含量从万分之几到百分之几，选矿过程不能完全分离，因此在有色冶金系统中，每年从精矿带入冶炼厂的砷有很多，已积存的含砷物料中含砷量更多，除少数厂家以白砷（As_2O_3）产品回收外，其余的以含砷物料进行堆存或进行"三废"排放。

由于生产各种化合物和金属砷多采用 As_2O_3 作原料，市场上交易的砷，大部分是以 As_2O_3 的形态进行销售，产品白砷要求含 As_2O_3 纯度必须大于95%。因此为了保护环境，为了提高冶炼金属综合利用效率，将高砷烟灰进行处理，提纯 As_2O_3 势在必行。As_2O_3 产品质量标准（GB 26721—2011）见表3-1。

表 3-1 As_2O_3 化学成分（GB 26721—2011）

牌 号			As_2O_3-1	As_2O_3-2	As_2O_3-3
	As_2O_3		≥99.5	≥98.0	≥95.0
化学成分/%	杂质	Cu	≤0.005	—	—
		Zn	≤0.001	—	—
		Fe	≤0.002	—	—
		Pb	≤0.001	—	—
		Bi	≤0.001	—	—

注：1. As_2O_3 白度应不小于60；
　　2. As_2O_3 为白色或灰白色的粉末或颗粒。

金属精矿中的杂质砷在冶炼过程中常常作为一种含砷烟尘被富集，这种高砷烟尘含 As_2O_3 在20%～95%，其无法作为产品直接销售，需要进行进一步提纯达到产品质量要求后，才能进行销售。粗 As_2O_3 的提纯方法有很多种，依据原料含砷品位的不同，所采用的处理方法也有所不同，大体分为火法提纯及湿法提纯工艺，现将两种工艺分述如下。

3.2 火法提纯白砷的工艺

3.2.1 提纯原理

高砷烟尘作为提取白砷的原料，其堆积密度为 $0.8～1.4t/m^3$，其化学成分见表3-2。

高砷烟尘中大部分的砷呈 As_2O_3 的形态存在，有时存在一定量的砷酸盐和少量的 As_2O_5 等，这类高砷烟尘的物相典型组成见表3-3。

表 3-2 高砷烟尘化学成分实例 （%）

名称	As$_2$O$_3$	Sn	Pb	Cu	Sb	S	FeO	Al$_2$O$_3$
烟尘 1	60~75	10~25	2~3	<0.4	<0.07	<0.25	<0.12	<0.06
烟尘 2	70~85	8~16	1~2	<0.5	<0.05	<0.2	<0.09	<0.05
烟尘 3	55~70	8~12	1~2	<0.4	<0.06	<0.2	<0.09	<0.05

表 3-3 高砷烟尘物相组成

组成	呈 As$_2$O$_3$ 的 As	呈 As$_2$O$_5$ 的 As	呈砷酸盐的 As	元素砷	其他
含量/%	92~96	0.1~3	0.4~4	0.04~0.1	0.01~0.04

从这些高砷烟尘中提取砷多是利用 As$_2$O$_3$ 易于升华挥发的特点，将高砷烟尘在各种炉子里加热高于其沸点 465℃，高砷烟尘中的 As$_2$O$_3$ 优先挥发出来成为蒸气状态进入烟气中，含砷高温烟气在冷凝室内冷却得到纯度更高的 As$_2$O$_3$，有价金属残留于渣中得到进一步富集，得到综合利用。

高砷烟尘在各种炉内挥发产生 As$_2$O$_3$ 的主要反应如下[39]：

$$As_2O_3(s) \longrightarrow As_2O_3(g) \tag{3-1}$$

$$As_2O_3(g) \longrightarrow As_2O_3(s) \quad （冷凝室内冷却） \tag{3-2}$$

As$_2$O$_3$ 是一种低沸点的氧化物，并且有升华的物理特性，高砷烟尘受热其中的 As$_2$O$_3$ 升华挥发和挥发出来的 As$_2$O$_3$ 冷凝，都应服从以下规律：

$$\lg p = -3132/T + 7.16 \tag{3-3}$$

根据式（3-3）计算结果列于表 3-4。

表 3-4 式（3-3）计算结果

温度/℃	180	280	387	465	500	600	700	800
$p_{As_2O_3}$/kPa	0.024	5.012	36.796	100.258	101.324	785	2481	6332

式（3-3）是由纯物质推导出来的，在实际中不能完全按其计算预测结果，原料中含 As$_2$O$_3$ 较高时更接近计算结果。含有较多杂质的原料并不完全符合式（3-3）指出的规律，且存在许多副反应[5]。这些副反应大概可归纳为 3 类：

（1）砷酸盐的生产反应：

$$2SnO_2 + As_2O_3 + O_2 \longrightarrow 2SnO_2 \cdot As_2O_3 \tag{3-4}$$

$$3PbO + As_2O_3 + O_2 \longrightarrow Pb_3(AsO_4)_2 \tag{3-5}$$

$$3ZnO + As_2O_3 + O_2 \longrightarrow Zn_3(AsO_4)_2 \tag{3-6}$$

由于砷酸盐的生产降低了 As$_2$O$_3$ 的挥发性。

（2）烧结的作用降低了原料中 As$_2$O$_3$ 的挥发性。高砷物料中常含有 PbO、ZnO、CuO、Sb$_2$O$_3$、SnO$_2$ 等氧化物和它们的硫化物，这些物质混合加热时经常可发生烧结现象，进入烧结块中的 As$_2$O$_3$ 的挥发性要低于游离态的 As$_2$O$_3$。

（3）在固定床进行焙烧挥发时，如配入还原剂煤粉，多膛炉、回转窑之类的设备中加热时，PbO、Sb$_2$O$_3$、ZnO、CuO 等都是易还原的物质，这些物质被还原成单质互熔为一体也可降低砷的挥发性能。

3.2.2 电热竖罐法

山东某公司高纯 As_2O_3 生产线采用电热竖罐提纯 As_2O_3，原料采用公司各厂区焙烧制酸系统冶炼烟气通过骤冷干法收砷技术收集粗 As_2O_3（含量大于93%），电炉内的粗 As_2O_3 通过炉内罐体受热升华，升华的 As_2O_3 进入沉降室进行冷却、结晶收集产品，生产尾气经过布袋收尘器和二级吸收塔后达标排放。其工艺流程如图 3-1 所示。

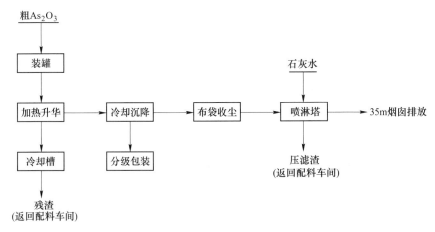

图 3-1　电热竖罐法提纯 As_2O_3 工艺流程图

电热竖罐法提纯 As_2O_3 主要有 4 个生产工序，分别为装罐、加热升华、冷却沉降及冷却清罐。

3.2.2.1 装罐

高纯 As_2O_3 生产线采用单个独立共 20 台、每台安装功率 35kW 的立式自主调控多温段电阻炉，日处理粗 As_2O_3 40t，每天处理 3 批。利用叉车将收砷灰斗运送至厂区，每个收砷灰斗下部设置插板阀和自动计量加料装置、上部加盖密闭，人工操作行车将收砷灰斗插入密闭刮板机内，粗 As_2O_3 通过重力落入密闭刮板机内，物料通过刮板机装入升华罐。

3.2.2.2 加热升华

用行车将 As_2O_3 升华罐吊装入立式自主调控多温段电阻炉，操作行车将升华罐的排烟管装好，并使用石棉对接口处密封，密封完成后加热至 600℃ 使之升华 8h。原料中约 99% 的 As_2O_3 升华产生 As_2O_3 蒸气，竖罐出口温度控制约 330℃。

3.2.2.3 冷却沉降

As_2O_3 蒸气进入沉降室后，蒸气中约 99.9% 的 As_2O_3 可通过沉降室自然冷却结晶沉降到 As_2O_3 收砷灰斗内；由于不同沉降室内气体温度存在差异，导致最终沉降下来的产品纯度会有差别，将产品分级包装后入库。

沉降室晶体生长沉降阶段：粗 As_2O_3 经过电炉高温加热升华进入晶体生长沉降室，沉降室按照其温度变化和沉降量的多少可以分为三个区间：

（1）第一沉降区间为电炉出口所连接的10个沉降室，温度区间为330~150℃，该区间由于温度高，结晶沉降的 As_2O_3 晶体量约有90%获得沉降，但粒度较大（约0.282mm，50目）。

（2）第二沉降区间共有9个沉降室构成，温度区间为150~100℃，由于该温度区间较适合 As_2O_3 晶体的生长，因此晶型较规则，烟气中剩余 As_2O_3 中93%的 As_2O_3 晶体得到沉降，粒度适中（约0.147mm，100目）。

（3）第三沉降区间为接下来的6个沉降室，温度区间为100~60℃，由于大量的 As_2O_3 都在前面获得沉降，随着温度的降低升华带着的杂质也随着沉降下来，导致该区间晶体的品质以及产量都不如前面两个区间，烟气中剩余 As_2O_3 中92%得到沉降，晶体的粒度为0.074mm（200目）。

经过晶体生长沉降过程，As_2O_3 以不同大小的晶体的形式沉降获得不同品位的产品，生产时会根据每个沉降室生长的晶体的品质的不同分别包装。

冷却降温后烟气经布袋除尘器及石灰水喷淋处理。

3.2.2.4　冷却清罐

As_2O_3 升华罐内升华完毕后，用行车手动拆除排烟管，并用密封盖封住罐口以防止烟气外溢；将升华罐吊入冷却槽进行自然冷却；待升华罐冷却后，清除罐体内残渣。冷却清罐过程有残渣产生，返回铜冶炼车间配矿处理。

该工艺的主要设备为立式自主调控多温段电阻炉，其结构如图3-2所示。

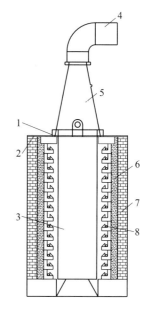

图3-2　立式自主调控多温段电阻炉设备结构图

1—保护钢板；2—石棉密封；3—升华罐；
4—烟管；5—变速烟管；6—保温层；
7—红砖外墙；8—电阻丝

单台炉子外形尺寸为 $\phi1500mm\times2330mm$，外层由红砖层砌成约150mm厚，保温层95mm，保温层内部为电阻丝，升华温度控制在600~720℃；升华罐尺寸为 $\phi580mm\times2160mm$，采用8mm301S不锈钢制成，每炉次装粗 As_2O_3 约500~600kg，再由行车吊入电阻炉内进行蒸馏，每炉蒸馏约8h。

该工艺主要设备见表3-5。

表3-5　主要设备

序号	设　备	规格及型号	单位	数量
1	立式自主调控多温段电阻炉	35kW	台	20
2	As_2O_3 升华炉罐	$\phi500mm\times2100mm$，316L	个	50
3	沉降室收砷灰斗（60）	自制	个	17
4	沉降室收砷灰斗（80）	自制	个	10
5	As_2O_3 加料刮板机	SA15A，15kW；输送量：400kg/min	台	1
6	电动单梁起重机	LD_A，$W=5t$，$L_k=22.5m$	台	1
7	布袋除尘器	$F=45m^2$	台	1

电热竖罐法综合技术经济指标见表3-6。

表 3-6   电热竖罐法综合技术经济指标

指 标	数 值	指 标	数 值
砷挥发率/%	90	渣含砷	20~30
砷回收率/%	98	水耗/$m^3 \cdot t^{-1}$	2.2
白砷产率/%	75~80	电耗/$kW \cdot h \cdot t^{-1}$	550
残渣率/%	5~10		

3.2.3   回转窑焙烧

云南锡业公司第一冶炼厂在锡冶炼过程中得到一批高砷烟尘，其一般成分见表3-7。

表 3-7   高砷烟尘化学成分

产品	As_2O_3	Sn	Pb	Zn	S	Al_2O_3	Fe_2O_3
含量/%	60~70	9~11	1.5~4.0	1~10	0.2~1	0.3~0.5	0.1~0.3

该厂创造了一套电热回转窑蒸馏高砷锡尘的工艺[40~43]，其工艺流程如图3-3所示。

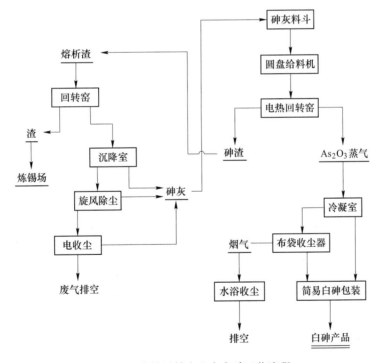

图 3-3   电热回转窑生产白砷工艺流程

高砷烟尘用密封罐车运入原料仓中，配入0.5%~1.0%的烟煤粉，经螺旋运输机和圆盘给料机装入电热回转窑蒸馏，炉内呈负压，烟气经冷凝室和水浴收尘器净化，送入烟囱排空。在冷凝室和布袋室收到不同等级的白砷产品。蒸馏渣在窑尾落入渣斗，此窑渣则送返炼锡场配料。

电热回转窑本体采用不锈钢板焊制，尺寸是 $\phi0.8m\times8m$，窑的转速可在 $0.2\sim2r/min$ 之间无级调节，当转速为 $1r/min$ 时，物料在窑内停留 $2\sim2.5h$，窑前端控制在 $720\sim760℃$，窑尾端控制在 $540\sim580℃$，窑尾负压 $39\sim79Pa$，窑倾斜度 3%；当转速为 $0.8\sim1.2r/min$ 时，班处理量 $1\sim1.5t$，日产白砷量约 $2.5t$。

该工艺的主要设备见表3-8。

表 3-8　主要设备

序号	设备名称	规格及参数	单位	数量
1	砷灰料斗	$25m^3$	台	1
2	圆盘给料机	$\phi1200mm$	台	1
3	电热回转窑	$\phi800mm\times8000mm$，不锈钢板焊制	台	1
4	冷凝室	$9.5m\times2m\times2m$	台	1
5	脉冲布袋收尘器	$26m^2$	台	1
6	水浴收尘器	$\phi1200mm$	台	1

电热回转窑法综合技术经济指标见表3-9。

表 3-9　电热回转窑法综合技术经济指标

指　标	数　值	指　标	数　值
砷挥发效率/%	$65\sim70$	水耗/$m^3\cdot t^{-1}$	$3\sim5$
电耗/$kW\cdot h\cdot t^{-1}$	$1500\sim2000$	煤耗/$t\cdot t^{-1}$	$1.5\sim2$
白砷产率/%	$55\sim60$	渣含锡/%	$20\sim25$
残渣率/%	$40\sim45$		

电热回转窑产出的烟气通过 5 个 $2m\times2m$ 断面的冷凝室，共长 $9.5m$，后面接 1 个 $26m^2$ 的脉冲布袋收尘器及 1 个 $\phi1.2m$ 的水浴收尘器，冷凝室、脉冲布袋收尘器及水浴收尘器控制参数及收砷效率见表3-10，产品白砷在冷凝室收集的数量比例见表3-11。

表 3-10　冷凝室、脉冲布袋收尘器及水浴收尘器技术指标

技术指标	入口温度/℃	入口压力/Pa	入口烟气量/$m^3\cdot h^{-1}$	入口含尘/$mg\cdot m^{-3}$	冷凝/过滤速度/$m\cdot s^{-1}$	收砷效率/%
冷凝室	$258\sim276$	-11.76	395	$238\sim347$	$0.043\sim0.056$	93.49
布袋收尘器	$60\sim78$	—	434	$14.53\sim20.75$	$0.34\sim0.61$	98
水浴收尘器	—	—	—	—	—	95.2

表 3-11　产品在冷凝收尘室各仓的收集比例　　　　　　　　（%）

冷凝收尘室	1 号	2 号	3 号	4 号	5 号	6 号	7 号	总计
收得白砷量	37.90	19.60	13.10	6.75	7.05	8.03	5.30	100

云南锡业公司第一冶炼厂产品质量见表3-12。

表 3-12 产品质量及占比

产 品	品 级	占比/%
$As_2O_3 > 99\%$	一级品	1.12~1.42
$As_2O_3 > 98\%$	二级品	31.21~56.26
$As_2O_3 > 97\%$	三级品	33.15~46.67
$As_2O_3 > 96\%$	四级品	7.31~16.32
$As_2O_3 > 95\%$	五级品	1.57~4.3

3.2.4 反射炉法

反射炉法提纯 As_2O_3 生产设备主要为反射炉，反射炉前部为燃烧室，后部为炉体，中间有隔板，炉体上有一进料口，通过上料装置将物料均匀的送至反射炉内，燃烧室内煤炭燃烧产生的高温烟气将炉体内的物料加热，完成氧化或还原等熔炼作业。炉体侧向分布扒料口，反射炉尾部炉底有一渣池。含砷物料中砷单质在反射炉中经高温焙烧与空气中的氧气反应生成易挥发的 As_2O_3，由此从含砷物料中将砷提炼出，As_2O_3 烟气经纯化后冷凝为 As_2O_3 尘，收集得 As_2O_3 产品。

该装置反应温度在 500~750℃，对砷烟灰原料中以 As_2O_3 及砷单质存在的砷进行氧化升华，而金属物质及其他杂质无法提取出，存在于焙烧渣中。

焙烧过程中上层物料首先分解、氧化，为确保物料反应完全，通过人工定期扒料，一方面使物料充分反应，另一方面逐步将物料移至炉尾的出渣口，烟气则通过与反射炉相连的烟道排至初沉室。

反射炉烟气在抽风机作用下引入初沉室、收集仓、布袋除尘室，颗粒较大的硫化物及铁的氧化物等在初沉室首先沉降，初尘灰经管道直接返回至反射炉。烟气经管道自然冷却温度也骤降至 200~250℃，As_2O_3 由气态转变为颗粒状，大部分 As_2O_3 在其后的收集仓得到收集，通过收集仓下方的漏斗出料装置，As_2O_3 进入螺旋输送机，输送至成品仓，经过检验包装后成为产品，入产品库。焙烧渣自然冷却后，送至渣库，再外售综合利用。

日本古河矿业公司[44]采用"气流挥发—反射炉精炼法"制取白砷，该工艺分两步进行。第一步为气流挥发生产粗白砷，将硫化砷氧化为 As_2O_3，而 As_2O_3 在一定温度下挥发，与不易挥发的物质分离，其流程如图 3-4 所示。在燃烧炉内重油燃烧后产生温度为 600℃的气体，进入耐高温鼠笼混合机，与用螺旋输送机从气流挥发管下部、鼠笼混合机出口上部给入的原料（料量装入速度 700kg/h）混合，混合后的热气流沿着斜倾角大于 75°的气流挥发管上升，管内温度 520℃，流速 15~20m/s，As_2O_3 在高温下升华进入气相，通过预除尘器和旋涡收尘器除尘（捕集的粉尘中主要成分为铜、铅、锌等）再进入冷凝器冷凝，得到粗白砷。气相中残余的进入布袋除尘器，予以进一步回收。

该工艺第二步用反射炉精炼白砷，其流程如图 3-5 所示。反射炉间断进料，重油加热，每次装入白砷 500~700kg，精炼时间 4~5h，炉膛温度 700~750℃，出口温度 650℃，再送入冷凝器时，烟气入口温度 450℃，出口温度 130~160℃，在冷凝器内得到精白砷产品，经冷凝器后，烟气再由布袋除尘，其尘与旋涡收集尘一起返反射炉处理。

该工艺主要设备见表 3-13。

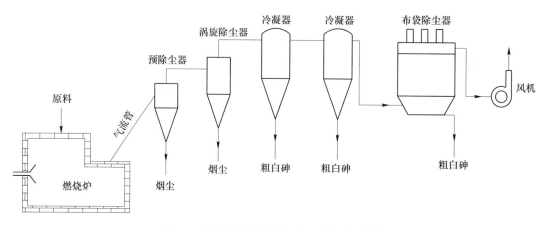

图 3-4　气流挥发生产粗白砷工艺设备连接图

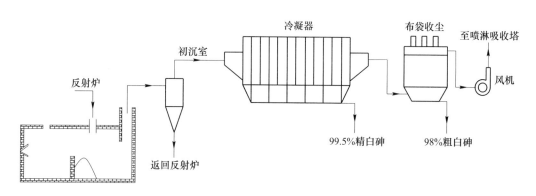

图 3-5　反射炉精炼白砷工艺设备连接图

表 3-13　主要设备

序号	设备名称	型号及规格	单位	数量
1	燃烧室	$0.4m^3$，烧油量 $7{\sim}55L/h$，空气耗量 $9.7m^3/min$	台	1
2	气流挥发管	$\phi350mm\times8000mm$，能力 $0.75t/h$，风料比 $1:0.24$	台	1
3	鼠笼破碎机	$0.06m^3$，$\phi500mm\times200mm$，线速度 $26m/s$，$5.5kW$	台	1
4	氧化焙烧用旋流器	$\phi2200mm\times2700mm$	台	2
5	精炼用旋流器	$\phi800mm\times1600mm$	台	1
6	粗白砷用旋流器	$\phi900mm\times1500mm$	台	1
7	氧化焙烧用冷凝器	$\phi2500mm\times4900mm$，$24m^3$	台	2
8	精炼用冷凝器	$8m\times2m\times2.9m$，$69m^3$	台	1
9	粗炼用布袋收尘器	TDC-10C，$102m^2$，$0.38m/min$，$150℃$	台	2
10	粗白砷用布袋收尘器	TDC-10C，$102m^2$，$0.98m/min$，$60℃$，材质：尼龙	台	1
11	精炼用布袋收尘器	TDC-10C，$102m^2$，$0.98m/min$，$100℃$	台	1
12	精炼反射炉	$1.9m\times1.1m\times1.1m$，$4.2m^3$，能力 $0.3t/h$	台	1

该工艺主要技术指标见表 3-14。

表 3-14 反射炉法综合技术经济指标

指　标	数　值	指　标	数　值
粗炼白砷挥发率/%	80	精炼白砷挥发率/%	90
粗白砷产出率/%	46，含 As_2O_3 92	精白砷产出率/%	80
烧渣产出率/%	54	砷的直收率/%	64.25

3.2.5 电弧炉法

赣州钴厂在生产钴的过程产出了许多高砷尘，其主要成分为：As_2O_3 85%~95%，Co 0.1%~0.3%，其余杂质为 C、Si、Fe、Mg 等。为了使这部分高砷尘能成为商品，该厂经过研究创造了一套电弧炉蒸馏高砷尘制取白砷的工艺[45,46]，工艺设备流程如图 3-6 所示。

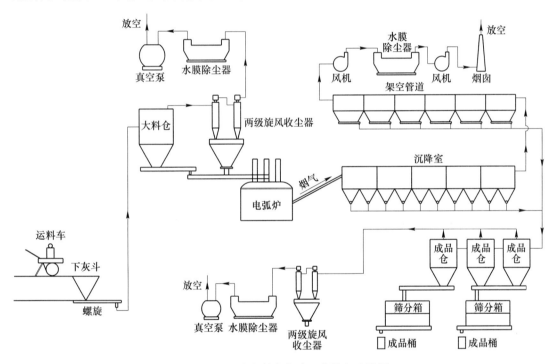

图 3-6 电弧炉法制取白砷工艺设备连接图

3.2.5.1 具体操作方法

高砷尘人工倒包入料斗，螺旋给料，用真空泵吸送入大料仓，经二级扩散式旋风除尘器和水膜除尘器后，真空泵的气体放空。大料仓中的尘用三级螺旋给料送入电弧炉蒸馏，电弧炉产生的烟气经砖砌烟道冷却进入沉降室冷凝捕集白砷，残余烟气进入卧式旋风水膜除尘器用风机送入烟窗放空。电弧炉渣富集了高砷尘中的钴，此渣送去提钴车间。沉降冷凝室捕集的白砷分级包装即是产品。

3.2.5.2 电弧炉蒸馏作业

采用一台三相 1500kW 电炉，炉内径 2m，炉底至拱顶高 2.3m，炉底及渣线以下的炉墙采用炭素底糊捣制。渣线以上的炉墙用镁砖和高铝砖砌筑，熔池深 330mm，供电变压器的二次电压为 100V 和 190V。用直径 300mm 的石墨电极供电，电极孔采用特制石棉垫圈密封。炉气出口处负压 49~88.2Pa（5~9mm H$_2$O）。经过一番试验，总结了一套能够连续运转的操作制度。开炉时，先在熔池中熔化一定量的冰钴（黄渣）和钴炉渣，采用 100V 电压熔化加入的炉料，此时熔池下部是液体，上面是一层暗红色的渣壳，由于冰钴的加入，改善了熔体的导电性。高砷尘由 3 个螺旋加料机加入电炉，落在渣壳上，受热后不断挥发，炉子运转平稳连续，后来又将加入的电压变为 100V 和 190V 定时交替更换，路况更加顺行。熔池下部温度约为 1200℃，表层温度约 800~900℃。每 3~4 天放渣一次，渣率 3%~5%，高砷尘中一般含 Co 0.2%~0.3%，其钴主要富集于冰钴和此渣中，Co 回收率为 80%~90%。此渣含 Co 达 6.15%~7.1% 可作为回收钴的原料。每日处理高砷尘 15~20t，据炉况分析，加料还可增加，但是由于加料机能力限制而未能发挥电炉的最大能力。电极消耗是该工艺的唯一辅助材料，每生产 1t 产品白砷耗电极 53kg，每蒸馏 1t 炉料耗电 704kW·h，砷在电炉挥发率大于 95%。

3.2.5.3　沉降室冷凝捕集产品白砷

沉降室由 5 组组成，全由钢板制作，每室长 4m、宽 3.72m、高 1.8m，每室之下设两个沉灰斗，每个灰斗之下设有直径 200mm 螺旋一台，其排出口接真空输送管道将产品送入成品库。

烟气进口处设有自动混风装置一套，配有动圈式温度指示调节仪和镍铬-考铜热电偶，依靠电动机执行器转动蝶阀自动混风，达到控制入沉降室烟气温度合适。

进沉降室的烟气含尘为 72~344.73g/m^3，进口烟气温度控制在 200~230℃；出口温度 120℃，出口烟气含尘为 1.84~8.64g/m^3，其冷凝除尘效率为 91.55%~97.69%。烟气平均流速为 0.15m/s 左右，停留时间约为 133s，产出的白砷分为三级，一级品含 As$_2$O$_3$ 大于 99%，二级品含 As$_2$O$_3$ 大于 97%，三级品含 As$_2$O$_3$ 大于 95%，颜色洁白。

值得提出的是：曾采用过烟气骤冷的办法，产品呈粉末状，颜色很杂，假密度只有 0.8~0.99g/cm^3。进沉降室烟气温度在 250~280℃时，第一沉降室沉积了大量玻璃砷，结块坚硬，以后降为上述烟气温度才得到消除。

3.2.5.4　卧式水膜除尘器除尘

卧式水膜除尘器是一种建材和耐火材料部门常用的除尘器，该厂将它应用于此似乎有它可取之处。从沉降室出来的烟气经过架空烟道，由于烟道断面积大，起了一个沉降室的作用，从它出来的烟气含尘量已降为 0.0777~0.74g/m^3，采用卧式水膜除尘器处理烟气能力为 7000m^3/h，收尘用水是循环使用不外排的，洗水从除尘器出来流入 40m^3 的水池，然后由 38m^2 板框压滤机过滤，滤液泵入 50m^3 高位水池再流入除尘器使用，由于烟气蒸发掉的水，定时用生活含砷废水补充。压滤机过滤得到的白砷经晾干之后，混入相应级别的产品出售。离开除尘器的烟气含砷量为 0.015~0.0994g/m^3，除尘效率为 84.92%~92.2%。

该设备的优点是：结构简单、造价低、占地小、密封好、几乎没有故障、易维护。

3.2.5.5　环保状况

该厂总的收尘效率是 99.9% 以上。从烟囱排出的废气含砷 3.5~8.6mg/m^3，排空废气总量约 10000m³/h，每小时废气排出的 As₂O₃ 在 35～86g。在车间测量空气含砷小于 0.3mg/m³，在生活区小于 0.005mg/m³，说明整个工艺流程设计是合理的。

3.2.6 钢带炉法

钢带炉属于连续式热处理炉[47]的一种，钢带炉主要用于粉末冶金工业中氧化物还原生产铁粉、铜粉、钴粉、钼粉、钨粉等金属粉末，也可用于草酸钴、APT、磷酸铁锂等金属盐类的煅烧和精还原等。

电炉竖罐法提纯粗 As₂O₃ 是间断性作业，需要频繁的装罐、拆罐及清罐，人工劳动强度大，现场作业环境恶劣。山东某公司于 2020 年采用两台新型节能环保的全自动带式蒸馏炉生产 As₂O₃ 产品，其单台炉子日处理能力为 15t，处理能力大，自动化程度高，现场作业环境较电炉竖罐法有大幅度提升，且精 As₂O₃ 产品品质好，生产成本低，生产过程清洁环保，其工艺流程图如图 3-7 所示。

原料 As₂O₃ 烟灰（含 As₂O₃ 不小于 90%）的转运采用罐车运输，加料过程采用负压气力（-50Pa）输送，在原料储罐上方增加布袋除尘器，收集加料过程产生的扬尘，除尘后进入尾气喷淋塔，达标排放。

As₂O₃ 烟灰进入全自动带式蒸馏炉内，平铺在炉膛内宽 1400mm 的钢带上，当炉膛温度升高，As₂O₃ 快速升华转变为 As₂O₃ 蒸气，As₂O₃ 蒸气通过工艺管道进入沉降室内自然冷却结晶沉降到 As₂O₃ 产品收集灰斗内，未沉降的 As₂O₃ 蒸气随烟气进入布袋除尘器内被捕集，收尘后烟气进入尾气喷淋塔处理后，达标排放。

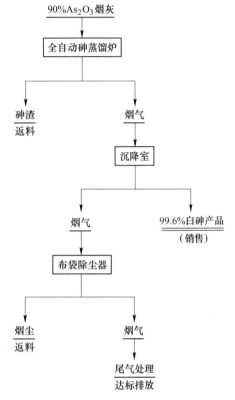

图 3-7 钢带炉法提纯 As₂O₃ 工艺流程

收砷灰斗收集的 As₂O₃ 产品通过刮板输送机送至产品缓冲罐中，缓冲罐底部安装有圆形振动筛，筛分出的粉末状白砷进行装罐，筛分出的块状白砷返至金属砷车间。

全自动带式蒸馏炉残渣和钢带清理位置增加收尘罩通过管道接至原有环境收尘布袋除尘器，除尘后进入尾气喷淋塔处理后，达标排放。残渣返回配料车间进行处理。

钢带炉法提纯粗 As₂O₃ 是新型的 As₂O₃ 提纯设备，其主要全自动砷蒸馏电炉的结构如图 3-8 所示。

全自动带式炉自动化程度高，从进料、铺料、物料蒸发、冷却、出料及出料输送均为全自动操作。采用全 PLC 编程控制，外部所有的控制动作都可在触摸屏上操作，生产过程中的温度、钢带速度及运行状态、炉内压力、冷却温度等数据都会被记录下来。

设备主要由钢带张紧装置、进料段、布料装置、蒸发一段、抽气段、蒸发二段、渣料冷却段、除渣装置、钢带、钢带传动装置、钢带清扫装置、钢带自动纠偏装置及电控装置等部分组成。

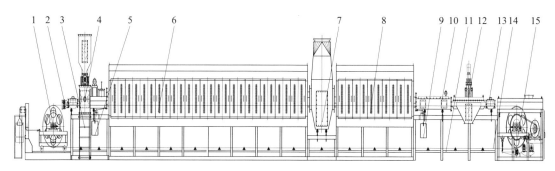

图 3-8 全自动砷蒸馏电炉设备结构

1—钢带张紧调节装置；2—进料密封装置；3—进料架；4—铺料装置；5—前炉管配重装置；
6—蒸发段；7—排气段；8—预热段；9—后炉管配重装置；10—冷却段；11—出料架；
12—出料装置；13—出料密封装置；14—钢带；15—钢带传动系统

3.2.6.1 钢带张紧装置及进料段

钢带张紧装置由底架、张紧轮、张紧轮调节车、钢带延长自动拉紧装置（配重系统）、护栏等部分组成。底架由槽钢焊接而成，底架上装有调节导轨及滑轮，当钢带有延伸时，钢带上的自动拉紧装置装张紧轮向前拉动，使钢带始终处于拉伸状态。张紧轮筒体由SUS304 不锈钢板圈筒制成，两端配有轴承调节装置。

进料段由钢带压辊、硅胶密封帘及进料炉管组成。当钢带进入炉体时由前端两个压辊装钢带压平（保证铺料时钢带无变形）再经过硅胶门帘的密封再进入布料装置。硅胶密封帘紧贴钢带能够有效阻挡布料时产生的扬尘，防止烟尘外泄。进料炉管及其接触钢带的部件均采用 SUS304 不锈钢材质。

3.2.6.2 布料装置

布料装置由料仓、进料口、螺旋杆下料装置、气动插板阀、下料斗、铺粉厚度调节装置、辊轮压紧装置、气锤装置组成。

料仓采用不锈钢板材焊接制作，容积 $1m^3$，设有下限料位传感器监测及观察口。料仓上方配有一个方形加料口（尺寸根据客户要求而定）与用户刮板机对接，螺旋杆下料装置由一台单极卧式摆线针轮减速机驱动使粉料均匀落入下料斗，螺旋杆两端采用三极密封装置。料仓外部前后装有气动锤以防止粉料与料仓内壁黏结。下料斗两侧设有观察口，布料高度及宽度可见。铺粉厚度调节装置两侧装有导向轮，当钢带有偏移时铺粉调节装置能随着钢带一起摆动，刮料框两边加挡板，不随调节装置上下移动。布料处钢带两边设有两个排水口，料仓及布料室材质均为 SUS316 不锈钢。

3.2.6.3 蒸发一段和蒸发一段

蒸发一段和蒸发二段均由炉体、炉盖、炉衬、炉管、发热元件等组成，在炉体底部还安装有钢带的支承和导向装置。

炉体主要由 Q235 型钢和钢板折弯成型（增加强度和美观）焊接而成，内衬加强筋。

壳体分内外两层；内层壳体用于固定发热元件、保温棉等。炉衬采用超节能结构：炉膛底衬保温层采用轻质保温砖及高铝耐火砖砌成，两侧保温层全采用耐火陶瓷纤维折叠块砌成，同时有炉壳底部及两侧垫有一层石棉板（低温时导热系数最小）；炉膛上保温层采用优质全纤维针刺毯模块，用专用方法锚固在炉盖钢板上。

炉体炉盖由 8 块盖板及全纤维针刺毯模块组成，盖板采用 Q235 钢板制作而成，炉衬采用全纤维毡吊顶式结构，与骨架合为整体，吊开炉盖即可方便进行炉内维护。

炉管材质采用 $\delta8mm$/SUS316L 不锈钢，炉管四周焊接加强筋保证炉管强度，顶部配有发热体支撑装置，防止发热体在使用时意外断裂而与炉管接触。炉管底部垫有 $\delta30mm$ 厚碳化硅板，加热时使炉管受热均匀。

发热元件安装在炉管的上下两侧，加热段发热元件的材质为 0Cr21Al6Nb。上下加热元件绕成螺旋状串在高温刚玉管上，两侧用刚玉堵头固定在炉壳上。电热元件从炉墙侧部插入，根据热场特点在炉膛上、下方，使炉体加热均匀，维修更换方便。如果在使用中某支电热元件出现故障需更换，只需停掉该区加热电源拆去连接电缆及刚玉堵头抽出刚玉管即可进行更换，其他温区仍可正常工作。

3.2.6.4 抽气段

抽气段设在两段炉体的中间位置。抽气口尺寸为 DN800，与外部管道相连，将炉内蒸发的烟砷气氛抽出至沉降室收集。抽气段炉管截面尺寸与蒸发段炉管尺寸一样，炉管底部装有托辊支撑钢带，两侧各设有一个检修清理口，方便及时清理炉内黏结渣料防止卡钢带。

抽气口设置在侧边，与钢带位置错开，防止抽气口的结晶物掉下污染钢带。同时在抽气口靠近法兰的位置还配有热电偶及压力传感器，实时监控内部烟气温度及压力。抽气段外部装有 100mm 厚的保温层及加热装置有效保持烟砷气体的温度，防止出现结晶现象。

3.2.6.5 渣料冷却段

渣料冷却段为一段独立空冷装置（通过尾部导入的冷空气对钢带及渣料进行冷却），外部有一个矩形密封外壳，外壳上部配有两个检修孔，在外壳的底部装有 3 条托辊支撑钢带，两侧各设置两条立式托辊以保证钢带在炉管中心运行。在前后配有两支温度传感器，监测冷却温度。

渣料冷却段置于炉体后部支架的托辊上，当炉管随炉内温度的变化而热胀冷缩时，渣料冷却段可在托辊上自由移动。支架由型钢焊接而成，其上安装钢带传动装置的部分零部件。

3.2.6.6 一次除渣装置

除渣装置由刮板、下渣板、护罩等部件组成，刮板、下渣板、护罩等部件安装主动轮后方。刮板与钢带间距可以调整。

3.2.6.7 二次除渣装置

二次除渣装置采用磨料丝刷辊结构，装于主动轮下方，底部装有残料收集装，最大限度清除钢带上的残渣，保证钢带清洁避免影响产品纯度。在钢带传动装置的上方设有一个除尘口，抽出除渣时产生的扬尘，保证车间内的清洁及安全。

3.2.6.8　钢带传动装置

钢带采用双级卧式摆线针轮减速机带动，电机为专用变频调速电机并配有数显式测速装置，可显示钢带的运行线速度。钢带驱动装置安装在出料架的下部；钢带驱动由主动轮、压紧轮组成，主动轮外层包有 15mm 橡胶，增加与钢带的摩擦力防止打滑现象。该钢带传动装置具有多重纠偏功能，以保证钢带沿炉体的中心线运动。

3.2.6.9　钢带自动纠偏装置

钢带自动纠偏装置由两组辊轮组成，设置在进料张紧轮后端。每组辊轮由两个锥辊组成，锥辊大端面布置在内侧，辊面水平，锥辊上再装有压轮压紧钢带；当钢带经过双锥辊时，根据锥辊效应，钢带两侧受到由边缘指向中心的力矩，使得钢带自动运行到中心位置。当钢带跑偏时，钢带与跑偏侧的辊子接触较多，钢带边缘与辊子的线速度差更加明显，锥辊效应更加突出，钢带在这一侧受到的力矩变大从而使钢带向辊子中心移动达到自动纠偏。

钢带炉法提纯粗 As_2O_3 的特点：

（1）自动化程度高，生产连续性好。带式砷蒸馏钢带炉采用连续性进料的方式，且有二次除渣装置及残料收集装置，在出渣及残料收集装置的上方设有一个除尘口，抽出除渣时产生的扬尘，保证车间内的清洁及安全。其生产采用电加热，生产过程中可灵活的调节产量及生产时间，较原有间断性生产工艺，生产过程的连续性、自动化程度均大幅度提高。

（2）生产过程干净、环保。考虑到粗 As_2O_3 及砷产品都是剧毒性物料的特点，该工艺采用气力输送的方式进行加料，加料过程全部密封，员工不与粗 As_2O_3 直接接触，且带式砷蒸馏钢带炉整体密封性较好，生产时在较高的负压下进行生产，无烟气和烟尘外泄，现场作业环境好。

（3）能耗低，资源得到循环利用。全自动带式砷蒸馏钢带炉采用上、下两面加热，整体抽气量少，热量损失少，热效率高。该工艺提纯 As_2O_3 可将砷资源化，同时产出的残渣返回配料，可进一步回收残渣中的有价金属如锑等。

（4）产品质量高。带式砷蒸馏钢带炉有布料装置及钢带纠偏装置，生产过程采用自动化控制，保证布料均匀及料步进均匀（以准静态方式挥发），保障生产连续稳定，保障产品质量。

该工艺主要设备见表 3-15。

表 3-15　主要设备

序号	设备名称	型号及规格	单位	数量
1	原料储罐	ϕ4000mm×5600mm	台	2
2	全自动砷蒸馏电炉	ZF-RSH1500，P=580kW	台	2
3	沉降室	21000mm×3000mm	台	2

序号	设备名称	型号及规格	单位	数量
4	圆形振动筛	ϕ1200mm，100 目	台	1
5	布袋除尘器	$v_{过滤} = 0.7m/min$，$S_{过滤} = 530m^2$	台	1
6	成品储罐	ϕ1300mm×3000mm	台	1

该工艺主要技术指标见表 3-16。

表 3-16 钢带炉法综合技术经济指标

指 标	数 值	指 标	数 值
砷挥发效率/%	>96	砷回收率/%	>98
白砷产率/%	65~75	电耗/kW·h·t⁻¹	550~700
残渣率/%	5~10	渣含砷/%	20~40

3.3 湿法提纯白砷的工艺

3.3.1 提纯原理

利用 As_2O_3 在水或稀酸中的溶解度与温度成正比，烟尘中游离的 As_2O_3 在高温下易溶于水与其他不溶物分离，再使其在低温下从水溶液中析出，As_2O_3 的溶解度见表 3-17。

表 3-17 As_2O_3 的溶解度

温度/℃	2	15	25	39.8	100
溶解度/g·L⁻¹	12.01	16.57	20.38	29.30	60

3.3.2 生产工艺流程

锡流态化焙烧炉产出的含砷烟尘，短窑处理中间物料产出的高砷烟尘，鼓风炉和烟化炉产出的高砷烟尘，当含砷大于 20% 时，可用湿法回收白砷。通常用沸水作浸出剂，砷进入溶液后经净化、脱色、蒸发结晶、干燥包装后产出优质白砷，其原则工艺流程[48~50]如图 3-9 所示。

生产白砷需要的含砷烟尘化学成分实例及物相组成实例见表 3-18 和表 3-19。

湿法制取白砷用沸水作浸出剂，其操作条件大致相同，各工序操作条件如下。

3.3.2.1 浸出

浸出的目的在于使物料中氧化物形态的砷溶于水，而其他重金属和非金属物质不溶或少溶于水。氧化砷在水中主要呈亚砷酸（H_3AsO_5）形态，浸出溶液中砷的含量保持在 40g/L 左右为宜，否则温度降低易产生结晶，堵塞管道。

浸出过程在机械搅拌槽中进行，溶液应不与铁器接触，浸出液应快速过滤。浸出工序技术操作条件为：液固比：（18~20）:1；浸出温度：95~100℃；浸出时间：0.5~1.0h。

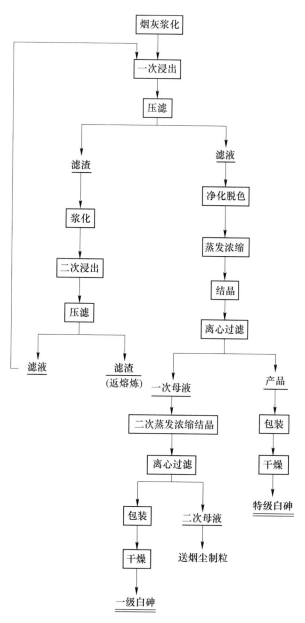

图 3-9 湿法生产白砷工艺流程

表 3-18 高砷烟尘化学成分实例　　　　　　　　　　　　　　　　　（%）

烟　尘	As	Sn	Fe	Zn	Pb	Sb	CaO	SiO$_2$	S
烟尘 1	63.38	0.6	3.45	0.06	0.56	1.32	0.05	0.76	1.04
烟尘 2	24.31	25.17	8.67	1.17	4.25	2.13	1.01	—	1.25
烟尘 3	65.30	1.38	0.31	—	1.94	—	0.124	0.083	—

表 3-19 高砷烟尘砷物相组成实例 (%)

烟 尘	呈氧化物的砷	呈砷酸盐的砷	其他形态的砷
烟尘 1	92.15	5.81	2.04
烟尘 2	86.83	8.02	5.35
烟尘 3	89.21	0.92	7.73

3.3.2.2 净化

由于浸出物料含有残硫，浸出溶液 pH 值为 1～2，呈微酸性，因此有部分重金属如 Zn、Fe、Sb、Sn 等被浸出进入溶液，必须将其除去。通常用碱中和，使溶液 pH 值为 5～7，大部分重金属离子被沉淀除去，为防止砷的析出，应保持溶液的温度在 50～60℃，净化后液应及时压滤，压滤时间应尽量缩短。净化操作条件实例为：净化剂：Na_2CO_3 或 NaOH；净化温度：50～60℃；净化时间：0.5～1h。

3.3.2.3 脱色

脱色主要是进一步除去溶液中微量金属（Sn、Sb、Fe 等）离子以及吸附溶液中其他非金属离子和有机物（如 C、S、羟等），以得到合格的溶液，产出合格的白砷，通常用活性炭粉作脱色剂，脱色时间 5～10min，脱色后溶液应保温在 60℃以上。

3.3.2.4 蒸发结晶

经脱色后的溶液含砷通常为 30～40g/L，经蒸发至 110g/L 左右时，进行冷却结晶。蒸发通常采用微负压作业，以除去大量水分，结晶用冷水冷却，待有结晶析出时，进行离心过滤。操作条件实例为：蒸发温度：80～90℃；每槽蒸发时间：1～2h；冷却温度：小于40℃；冷却时间：4～5h。

3.3.2.5 干燥包装

经离心过滤后的白砷，含水通常为 5%左右，必须干燥到 1%以下，为防止干燥时白砷的飞扬，通常采用低温干燥，一般采用先包装后干燥再封袋的程序。封袋后的产品应及时装入铁桶，以防白砷受潮，干燥包装工序技术操作条件如下：干燥温度：80～85℃；干燥时间：24h。

表 3-20 为年产 500t 白砷的主要设备[51]。

表 3-20 年产 500t 白砷主要设备

序号	设备名称	型号及规格	数量/台
1	搪瓷反应罐	$V=5000L$	4
2	搪瓷反应罐	$V=2000L$	8
3	自动板框压滤机	BAJZ15A/810-50	2
4	脱色炭柱	$\phi400mm \times 2000mm$	8
5	蒸发器	$F=15m^2$	2

序号	设备名称	型号及规格	数量/台
6	离心机	SXZ-1000	2
7	远红外干燥箱	CL80-18	3
8	冷却塔	$GBNL_3$-175	1
9	缝袋输送机	F30 型，600 袋/h	1

该工艺主要技术指标见表 3-31。

表 3-31　湿法生产白砷综合技术经济指标

指　标	数　值	指　标	数　值
砷浸出率/%	85~90	水耗/$m^3 \cdot t^{-1}$	2~3
渣率/%	10~15	蒸汽消耗/$t \cdot t^{-1}$	25~30
渣含砷/%	25~30	炭粉消耗/$t \cdot t^{-1}$	1.5
砷直收率/%	80	电耗/$kW \cdot h \cdot t^{-1}$	2100~2500

3.3.3　高砷尘中砷以砷酸盐为主要形态时的提纯方法

基于大多数重金属砷酸盐均可溶解于酸性溶液，许多高砷尘中的砷以砷酸盐型为主时即可考虑采用酸性浸出，其反应如下列各式进行：

$$2Pb_3(AsO_4)_2 + 6H_2SO_4 \longrightarrow 6PbSO_4 + 2H_3AsO_4 \tag{3-7}$$

$$2Cu_3(AsO_4)_2 + 6H_2SO_4 \longrightarrow 6CuSO_4 + 2H_3AsO_4 \tag{3-8}$$

$$2Zn_3(AsO_4)_2 + 6H_2SO_4 \longrightarrow 6ZnSO_4 + 2H_3AsO_4 \tag{3-9}$$

$$2FeAsO_4 + 3H_2SO_4 \longrightarrow Fe_2(SO_4)_3 + 2H_3AsO_4 \tag{3-10}$$

为了达到浸出液中的砷酸含量高，可做反复浸出，因为砷酸在水中的溶解度远大于亚砷酸，这样在下一步可以考虑加 SO_2 于浓砷酸溶液将它还原成亚砷酸：

$$H_3AsO_4 + SO_2 \longrightarrow H_2SO_4 + HAsO_2 \tag{3-11}$$

亚砷酸在溶液中超过溶解度即成 As_2O_3 结晶析出：

$$2HAsO_2 \longrightarrow H_2O + As_2O_3 \tag{3-12}$$

我国株洲冶炼厂曾用酸浸处理铅熔炼高砷烟尘，采用的工艺流程如图 3-10 所示。

上述工艺产品虽未做到 As_2O_3，但不难看出：如在砷酸钙（$Ca_3As_2O_8$）沉淀之后进行 H_2SO_4 处理再生成砷酸和 $CaSO_4$ 沉淀，经固液分离，液体采用铜 SO_2 还原即可产出 As_2O_3。

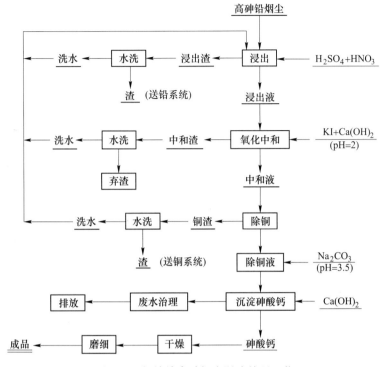

图 3-10 铅熔炼高砷烟尘湿法处理工艺

4 单质砷生产技术

4.1 概述

单质砷以灰砷（α）、黑砷（β）和黄砷（γ）这三种同素异形体的形式存在，其中以灰砷最为常见，俗称金属砷。由于只有灰砷具有非常重要的工业用途，因此单质砷的生产工艺实际为灰砷的生产工艺。单质砷的生产方法有许多种，有直接从硫砷铁矿或砷铁矿提取的，但大多数是从三氧化二砷和三氯化砷等物质提取得到的，提取的方法多数采用火法工艺。湿法提取工艺的研究也取得了可供使用的成果，由于单质砷的一个重要的用途是制作第三代半导体的原材料，因此单质砷的提取是一个重要研究内容，目前国内单质砷的生产主要采用纯度为90%以上的三氧化二砷为原料。

4.2 三氧化二砷还原的热力学

还原过程的热力学研究还原反应进行的可行性、必需的热力学条件以及如何创造条件使还原反应能充分进行。氧化物的还原在冶金中十分普遍，研究较成熟。金属氧化物的离解压和标准生成自由能是氧化物还原热力学研究的两个重要参数。

4.2.1 金属氧化物的离解压

4.2.1.1 生成—离解反应的基本概念

在冶炼的原料及各种中间产品中，金属及其伴生元素往往以各种化合物形态存在，如含氧盐、氢氧化物、硫化物、氧化物等，这些化合物只在一定条件下是稳定的，某些化合物在高温或一定真空条件下能离解（或称分解）产生金属和一种气体或简单化合物和一种气体，如：

$$2Ag_2O \longrightarrow 4Ag + O_2 \tag{4-1}$$

$$CaCO_3 \longrightarrow CaO + CO_2 \tag{4-2}$$

这类反应总称为离解反应。但这些反应是可逆的，在一定温度下，当 O_2 和 CO_2 的分压超过一定限度，或分压一定而温度低于一定限度时，则反应将向生成 Ag_2O 和 $CaCO_3$ 的方向进行，此时称为 Ag_2O 和 $CaCO_3$ 的生成反应，因此离解反应和生成反应实际上是一对平衡反应的两个方面。

化合物的生成—离解反应无论在理论上还是工艺上，在冶金中都非常重要，许多冶炼工艺过程往往是以离解反应为主（此时称为煅烧或焙解过程），也有许多过程常伴随着生成—离解反应；同时氧化物生成—离解反应的热力学原理是分析还原过程热力学的基础，因此，研究生成—离解反应的热力学条件，通过它来认识各种化合物的稳定性，从而控制适当条件以保证或防止离解反应的进行，是冶金工作的重要任务之一。下面以氧化物的生成—离解为例，研究其反应的热力学条件。

4.2.1.2 金属氧化物的离解和离解压

金属氧化物的生成—离解反应可用以下反应式表示：

$$mMe + \frac{n}{2}O_2 === Me_mO_n \tag{4-3}$$

反应向右进行则为生成反应，向左进行则为离解反应。

为简便起见，以二价金属氧化物 MeO 为例进行研究。MeO 的生成—离解反应为：

$$2Me + O_2 === 2MeO \tag{4-4}$$

反应的平衡常数：

$$K_p = \frac{a_{MeO}^2}{p_{O_2}a_{Me}^2} \tag{4-5}$$

式中　a_{Me}，a_{MeO}——分别为 Me 和 MeO 的活度；

　　　p_{O_2}——系统中氧的平衡分压。

当系统中 Me 及 MeO 均处于标准状态且温度一定时，其活度均为 1，故 $p_{O_2} = 1/K_p$，为常数，即在上述条件下，系统中氧的平衡分压为常数，此数值称为该氧化物的离解压，对具体的氧化物 MeO，其离解压可用 $p_{O_2(MeO)}^{\ominus}$ 表示，即 $p_{O_2(MeO)}^{\ominus} = 1/K_p$。

由化学平衡原理可知，在上述条件下，当系统中氧的实际分压 $p_{O_2} > p_{O_2(MeO)}^{\ominus}$ 时，则上述金属氧化物的生成—离解反应向生成氧化物 MeO 的方向进行；当 $p_{O_2} < p_{O_2(MeO)}^{\ominus}$ 时，则氧化物 MeO 离解；当 $p_{O_2} = p_{O_2(MeO)}^{\ominus}$ 时，则反应保持平衡。这说明金属氧化物的离解压越大，此氧化物越不稳定，越易离解析出金属；其离解压越小，则要使它离解就更需要更高的真空度或更高的温度，即此氧化物越稳定。因此离解压的大小是衡量氧化物稳定性的一个标志。

根据两种氧化物离解压的相对大小，也可判断还原反应能否自动进行，假定系统中有两元素 Me 和 A（假定它们均为二价）及其氧化物 MeO 和 AO 四种物质，MeO 和 AO 的离解压分别为 $p_{O_2(MeO)}^{\ominus}$ 和 $p_{O_2(AO)}^{\ominus}$，现分析在不同情况下反应进行的方向：

（1）当 $p_{O_2(MeO)}^{\ominus} > p_{O_2(AO)}^{\ominus}$ 时，MeO 的离解使系统中氧的分压 $p_{O_2} = p_{O_2(MeO)}^{\ominus}$ 时，其离解才达到平衡；但系统中又有 A 存在，其氧化物的离解压 $p_{O_2(AO)}^{\ominus} < p_{O_2(MeO)}^{\ominus}$ 或 $p_{O_2(MeO)}^{\ominus} < p_{O_2}$，因此 A 将被氧化，消耗系统中的氧，使 p_{O_2} 下降，这又导致了 MeO 的进一步离解，如此不断循环，整个过程可用下式表示：

$$MeO === Me + \frac{1}{2}O_2 \tag{4-6}$$

$$+)\quad A + \frac{1}{2}O_2 === AO \tag{4-7}$$

$$\overline{}$$

$$MeO + A === Me + AO \tag{4-8}$$

该过程实际上是 A 作为还原剂将 MeO 还原。若系统中 Me、A、MeO、AO 均为凝聚相，且均为纯物质，互相也不形成溶液（或固溶体），则反应将进行到 A 或 MeO 相完全消耗为止。

（2）当 $p_{O_2(MeO)}^{\ominus} < p_{O_2(AO)}^{\ominus}$，同样可证明 Me 将使 AO 还原。

（3）当 $p_{O_2(MeO)}^{\ominus} = p_{O_2(AO)}^{\ominus}$，则系统保持平衡。

因此，从离解压的角度来说，选择还原剂的标准是还原剂氧化物的离解压应小于被还原氧化物的离解压。

4.2.1.3　温度对金属氧化物离解压的影响

在金属氧化物离解成氧及金属的系统中，若金属及其氧化物均为标准状态，且温度低于它们的沸点，则系统有三个相（两个凝聚相和气相），两个独立组元，根据规律：$f = C - P + 2$，即 $f = 2 - 3 + 2 = 1$。说明在上述条件下，系统中只有一个自由度，也即系统中氧的平衡分压（氧化物的离解压）仅随温度而变。离解压与温度的关系可通过范特霍夫等压方程求出：

$$\frac{\mathrm{d}\ln p_{O_2}^{\ominus}}{\mathrm{d}T} = \frac{\Delta H}{RT} \tag{4-9}$$

式中　ΔH——离解过程的热效应，kJ。

若 ΔH 随温度变化不大，视为常数，则积分得：

$$\ln p_{O_2}^{\ominus} = -\frac{\Delta H}{RT} + I \tag{4-10}$$

式中　I——积分常数。

一般离解反应均为吸热反应，故离解压均随温度的升高而升高，或者说氧化物的稳定性随温度的升高而降低，如图 4-1 所示。从图 4-1 也可看出，若某氧化物的离解压与温度关系符合图中的曲线 1，而系统的起始状态（p_{O_2} 和温度）处于区域 I 内（如 a 点），则说明 $p_{O_2} > p_{O_2}^{\ominus}$，反应将向生成该氧化物的方向进行，故区域 I 为氧化物的稳定区；同理，若起始状态在区域 II 内（如 b 点），则 $p_{O_2} < p_{O_2}^{\ominus}$，氧化物将离解，即区域 II 为金属稳定区；若起始状态恰恰在曲线上（如 c 点），则系统保持平衡。

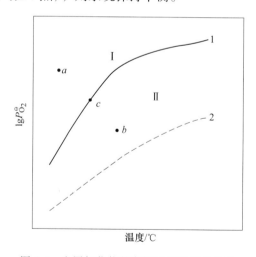

图 4-1　金属氧化物的离解压与温度的关系

对图 4-1 所示的金属氧化物的离解压与温度关系曲线进行分析，可得出如下结论：

（1）金属氧化物的离解压曲线在图中位置越高，则离解压越大；一般银、铜等金属氧化物的离解压较大，稳定性差。而碱金属、碱土金属及大部分稀有金属氧化物的离解压小，稳定性高。

（2）在标准状态下，氧化物离解压曲线在图4-1中位置低的金属可作为还原剂，将位置较它高的氧化物还原，如图中曲线2代表的金属氧化物，其金属可以将曲线1代表的金属氧化物中的金属还原出来。

（3）由于各氧化物的离解压随温度而改变的趋势不同，故各氧化物离解压曲线可能交叉，即在不同的温度范围内，氧化物的相对稳定次序可能不同。例如温度低于1420℃时，CO的离解压大于MnO的离解压，CO的离解压曲线在1420℃左右与MnO的离解压曲线交叉，温度高于1420℃，CO离解压小于MnO的离解压，说明在标准状态下，当温度低于1420℃时，Mn能将CO还原，即：Mn+CO=C+MnO，而温度高于1420℃时，则其逆反应有可能自动进行。

（4）在通常耐火材料所允许的温度（约1700℃）范围内，绝大部分金属氧化物的离解压都很小，除少数金属（银、汞等）外，靠氧化物的离解法不太可能得到金属。如从这些金属氧化物中提取金属，必须选择一种对氧的亲和力更大的物质作为还原剂，以夺取金属氧化物中的氧，使金属换位才能达到目的。

金属氧化物离解压是衡量其稳定性的标准，根据它可判断标准状态下还原反应进行的可能性，为了更全面地了解还原过程的可能性，还有必要研究生成—离解反应的另一个热力学参数，即生成自由能。

4.2.2　金属氧化物的标准生成自由能

金属氧化物的生成反应可用下式表示：

$$m\mathrm{Me} + \frac{n}{2}\mathrm{O}_2 = \mathrm{Me}_m\mathrm{O}_n \tag{4-11}$$

在标准状态下，按上式生成1mol $\mathrm{Me}_m\mathrm{O}_n$的自由能变化称为该氧化物的标准生成自由能，用$\Delta G^{\ominus}$表示。在冶金中，为了便于各金属间直接比较，一般用1mol氧气与金属作用生成氧化物的自由能变化值代表该氧化物的标准生成自由能，本书用ΔG^{o}表示。对二价金属氧化物而言，$\Delta G^{\mathrm{o}} = 2\Delta G^{\ominus}$；对三价金属氧化物而言，$\Delta G^{\mathrm{o}} = \frac{2}{3}\Delta G^{\ominus}$；而四价氧化物的$\Delta G^{\mathrm{o}}$和$\Delta G^{\ominus}$则相等。

ΔG^{o}或$\Delta G^{\ominus}$是十分重要的热力学参数，可通过它分析金属氧化物还原反应的热力学条件。

假设一种金属氧化物用还原剂A还原，为简便起见，假定金属和还原剂均为二价，则该还原反应为：

$$\mathrm{MeO} + \mathrm{A} = \mathrm{Me} + \mathrm{AO} \tag{4-12}$$

根据热力学定律，若上述反应的标准自由能变化$\Delta G^{\ominus}$为负值，则标准状态下，有可能自动进行。$\Delta G^{\ominus}$与AO的标准生成自由能$\Delta G^{\mathrm{o}}_{\mathrm{AO}}$及MeO的标准生成自由能$\Delta G^{\mathrm{o}}_{\mathrm{MeO}}$存在如下关系：

$$2\Delta G^{\ominus} = \Delta G^{\mathrm{o}}_{\mathrm{AO}} - \Delta G^{\mathrm{o}}_{\mathrm{MeO}} \tag{4-13}$$

只有当$\Delta G^{\mathrm{o}}_{\mathrm{AO}} < \Delta G^{\mathrm{o}}_{\mathrm{MeO}}$时，$\Delta G^{\ominus}$才为负值，即标准状态下还原反应才有可能自动进行。

因此，金属氧化物 MeO 的标准生成自由能 ΔG°_{MeO} 越负，则 MeO 越稳定，越难被还原；同时也说明 ΔG°_{MeO} 值越负，则此金属对氧的亲和力越大。金属氧化物的标准生成自由能随温度的变化而变化，某些金属氧化物的 ΔG° 值与温度的关系（$\Delta G^{\circ}\text{-}T$）如图 4-2 所示。

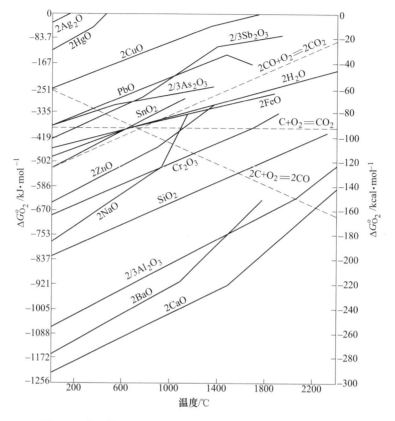

图 4-2 砷及某些金属氧化物的标准生成自由能与温度的关系

分析图 4-2 可得出如下规律：

（1）金属氧化物的 ΔG° 值与温度的关系曲线在图中位置越低，则其 ΔG° 值越小，说明此金属对氧的亲和力越大，因此在标准状态下，图中位置较低的金属可将位置较高的金属氧化物还原。如钙可将 ZnO 还原成金属锌，氢可将 HgO 还原成金属汞；钙、铝等都是较强的还原剂。

砷与氧的亲和力较弱，许多金属能将其氧化物还原成金属砷，例如可用碳或氢将三氧化砷还原成金属。

（2）所有金属氧化物的 ΔG° 值均随温度的升高而大体上呈直线增加，说明金属氧化物的稳定性（即对氧的亲和力）随温度的升高而降低。但需要说明的是，上述曲线在金属或氧化物的相变点（特别是沸点和升华点）都发生转折。在金属相变点曲线向上转折，即高于金属相变点后，ΔG° 值随温度升高而增加的趋势比相变前更大，而在氧化物的相变点则相反。

这种规律在冶金中具有一定的意义，因为高于金属的相变温度后，金属氧化物的稳定性随温度升高而下降的趋势更大，因此某些还原剂虽在温度低于某金属相变点时，不能将其氧化物还原，但反应温度超过相变点一定范围后，则还原反应有时可能发生。如图 4-2

所示，在标准状态下，低温时铝不能将 BaO 还原，但当温度升高到一定程度后，BaO 能被铝还原。

（3）将金属氧化物的 ΔG°-T 曲线与 CO_2、CO 的 ΔG°-T 曲线对照，可发现三者间有明显的差别。对金属氧化物而言，ΔG° 随温度的升高而增加，当金属及其氧化物均处于固相温度范围时，各金属氧化物的 ΔG°-T 曲线接近于平行，而 CO_2 的 ΔG°-T 曲线则接近于水平，CO 的 ΔG° 则随着温度的升高而下降。

上述差别在冶金中具有很大的意义，由于金属对氧的亲和力随温度升高而降低，而碳与氧的亲和力反而随温度的升高而增加，因此在高温下，碳可作为许多金属氧化物的还原剂且温度越高还原能力越强。此外，碳价廉且易得，还原反应的生成物为气态的 CO，很易与目标金属分离，因此碳成为金属氧化物的良好还原剂。

4.2.3　还原剂的选择原则

根据上述还原过程的热力学分析，归纳出氧化物还原时还原剂的选择原则如下：

（1）还原剂 A 对氧的亲和力应比待还原的金属大，即：

$$\Delta G^{\circ}_{AO} - \Delta G^{\circ}_{MeO} < 0$$

上述差的负值越大越好，越大则渣相 MeO 的还原将越彻底，同时，当金属形成合金时合金相中金属的含量将越低。

（2）还原剂 A 最好不与产品形成合金，如果形成合金，则要求能满足以下条件之一：

1）合金中 A 能顺利地与 MeO 反应，从这一点出发也要求 $\Delta G^{\circ}_{AO}-\Delta G^{\circ}_{MeO}$ 的负值越大越好，负值越大则合金相中残余还原剂 A 的浓度将越小。

2）合金中的 A 能借助其他方法（如真空蒸馏、酸洗等）与金属分离。

3）形成的合金正好符合用户要求。

（3）还原生成的产物 AO 易与金属分离，即能采用蒸馏、酸洗、造渣等方式分离。从这个角度来说，碳和氢是较理想的还原剂，因为生成的 CO 或 H_2O 在还原反应温度下为气态。

（4）还原剂要容易提纯或杂质含量较低，避免污染被还原的金属。

（5）还原剂还原时应具备较大的反应速度。

（6）还原剂应尽可能价廉、易得，便于储运。

在实践中，要完全满足上述条件可能是困难的，应根据对产品的纯度要求、原材料价值、产品价值等因素综合考虑，在大量实验和反腐对比的基础上确定最适当的还原剂。就 As_2O_3 的还原而言，目前工业上主要采用木炭作为还原剂。

4.2.4　碳燃烧反应的热力学分析

用碳还原金属氧化物的热力学可能性，一方面取决于金属对氧的亲和力，另一方面取决于碳对氧的亲和力，因而有必要研究碳与氧的各种反应（碳的燃烧反应）。

4.2.4.1　碳氧系的燃烧反应

碳的燃烧过程包括下列四种反应：

（1）碳的完全燃烧反应：

$$C + O_2 \Longrightarrow CO_2 \tag{4-14}$$

其标准自由能变化 $\Delta G^{\ominus}$（J）及平衡常数 K_p 与温度的关系可用下式表示：

$$\Delta G^{\ominus} = -395350 - 0.54T \tag{4-15}$$

$$\lg K_p = 20677/T + 0.028 \tag{4-16}$$

（2）碳的不完全燃烧反应：

$$2C + O_2 \Longrightarrow 2CO \tag{4-17}$$

其标准自由能变化 $\Delta G^{\ominus}$（J）及平衡常数 K_p 与温度的关系可用下式表示：

$$\Delta G^{\ominus} = -223310 - 175.22T \tag{4-18}$$

$$\lg K_p = 11670/T + 9.156 \tag{4-19}$$

（3）一氧化碳的完全燃烧反应：

$$2CO + O_2 \Longrightarrow 2CO_2 \tag{4-20}$$

其标准自由能变化 $\Delta G^{\ominus}$（J）及平衡常数 K_p 与温度的关系可用下式表示：

$$\Delta G^{\ominus} = -564600 + 173.55T \tag{4-21}$$

$$\lg K_p = 29502/T - 9.068 \tag{4-22}$$

（4）碳的气化反应（布多尔反应）：

$$C + CO_2 \longrightarrow 2CO \tag{4-23}$$

其标准自由能变化 $\Delta G^{\ominus}$ 及平衡常数 K_p 与温度的关系可用下式表示：

$$\Delta G^{\ominus} = 170620 - 174.38T \tag{4-24}$$

$$\lg K_p = -8916/T + 9.113 \tag{4-25}$$

根据上述方程式，C-O 系各反应的 $\Delta G^{\ominus}$ 与温度的关系如图 4-3 所示。从图中曲线 1 和 2 可知，碳对氧的亲和力很大，故碳为氧化物的良好还原剂，特别是碳对氧的亲和力随温度的升高而变大，这在金属氧化物的还原中具有重要意义。同时从图中也可看出，在温度不太高的情况下（低于 978K），气体 CO 对氧的亲和力也很大，故温度不太高时，CO 同样是氧化物良好的还原剂。

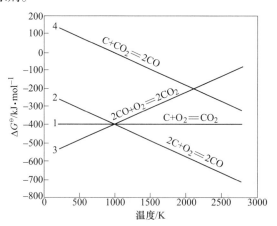

图 4-3　C-O 系各反应 $\Delta G^{\ominus}$ 与温度的关系

4.2.4.2　布多尔反应

布多尔反应对冶金过程具有重大意义，下面研究其平衡态气相组成分与各种参数的关系。

根据规律:

$$f = C - P + 2$$

对 C-CO-CO$_2$ 体系而言,独立组分数 C 及相数 P 均为 2,故自由能 f 等于 2,说明反应的平衡状态由温度及压力两个参数决定。在不同温度及压力下,系统中 CO 和 CO$_2$ 的平衡分压可联立以下方程式解出:

$$p_{CO}/p_{CO_2} = K_p \tag{4-26}$$

$$p_{CO} + p_{CO_2} = p \tag{4-27}$$

式中 p_{CO},p_{CO_2}——分别为系统中 CO 和 CO$_2$ 的平衡分压;

　　　　P——系统中 CO 和 CO$_2$ 的分压之和,不考虑其他惰性气体;

　　　　K_p——布多尔反应的平衡常数。

根据布多尔反应的 $\lg K_p = -8916/T + 9.113$,将 K_p 的值代入式(4-26)和式(4-27)方程组,可计算出当 p 为 0.1MPa(1atm)时系统中 CO 的质量分数与温度的关系如图 4-4 所示,在不同 p 值下 CO 的质量分数与温度的关系如图 4-5 所示。

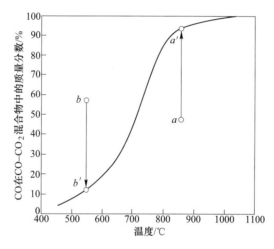

图 4-4　C-CO-CO$_2$ 系中 CO 质量分数与温度的关系(p = 0.1MPa)

对图 4-3~图 4-5 进行分析,可得出以下结论:

(1)由图 4-3 中的曲线 4 可知,布多尔反应的标准自由能-温度曲线约在 705℃(978K)时通过零点,即温度高于 705℃ 时,反应(4-17)的 $\Delta G^{\ominus}$ 为负,标准状态下反应(4-17)向右进行,CO 相对于 CO$_2$ 更稳定,平衡时,气相以 CO 为主,当温度低于705℃ 时,反应(4-17)的 $\Delta G^{\ominus}$ 为正,标准状态下反应(4-17)向左进行,CO$_2$ 相对于 CO更稳定,气相以 CO$_2$ 为主。

(2)由图 4-4 可知,在 C-CO-CO$_2$ 平衡体系中,压力为 0.1MPa(1atm)时,在 400~1000℃ 的温度范围内,气相成分随温度的改变而急剧改变。在 400℃ 时,气相中的 CO 的平衡质量分数很小,很难将金属氧化物还原;当温度升高到 1000℃ 时,气相中的 CO 平衡质量分数几乎达到 100%,有利于金属氧化物的还原。

(3)图 4-4 中的平衡曲线将图分为两个区域,曲线以下区域中的 CO 的质量分数小于其平衡质量分数,反应(4-17)将向右进行,假设起始状态为 a 点,则在温度不变的情况

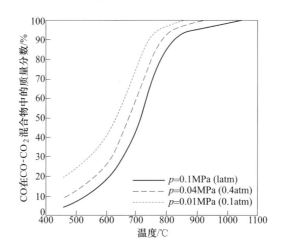

图 4-5　不同 p 值下 C-CO-CO$_2$ 系中 CO 质量分数与温度的关系

下，反应将进行到 CO 的质量分数达到 a' 时为止；在曲线以上区域中 CO 的质量分数大于其平衡质量分数，反应（4-17）将向左进行，假如起始状态为 b 点，则在温度不变的情况下，反应将进行到 CO 的质量分数等于 b' 时为止。

（4）由图 4-5 可知，升高温度或降低压力都有利于反应向生成 CO 的方向进行，即在高温下及在真空中有利于金属氧化物的还原。

4.2.5　碳还原三氧化二砷的热力学分析

As$_2$O$_3$ 的还原一般是在反射炉中进行的，还原熔炼时，用无烟煤或木炭作为还原剂。用固定碳还原金属氧化物，通常称为直接还原。当体系内有固定碳存在时，As$_2$O$_3$ 的还原过程主要发生下列反应：

$$\text{As}_2\text{O}_3 + 3\text{CO} = 2\text{As} + 3\text{CO}_2 \tag{4-28}$$

$$\text{CO}_2 + \text{C} = 2\text{CO} \tag{4-29}$$

上述两个反应是 As$_2$O$_3$ 还原的基本反应，固定碳还原 As$_2$O$_3$ 的最终反应式为：

$$\text{As}_2\text{O}_3 + 3\text{C} = 2\text{As} + 3\text{CO} \tag{4-30}$$

反应（4-28）是 As$_2$O$_3$ 还原过程的主要反应，有必要分析其热力学平衡条件。反应（4-23）是布多尔反应，在前面已经讨论过了。

反应（4-28）的标准自由能变化无法直接获得，但可根据盖斯定律求出。已知：

$$\frac{4}{3}\text{As} + \text{O}_2 = \frac{2}{3}\text{As}_2\text{O}_3 \tag{4-31}$$

$$\Delta G_{(4\text{-}31)}^{\ominus} = -397353 + 162.83T \tag{4-32}$$

$$\Delta G_{(4\text{-}20)}^{\ominus} = -564600 + 173.55T \tag{4-33}$$

则：$\dfrac{3}{2}\lfloor$ 式（4-20）－式（4-31）$\rfloor$＝式（4-27）　即：

$$\Delta G_{(4\text{-}28)}^{\ominus} = \frac{3}{2}\left(\Delta G_{(4\text{-}20)}^{\ominus} - \Delta G_{(4\text{-}31)}^{\ominus}\right) \tag{4-34}$$

$$\Delta G_{(4\text{-}28)}^{\ominus} = -250871 + 16.08T \tag{4-35}$$

通过以下反应同样可求出 $\Delta G^{\ominus}_{(4-28)}$ 与温度的关系：

$$\Delta G^{\ominus}_{(4-31)} = -397353 + 162.83T \tag{4-36}$$

$$\Delta G^{\ominus}_{(4-17)} = -223310 - 175.22T \tag{4-37}$$

$$\Delta G^{\ominus}_{(4-14)} = -395350 - 0.54T \tag{4-38}$$

则 $3 \times$ 式(4-14) $- \dfrac{3}{2} \times$ 式(4-17) $- \dfrac{3}{2} \times$ 式(4-31) = 式(4-28)，即：

$$\Delta G^{\ominus}_{(4-28)} = 3\Delta G^{\ominus}_{(4-14)} - \frac{3}{2}\Delta G^{\ominus}_{(4-17)} - \frac{3}{2}\Delta G^{\ominus}_{(4-31)} \tag{4-39}$$

$$\Delta G^{\ominus}_{(4-28)} = -315055 + 16.96T \tag{4-40}$$

两种方法求出的 $\Delta G^{\ominus}_{(4-28)}$ 基本是一致的，根据范特霍夫等温方程可得：

$$\Delta G^{\ominus}_{(4-28)} = -RT\ln K_p \tag{4-41}$$

$$\Delta G^{\ominus}_{(4-28)} = -RT\ln \frac{w^3_{CO_2}}{w^3_{CO}} \tag{4-42}$$

$$\Delta G^{\ominus}_{(4-28)} = -250871 + 16.08T \tag{4-43}$$

$$\ln \frac{w_{CO_2}}{w_{CO}} = \frac{10058.2}{T} - 0.645 \tag{4-44}$$

式中，w_{CO_2}、w_{CO} 分别为平衡气相中 CO_2 和 CO 的质量分数。

不考虑其他惰性气体，则 $w_{CO_2} + w_{CO} = 100$，因此通过联立方程可求出不同温度下平衡气相中的 CO 质量分数，见表 4-1 和图 4-6，为便于讨论，布多尔反应平衡气相中的 CO 质量分数也示于其中。

表 4-1 As_2O_3 及 CO 还原反应平衡气相中的 CO 质量分数

温度/℃	CO 的质量分数/%	
	$As_2O_3 + 3CO = 2As + 3CO_2$	$CO_2 + C = 2CO$
450	0.00017	2.44
550	0.00094	12.91
650	0.00353	40.99
750	0.0102	76.56
850	0.02456	94.07
950	0.00511	98.54
1050	0.09505	99.58
1150	0.1620	99.51
1200	0.2059	99.91

图 4-6 中曲线 1 为反应（4-28）的还原曲线，反映出不同温度下 As_2O_3 还原反应（4-28）所需的最低 CO 质量分数；曲线 2 为布多尔反应的平衡气相组成曲线。由图 4-6 可知，在很宽的温度范围内，由布多尔反应提供的 CO 质量分数均远大于反应（4-28）所需的最低 CO 质量分数，说明有固定碳存在时，即使在较低的温度下，As_2O_3 也很容易被还原。

上述讨论所采用的热力学分析数据一般是在高温条件下测定并通过回归分析得出的，如反应（4-31），$\Delta G^{\ominus}_{(4-31)} = -397353 + 162.83T$ 的适用温度约大于 500℃。因此，上述讨论在低温下可能不是十分准确。

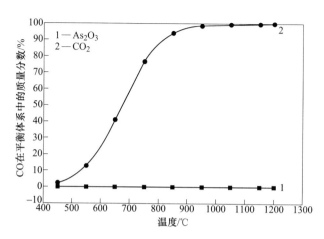

图 4-6　As_2O_3 及 CO_2 还原反应平衡气相中 CO 质量分数

As_2O_3 在还原熔炼的实际控制温度一般在 650~800℃。因为采用固定碳还原 As_2O_3 时，如果温度较低，比如低于 As_2O_3 的熔点（约 586K），则还原反应的速度将很慢。根据布多尔反应的 $\Delta G^{\ominus}_{(4\text{-}23)} = 170620 - 174.38T$ 可知，只有当温度大于 978K 时 $\Delta G^{\ominus}_{(4\text{-}23)}$ 才小于零，布多尔反应（碳的气化）才能自发进行。因此，在低温下用固定碳还原 As_2O_3，还原反应可能仅在两个固相之间进行，由于两固相之间互相接触的面积很有限，还原过程进行的速度将非常缓慢。

如果将温度提至有布多尔反应提供 CO 气体参与还原反应过程，则可大大提高固定碳及 CO 与 As_2O_3 接触的机会，反应过程就会获得很大的改善。

4.2.6　As_2O_3 还原过程中杂质的行为

As_2O_3 还原过程中的杂质来源有两个，一是 As_2O_3 烟灰中所含的 Sb_2O_3、PbO、CuO、SnO_2、FeO 等氧化物；二是木炭中所含的 Al、Mg、Ca、Si、Fe 等的氧化物。按照杂质被碳还原的难易程度，可将它们分为两大类。

4.2.6.1　易被碳还原的杂质氧化物

这类杂质包括 Sb_2O_3、PbO、Cu_2O、Ag_2O、HgO、SnO_2 以及 FeO 等。从这些氧化物的 $\Delta G^{\circ}\text{-}T$ 图（见图 4-2）中可以看出，在 As_2O_3 的实际还原反应温度下，这类杂质氧化物的标准生成自由能，均处于布多尔反应曲线的上方，即 $\Delta G^{\circ}_{2CO} - \Delta G^{\circ}_{MeO} < 0$，且两者之差的负值较大，说明这些金属氧化物在标准状态下易被碳还原。此外，除 Sb_2O_3、SnO_2 以及 FeO 之外，上述杂质氧化物的标准生成自由能也都处于 As_2O_3 生成反应曲线的上方，说明这些杂质氧化物比 As_2O_3 更容易被碳还原而进入砷金属相中。Sb_2O_3 和 SnO_2 的标准生成自由能与 As_2O_3 的相差不大，因此从理论上讲，当 As_2O_3 被完全还原时，大部分 Sb_2O_3 和 SnO_2 也将被还原成金属沉积在金属砷中。

As_2O_3 中的杂质 FeO，虽然也可以被碳还原，但由于 FeO 易与酸性氧化物反应，因此在实践中主要利用造渣反应使其转入炉渣而除去，As_2O_3 还原过程中主要杂质氧化物的还原反应如下：

$$Sb_2O_3 + 3CO \Longrightarrow 2Sb + 3CO_2 \tag{4-45}$$

$$Cu_2O + CO \Longrightarrow 2Cu + CO_2 \tag{4-46}$$

$$PbO + CO \Longrightarrow Pb + CO_2 \tag{4-47}$$

$$SnO_2 + 2CO \Longrightarrow Sn + 2CO_2 \tag{4-48}$$

与前述 As_2O_3 被碳还原的讨论相似，单独考虑某一杂质氧化物的还原反应，同样可计算出反应的平衡气相组成与温度的关系。图 4-7 所示为部分杂质氧化物还原反应的平衡气相组成与温度的关系。从图 4-7 也可以看出，在 As_2O_3 还原熔炼的温度范围 650~800℃ 内，由碳的气化反应（布多尔反应）所提供的 CO 量，均可以使这些杂质氧化物还原，而且除 Fe 和 Sn 等杂质氧化物外，Pb 和 Cu 等杂质氧化物比 As_2O_3 更容易被还原。

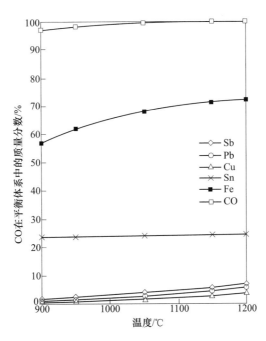

图 4-7 某些金属氧化物还原反应的平衡气相组成与温度的关系

4.2.6.2 难被碳还原的杂质氧化物

As_2O_3 中难被碳还原的杂质氧化物主要来自还原剂，主要是 CaO、MgO、Al_2O_3、SiO_2 等氧化物。从这些氧化物的 ΔG-T 关系图可知，在 As_2O_3 还原熔炼的实际温度条件下，这些杂质氧化物的稳定性很高，很难被碳还原，绝大多数进入渣。

4.3 As₂O₃ 还原的动力学

如前所述，As_2O_3 还原熔炼的主要反应是 CO 与 As_2O_3 之间的反应，即用 CO 还原 As_2O_3。在实际还原的温度条件下，As_2O_3 和还原产物金属砷均呈气态，因而 As_2O_3 的还原是在气-固界面进行的；同时，CO 还原气体是固定碳气化产生的，因而 As_2O_3 还原反应是包含气-固、气-气多相反应的过程。

4.3.1　As_2O_3 还原反应的环节

As_2O_3 的整个还原过程可大致概括为以下六个环节：

(1) 固体 As_2O_3 在受热之下升华成为气态 As_2O_3；

(2) 气态 As_2O_3 与固体木炭表面接触；

(3) 固体木炭吸附气态 As_2O_3，和 As_2O_3 发生还原反应；

(4) 反应物（As 和 CO 及 CO_2）从木炭表面解吸；

(5) 反应物 CO_2 在固定碳表面反应，再生成 CO；

(6) 反应的气体产物扩散进气体主流并向出口流出。

上述六个环节都可能对反应速度产生一定阻力。对于扩散过程，则传质系数的倒数就是该过程的阻力。对于化学反应过程，则化学反应速度常数的倒数就是该过程的阻力。

六个环节同时进行时，阻力最大、速度最慢的环节就是整个过程的限制性环节。当过程的总速度取决于化学反应速度时，则称过程是在化学反应速度范围内进行。当过程的总速度取决于气体的扩散速度时，则称过程是在扩散速度范围内进行。反应在不同范围内进行时，其遵守的动力学规律不同，各种因素对反应速度的影响也不一样。

限制性环节的确定是十分重要的问题，可以由反应活化能及反应物流速对反应速度的影响大小来判断。如果活化能较小，搅拌或提高流速对反应速度的影响比较显著，则该过程的限制性环节大多是传质过程；反之，如果活化能较大，搅拌或提高流速对反应速度的影响不显著，则化学反应过程是限制性环节。也可以通过化学反应的平衡常数从侧面推断过程的限制性环节，平衡常数大，则化学反应速度快，因而传质过程可能成为限制性环节。金属氧化物还原反应的限制性环节大多是传质过程，气-固还原反应尤其如此。

As_2O_3 的还原反应及布多尔反应的速度很快，整个还原过程的反应速度可能主要受气体扩散速度的控制。

4.3.2　影响 As_2O_3 还原反应速度的因素

4.3.2.1　反应温度

随着温度的升高，As_2O_3 还原反应的平衡常数 K_p 减小，说明化学反应速度将有所降低，但是，由于 K_p 值本身很大，适当升高温度，K_p 值虽然减小，但其数值仍大大超过 10^3，即仍能保证还原率超过 99.99% 以上。如前所述，As_2O_3 的还原过程主要受扩散控制，故适当升高温度实际上不会影响其还原率，相反由于温度的提高，熔体的流动性好、黏度低、黏性阻力降低，在熔体内部反应生成的气体（CO 和 CO_2）压力将增大，这都有利于熔体的搅动、气体的扩散及固定碳在熔体中均匀分散，还原过程的速度反而会提高，因此 As_2O_3 的还原过程还是应控制在较高的温度下进行。

4.3.2.2　还原反应气体的压力

在一定温度下，增大反应体系的压力有利于化学反应向气体摩尔体积减小的方向进行。由反应（4-20）可知，As_2O_3 还原反应前后气体的摩尔体积相等，因而体系的总压力对化学反应速度没有影响，所以用固定碳还原 As_2O_3 通常在常压下进行，还原反应的气体的局部压力对气体的扩散有着很大影响，提高还原气体的局部压力将有利于提高反应速度。如前所述，适当提高反应温度可以达到此目的。

4.3.2.3 反应物的粒度

粒度越小，反应面积越大，反应速度越快。

4.4 电热竖罐蒸馏还原法

4.4.1 概述

在我国，生产金属砷主要采用电热竖罐蒸馏还原法[52,53]。该法采用两段加热工艺，As_2O_3 在电热竖罐下段（升华温度为 $700 \sim 800℃$）被加热，升华后经过上层的炙热炭层（炭层温度为 $700 \sim 800℃$）被 C 或 CO 还原，生成的金属砷蒸气在冷凝罩上冷凝收集。

4.4.2 电热竖罐的结构和工艺

4.4.2.1 竖罐的结构

电热竖罐蒸馏还原工艺具有特点的设备就是蒸馏 As_2O_3 用的竖罐，采用碳钢制作的竖罐，竖罐中间有一个炉箅，炉箅上面放置木炭（机制炭），炉箅下面装待还原的 As_2O_3。电热竖罐如图 4-8 所示。

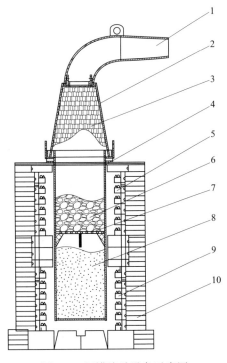

图 4-8 竖罐炼砷设备示意图

1—延伸器；2—冷凝器；3—金属砷；4—还原罐；5—上加热区；6—木炭层；
7—炉箅；8—白砷；9—下加热区；10—耐火砖

炉子上下各设一个工频感应加热器，在开炉时，首先加热上部的木炭达 750℃，然后加热下部的 As_2O_3 使之升华，呈蒸气态的 As_2O_3 上升通过炽热的木炭层即发生还原反应。反应产出的单质砷蒸气和 CO 等产物继续上升，单质砷在冷凝器中凝结成晶体单质砷。冷凝器为一普通钢板制成的上小下大锥形管子，其下部尺寸与竖罐法兰相连接，上部尺寸与90°弯管连接，90°弯管与沉降室连接。

4.4.2.2　电热竖罐蒸馏还原工艺

电热竖罐蒸馏还原法工艺流程如图 4-9 所示。As_2O_3 通过刮板机加入并装入竖罐，然后放入炉算，在炉算上人工加入木炭，然后用行车将竖罐吊装入立式真空炭蒸气还原电阻炉，安装金属砷结晶器以及金属砷还原竖罐烟筒，并使用水玻璃和沙子进行密封，密封完成后进行加热，待炉子升至设定温度，恒温一段时间，待炉内 As_2O_3 全部挥发与木炭反应生成单质砷，将竖罐吊出电阻炉降温冷却，待竖罐温度降至室温后，清理结晶器中金属砷和竖罐底部的残渣。烟气经布袋沉降室和布袋除尘器降温收尘后，排至喷淋塔脱除重金属达标排放。由沉降室和布袋除尘器收集的烟尘返回配料。

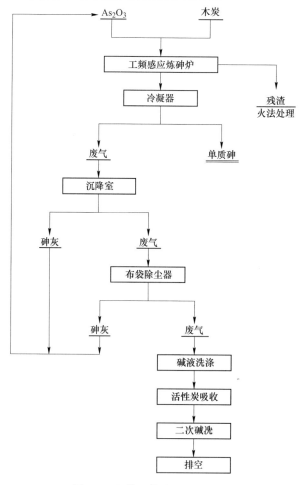

图 4-9　电热竖罐炼砷工艺流程

电热竖罐碳热还原过程主要有以下步骤：（1）As_2O_3 在受热之下升华成气态；（2）气态 As_2O_3 与固体木炭表面接触；（3）固体木炭吸附气态 As_2O_3；（4）木炭和 As_2O_3 发生还原反应；（5）反应物（As_2 和 CO 及 CO_2）从木炭表面解吸；（6）反应的气体产物扩散进气流主体并向出口流出；（7）反应在扩散过程同时进行；（8）反应类似于（2）~（6）过程完成生成 CO 的再生。

4.4.2.3 电热竖罐蒸馏还原工艺特点

电热竖罐蒸馏还原法的设备和工艺相对简单，控制相对容易，而且产生的 As_2O_3 气体较砷化氢更容易吸收处理，因此，国内大部分的金属砷生产企业均采用电热竖罐蒸馏还原法。但是该工艺存在以下问题：

（1）单质砷直收率低。现在产出的单质砷蒸气只有 70% 左右能直接冷凝成块状单质砷作为商品出售。另外 20%~30% 成为砷灰或残渣，还得返炉。说明冷凝器设计和还原冷凝的工艺还有待改善。

（2）生产成本高。罐体材质为普通碳钢或不锈钢，罐体寿命较短小于 8 炉次。由于罐体腐蚀严重，竖罐底部腐蚀穿孔，需要频繁更换，造成生产成本较高，罐体材料有待改进，在罐体内部增加耐高温防腐蚀涂层或者使用其他金属材料防止 As、Sb、Cl 等对罐体的腐蚀，延长竖罐寿命。

（3）间歇作业，劳动强度大，作业环境差。生产过程中，需要人工频繁倒炉，清理还原后竖罐内的残渣，清理冷凝器内结晶片上的金属砷，劳动强度极大，同时在倒炉、拆卸烟气管道、清理罐内残渣、清理金属砷产品时，产生大量含砷的组织烟气和扬尘，污染环境，对工人健康造成伤害。

4.4.3 电热竖罐蒸馏还原工艺操作技术

电热竖罐蒸馏还原法有 3 个生产工序，分别为原辅料装罐、炉体升温和冷却清罐。

4.4.3.1 原辅料装罐

（1）首先向竖罐内添加 250kg As_2O_3（含 As_2O_3 不小于 98%），保证竖罐上方剩余 1.2m 空间为宜。

（2）将从沉降室和弯管内回收的砷灰继续加入竖罐内，以砷灰添加后，竖罐上部剩余 0.8m 空间为宜，再加入约 20kg 不合格单质砷。

（3）放入炉算，在炉算上面添加 25kg 废旧木炭，再加入新木炭 25kg 以上，至竖罐完全装满。

（4）将安装好结晶片的结晶罐吊装在竖罐顶部就位，连接处必须用沙子和水玻璃密封。

（5）将竖罐吊装入电炉内，用弯管将结晶罐与沉降室连接，弯管与结晶罐连接处用沙子和水玻璃密封，弯管与沉降室连接处用石棉密封，装炉完毕。

4.4.3.2 炉体升温

（1）将电阻炉上层温度设定为 720℃，待电炉上层温度达到 600℃，将电阻炉下层温度设定为700℃。

（2）电炉升温后3h，若系统无漏气现象，则通过卷扬机将环保烟罩放下；若有漏气点，则用沙子混合水玻璃进行封堵。

（3）以电炉下层开始升温时间计，12h后将下层温度设置为500℃，15h后将电炉上、下层温度设定为0℃，通过卷扬将环保烟罩提起，拆除烟筒，并用密封盖封住罐口以防止烟气外溢。炉体升温曲线如图4-10所示。

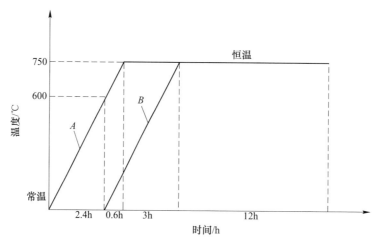

图4-10　炉体升温曲线
A—炉体上层温度；B—炉体下层温度

4.4.3.3　冷却清罐

将还原罐吊至冷却区，冷却8h后将冷凝器吊至包装区进行产品的分拣工作，将还原罐吊至清罐区清除罐体内残渣和木炭，然后吊至冷却槽内进行备用。清罐过程有残渣产生，返回到电热竖罐配料，未烧透的木炭重复使用。

该工艺主要设备见表4-2。

表4-2　主要设备

设备名称	型　号	单位	数量
沉降室	3000mm×4000mm×4000mm	个	10
电阻炉	ϕ1500×2480mm，34.8kW	台	40
空压机	最高工作压力0.8MPa，容积1m³	台	1
脉冲反吹	压力0.35~0.5MPa 喷吹量0.18~0.25m³/次	套	1
还原炉罐	ϕ580mm×2150mm	个	90
金属砷生产加料刮板	输送量：5t/h，进出料口中心距6100mm，宽度400mm	台	1
布袋除尘器	过滤面积：300m²；过滤气速0.5~0.8m/min； 滤袋规格：ϕ130mm×4500mm，材质：PPS	台	1
斗式提升机	输送量5t/h，提升高度8m	台	1
尾气引风机	$Q=20000$m³/h，$p=6000$Pa	台	1

4.4.4 电热竖罐蒸馏的产物

电热竖罐蒸馏还原的产物主要由单质砷、沉降室烟尘、砷渣等。产物成分见表4-3。

表4-3 产物的化学成分

产物名称	化学成分/%			
	As	Sb	Bi	S
单质砷	99.20	0.30	0.10	0.02
沉降室烟尘	74.50	0.60	0.30	0.05
砷渣	26.10	0.32	0.21	—
其他	0.60	0.02	—	0.03

4.4.5 主要技术经济指标

电热竖罐蒸馏还原法技术经济指标见表4-4。

表4-4 主要技术经济指标

指标	数值	指标	数值
单炉处理量/kg	280~300	木炭消耗/t·t^{-1}	380~420
单炉周期/h	38~45	电耗/kW·h·t^{-1}	4800~5200
单质砷品质/%	≥99	竖罐寿命/炉次	5~8
直收率/%	65~75		

4.5 碳热还原连续生产工艺

4.5.1 概述

国内在碳热还原法制备金属砷的工艺包括闷罐还原法、工频炉还原法、真空炉还原法、横罐和竖罐还原法。上述各种方法的共同特点：均在密闭容器内发生还原反应，工艺过程均为间断进料、间断出料，即过程不能连续化，且处理量有限，要想扩大生产，只能靠增加还原罐数量才行，且单一还原区，易导致还原率低，有相当一部分砷的氧化物来不及被碳还原就进入冷凝区。目前国内外金属砷的生产，仍停留在闷罐间歇进出料生产工艺上。紧靠增加闷罐数量来提高金属砷的产量。

碳热还原连续生产工艺是由山东恒邦冶炼股份有限公司开发的金属砷制备工艺，其过程是将 As_2O_3 蒸馏、碳热还原、冷凝结晶三个过程相互独立，各自在独立的反应器内进行，加料排渣全部自动控制，无人接触含砷烟尘，具有自动化程度高、直收率高、环境友好、劳动强度低、运行成本低、处理量大等优点，实现了连续操作。

4.5.2 生产工艺过程

原料 As_2O_3 烟尘中锑含量对单质砷产品影响较大，由于砷、锑性质相似，分离较为困难，一般要求原料中含锑小于1%。As_2O_3 烟尘在挥发炉内被加热升华，As_2O_3 蒸气进入还原炉内被炙热的木炭或一氧化碳还原，转变为单质砷蒸气，单质砷蒸气再进入结晶器内，冷却结晶，得到具有金属光泽的灰砷（α-砷）。残余尾气进入尾气处理系统。工艺流程如图 4-11 所示。

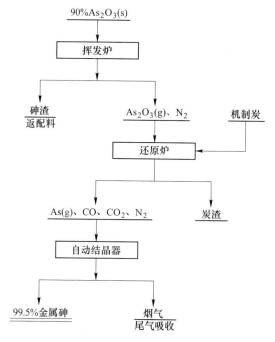

图 4-11　碳热还原连续生产技术工艺流程图

4.5.3　碳热还原连续生产工艺技术装备

碳热还原连续生产设备连接图如图 4-12 所示。

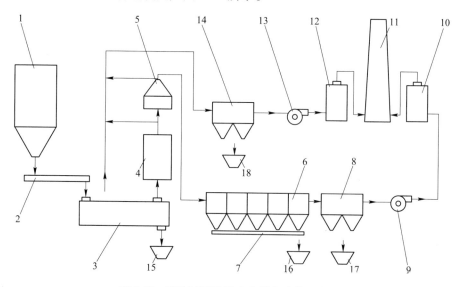

图 4-12　碳热还原连续生产设备连接示意图

1—原料仓；2—给料刮板；3—蒸馏炉；4—还原炉；5—结晶器；6—沉降室；7—排灰刮板；
8—布袋除尘器；9—尾气引风机；10—尾气脱硫塔；11—排空烟囱；12—环保脱硫塔；
13—环保引风机；14—环保布袋除尘；15—渣斗；16~18—灰斗

采用刮板输送机和计量皮带向蒸馏炉和还原炉分别加入粗 As_2O_3 和木炭，关闭蒸馏炉与还原炉之间的阀门，开启引风机，将还原炉和结晶器分别设定 750℃ 和 420℃，开始升温，当还原炉温度达到 600℃，开始对蒸馏炉进行升温，设定温度为 650℃。当蒸馏炉温度达到 600℃，开启还原炉与蒸馏炉之间的阀门，使 As_2O_3 蒸气进入还原炉内，待蒸馏炉内 As_2O_3 全部挥发与木炭反应生成砷蒸气，砷蒸气进入结晶器在 420℃ 冷凝结晶。待结晶完成后，开启结晶器内列管上冲击锤，将单质砷晶体从列管内清理出。砷残渣和木炭灰从蒸馏炉溜槽和还原炉底部绞龙排出。烟气进入沉降室和布袋除尘器降温收尘后，排至喷淋塔脱除重金属达标排放。沉降室和布袋除尘器收集的烟尘返回配料。

该工艺主要设备见表4-5。

表 4-5 主要设备

设备名称	型　号	单位	数量
蒸馏炉	$p = 100kW$	台	1
还原炉	$p = 100kW$	台	1
结晶器	$p = 60kW$	台	1
加料刮板	输送量：约 1t/h	台	1
加木炭皮带	输送量：约 0.5t/h	台	1
沉降室	3000mm×4000mm×4000mm	台	10
布袋除尘器	过滤面积：300m²；过滤气速 0.5~0.8m/min；滤袋规格：ϕ130mm×4500mm，材质：PPS	台	1
尾气引风机	$Q = 20000m^3/h$，$p = 6000Pa$	台	1

4.5.4　主要技术经济指标

单质砷清洁生产技术经济指标见表4-6。

表 4-6 碳热还原连续生产技术经济指标

指标名称	数　值	指标名称	数　值
处理量/kg·h^{-1}	500	木炭消耗/t·t^{-1}	220~260
单质砷产量/t·a^{-1}	5000	电耗/kW·h·t^{-1}	3300~3600
单质砷品质/%	≥99	炉体寿命/炉次	45
直收率/%	75~85		

技术优势：

（1）生产过程干净、环保。整个生产过程连续进行，减少了作业人员频繁的拆卸罐体、清渣等操作，减少了无组织排放，现场生产环境得到改善。

（2）生产连续性提高。金属砷生产过程中的挥发、还原及结晶在不同的反应器内进行，进料、排渣、氧化砷的还原、金属砷的收集均采用自动化连续性生产，降低了人员劳动强度，提高了劳动效率。

（3）生产成本低。单质砷清洁生产设备自动化程度高，热利用率高，炉体寿命达到45炉次以上，降低维修费用，单质砷生产成本低至3500元/t。

4.6　直流电弧炉生产单质砷

云南锡业集团采用50kV·A直流电弧炉碳热还原连续制备金属砷[54]，采用砷灰或As_2O_3为原料，以焦丁为还原剂，原料∶还原剂=1.0∶（3.0~5.0）（摩尔比），在密闭直流电弧炉内第一段碳热还原，温度800~1300℃，压力为0~20Pa；还原生成金属砷蒸气和其他烟气，引入炉体外填充有木炭的还原装置内作为第二段碳热还原，还原温度800~1000℃，压力0~20Pa；经两段还原生成的金属砷蒸气引入300~500℃的金属砷冷凝沉降室，得到块状金属砷，未还原完全的As_2O_3在沉降桶中冷凝沉降。

试验条件：炉顶温度为550~600℃，冷凝温度为450℃±10℃，每小时进料2.5kg，连续进料，得到纯度大于95%的金属砷。

采用直流电弧炉碳热还原试验设备示意如图4-13所示。

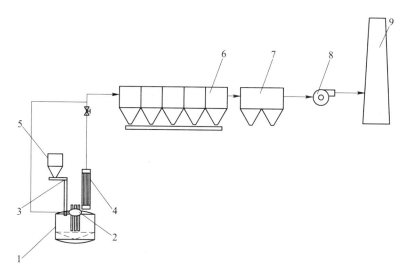

图4-13　直流电弧炉碳热还原试验设备示意图

1—直流电炉；2—收尘装置；3—振动加料器；4—冷凝管；5—砷灰斗；

6—沉降室；7—布袋除尘器；8—引风机；9—排空烟囱

工艺流程为：将一定量的焦丁装入直流电弧炉内，用耐火材料做好炉盖和电极处的密封，开启直流电弧炉，当炉顶温度为550~600℃时，开始进料，每小时进料2.5kg，进料时间4h，维持冷凝管温度为350~500℃，试验时开启吸尘装置（维持负压为10Pa左右），试验完毕后取样检测。

采用直流电弧炉碳热还原As_2O_3制备金属砷最大的问题是产物α砷的纯度达不到金属砷出售的标准（砷纯度大于99%）。As_2O_3在1000℃下的饱和蒸气压很大，因此，As_2O_3在试验的温度下，挥发十分容易，加之试验过程维持炉内的压力为-10Pa左右，As_2O_3的挥发将十分迅速。

4.7 湿法提取单质砷

4.7.1 硫化亚砷电解制取单质砷

4.7.1.1 工艺流程

日本北畈忠雄等人发明了采用湿法提取工艺生产单质砷的方法。该工艺适合于处理沉淀的硫化砷、砷的氧化物和可溶于氯水的其他砷的化合物。其生产工艺流程如图 4-14 所示。

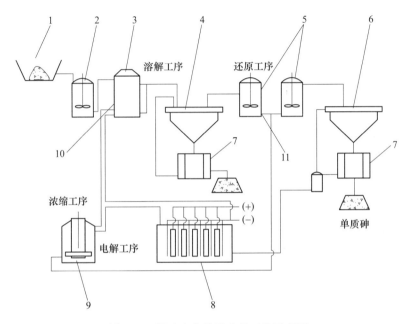

图 4-14　湿法生产单质砷的工艺示意图

1—沉降槽；2—矿浆再调器；3—溶解槽；4，6—沉降槽；5—还原槽；
7—离心分离器；8—电解还原装置；9—浓缩装置；10—鼓气孔；11—鼓入口

图 4-14 中 1 是装砷化物的料斗，砷化物送入调浆桶 2，调成适合溶解处理的浓度送入溶解槽 3，浆料从上方分散加入，在溶解槽底部设有鼓气孔 10，通入氯气，用氯气处理砷化物矿浆，用泵使矿浆可在槽内循环。沉降槽 4 是沉降分离析出硫和脉石等不溶解物，沉降槽的浓底流送入离心分离器 7 进行过滤，产生的滤渣视成分决定如何处理。过滤液返回沉降槽 4，沉降槽 4 的溢流送到还原槽 5，根据处理量设置若干个还原用槽。还原槽底部有 $SnCl_2$ 溶液入口，槽内有搅拌装置，经 $SnCl_2$ 还原后的溶液和还原产出的单质砷细粉排入沉降槽 6，作用是把单质砷沉降下去，底流送入离心分离器 7，通过离心过滤得到单质砷的滤饼经水洗净后干燥得到粗砷粉。滤液和沉降槽 6 的溢流主要是 $SnCl_4$ 集中送到电解还原装置 8，在电解过程中，$SnCl_4$ 被还原为 $SnCl_2$，产出的 $SnCl_2$ 在浓缩槽 9 浓缩到所需要的浓度，送到还原槽 5 的底部的鼓入口 11 作为砷酸和亚砷酸的还原剂。另一方面，电解槽的阳极析出多余的 Cl_2 气经导管把 Cl_2 送到溶解槽 3 底部氯气鼓入孔 10。整个流程基本上做到闭路循环，试剂都是反复使用，环保安全相较火法冶炼容易解决。

4.7.1.2 工艺原理

从图 4-14 可以看出，整个工艺分为三个大工序，现将这三大工序的基本原理分述如下：

（1）氯气溶解试料的过程。以砷的硫化物为例其反应如下列各式所示：

$$As_2S_3 + 3Cl_2 + 6H_2O === 2H_3AsO_3 + 6HCl + 3S \qquad (4-49)$$
$$As_2S_3 + 5Cl_2 + 8H_2O === 2H_3AsO_4 + 10HCl + 3S \qquad (4-50)$$
$$As_2S_5 + 3Cl_2 + 6H_2O === 2H_3AsO_3 + 6HCl + 5S \qquad (4-51)$$
$$As_2S_5 + 5Cl_2 + 8H_2O === 2H_3AsO_4 + 10HCl + 5S \qquad (4-52)$$

一般化学沉淀的硫化砷主要是 As_2S_3 为主体，自然界的硫化砷矿也是以三价砷的硫化物为主，因此一般溶解过程应以式（4-49）和式（4-50）为主。另一方面反应的热力学计算来说，反应式（4-49）的 $\Delta G^{\ominus} = 68.2J$（$-16.3kcal$），反应（4-50）的 $\Delta G^{\ominus} = 28.1J$（$-6.72kcal$），说明反应应以式（4-49）为主导反应。在砷化物溶解的过程，其共存的一些重金属元素也会溶解。

（2）用 $SnCl_2$ 还原砷酸和亚砷酸的过程，其反应如下进行：

$$2H_3AsO_3 + 6HCl + 3SnCl_2 === 2As + 6H_2O + 3SnCl_4 \qquad (4-53)$$
$$2H_3AsO_3 + 10HCl + 5SnCl_2 === 2As + 8H_2O + 5SnCl_4 \qquad (4-54)$$

$SnCl_2$ 作为这两个反应的还原剂。

（3）$SnCl_4$ 再生为 $SnCl_2$ 和 Cl_2 的过程：用于还原单质砷的 $SnCl_2$ 本身被氧化成 $SnCl_4$，为了使之再生送其进入电解槽，在外加直流电的作用下，发生反应：

$$SnCl_4 \longrightarrow SnCl_2 + Cl_2 \qquad (4-55)$$

即在电解槽的阳极发生

$$2Cl^- - 2e \longrightarrow Cl_2 \qquad (4-56)$$

阴极发生：

$$Sn^{4+} + 2e \longrightarrow Sn^{2+} \qquad (4-57)$$

为此在阳极应有捕集 Cl_2 的箱体最后集中送回浸出利用。而阴极产出的 $SnCl_2$ 则因还原过程增加了溶液的体积，故此 $SnCl_2$ 先送去浓缩到还原所需的浓度。

4.7.2 氧化亚砷电解制取单质砷

4.7.2.1 工艺流程

陈世民等人[55]发明了 As_2O_3 熔融电解工艺，该工艺是将 As_2O_3 与烧碱混合熔融得到熔融砷酸钠，以石墨作为电解正极，以低熔点高沸点的金属作为电解负极，电解得到单质砷和低熔点砷合金；低熔点合金经真空蒸馏，得到单质砷和低熔点高沸点的金属熔体，单质砷由冷凝器收集，低熔点高沸点的金属熔体返回继续作为负极。砷直收率由 60% 升到 95%，节约能耗，提高生产率。工艺流程如图 4-15 所示。

4.7.2.2 工艺特点

As_2O_3 熔融电解工艺可以避免剧毒砷化氢气体产生，同时砷在碱覆盖剂的保护下，不

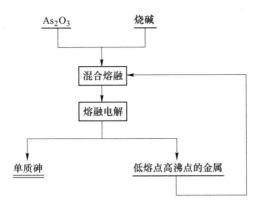

图 4-15　As_2O_3 熔融电解单质砷工艺流程

会挥发，砷的直收率大幅提高，砷的直收率由 60% 上升到 95%，节约能耗，提高生产率。

电解温度可以降至 600℃ 以内，避免砷的二次氧化，大幅降低了电解质的温度。

电解产生的单质砷以熔融砷的形式沉积在电解槽底部，从槽底溜槽放出，操作环境大大改善，并可以实现自动化操作创造条件，尽可能避免人工操作，提高生产作业安全性。

由于砷熔点为 814℃，615℃ 时升华，砷酸钠的熔点为 86.3℃，熔融电解的主要成本来自于物料加热熔化及电解耗能，电解温度考虑单质砷的温度，在 850℃ 才能比较好地形成砷熔体，为了降低砷的熔点，电解的阴极采用铅铋锡等低熔点高沸点的金属，电解产出的单质砷和这类金属形成低熔点的合金，电解温度可以降至 600℃ 以内，避免砷的二次氧化，大幅降低了电解质的温度，节约能耗，产出的砷合金进行蒸馏分离砷后，金属返回作为阴极和砷捕获剂。

4.8　真空蒸馏制备金属砷

4.8.1　砷精矿制取单质砷

4.8.1.1　工艺原理

自然界有时可以产出纯净的硫砷铁矿（FeAsS）和砷铁矿（$FeAs_2$）等，这些矿物在受热的作用下，可以产生离解反应，砷呈蒸气状态从中分离出来，其蒸气冷凝下来即成单质砷。其反应式如下：

$$4FeAsS \xrightarrow{\triangle} As_4 \uparrow + 4FeS \tag{4-58}$$

$$4FeAs_2 \xrightarrow{\triangle} \frac{3.5}{2}As_4 \uparrow + Fe_4As \tag{4-59}$$

日本植田安昭于 1963 年用纯毒砂在氮气中或负压进行过实验，证明了式（4-58）存在，实验数据见表 4-7。根据实验结果求得了毒砂矿的表观分解压力与温度（K）的关系式为：

$$\lg p_{大气压} = \frac{-51.2}{T} \times 10^3 + 52.4 \tag{4-60}$$

表 4-7 毒砂加热温度与质量减少和残渣化学分析结果

气 氛	加热温度/℃	减重/%	残渣组成/%			脱砷率/%
			Fe	S	As	
氮气流	500	10. 40	35. 12	18. 61	38. 61	22. 11
	600	13. 10	36. 14	18. 89	38. 63	25. 93
	650	15. 80	37. 37	20. 26	36. 96	31. 69
	657	36. 40	50. 21	23. 24	12. 06	83. 69
	700	44. 60	54. 01	28. 44	2. 25	97. 27
	750	46. 40	56. 48	29. 06	1. 10	98. 71
负压	500	7. 61	38. 80	18. 46	41. 43	15. 99
	550	10. 63	34. 74	19. 09	40. 36	20. 83
	600	29. 06	42. 08	21. 21	30. 12	53. 10
	650	44. 51	52. 28	27. 33	12. 24	85. 09
	700	46. 35	55. 34	28. 90	1. 85	97. 92
	750	47. 21	55. 55	29. 00	1. 70	98. 04

另有人得到的离解砷蒸气压与绝对温度（K）的关系式为：

$$\lg p_{毫米汞柱} = \frac{-6590}{T} + 9.52 \tag{4-61}$$

式（4-60）和式（4-61）说明当温度达到 704℃ 或 722℃ 砷的蒸气压达到一个大气压。反应（4-60）属于一级反应，其反应速度受砷的扩散速度控制。

Meller 研究式（4-61）认为在 500℃ 分解达到高峰，这与植田安昭作的差热分析结果 488℃ 基本相近。

Гhau 等人对砷化铁在真空加热时的行为进行研究，其使用的试样以 FeAs 为主，还夹杂有少量的 $FeAs_2$，实验发现在 650℃ 时 $FeAs_2$ 显著分解得到 FeAs 和 As_4 蒸气，在 700℃ 以上 FeAs 开始分解，在 800℃ 以上分解残渣中出现 Fe_2As。实验表明 FeAs 的最大分解率在 790℃ 和 960℃ 时，其分解率分别为 38.4% 和 49.3%。

日野光久等人对熔融砷系合金进行热力学研究，结果表明：砷与铁、镍、铜组成的二元系合金中，砷的活度与拉乌尔定律比较，存在很大的负偏差，砷的活度减小很多。砷-铜系形成稳定的砷冰铜。对含砷 19%~49% 的砷-铁二元合金，在 1150℃ 进行测定，在含砷低的范围内砷的活度很小，从含砷 30% 开始其值急剧增大，应当指出整个测定范围都低于拉乌尔定律。日野光久计算了 Fe-As 系合金在 1150℃ 下，当含砷 0.1% 时，$p_{As总}$ = 6.0795×10^{-5}Pa（6×10^{-10}atm），当含砷 17% 时，$p_{As总}$ = 0.60795Pa（6×10^{-6}atm）。$p_{As总}$ 是呈 As、As_2、As_4 各种分子状态的砷蒸气的总和，说明 As 从 As-Fe 二元合金中完全挥发不是那么容易。

由于毒砂经常有其他矿物伴生如黄铁矿（FeS_2）、辉铋矿（Bi_2S_3）等，有时毒砂矿的结晶中少量 Sb 取代了 As。因此，用加热离解法生产单质砷时经常有这些金属同时挥发并冷凝进入单质砷中，直到现在似乎还没有找到预先脱除它们的方法，只能到精炼作业除去。

黄铁矿 FeS_2 在无氧化剂存在下受热时，先是产生离解反应：

$$2FeS_2 \longrightarrow 2FeS + S_2 \uparrow \tag{4-62}$$

反应（4-60）在温度大于 300℃ 已经开始进行，因此硫蒸气与砷蒸气相遇，将发生反应：

$$As_4 + 4S \longrightarrow As_4S_4 \tag{4-63}$$

最终产物也冷凝进入单质砷的冷凝物中，增加了杂质含量。为了防止硫和砷反应，人们采用在蒸砷原料中拌适量的 CaO 或 Na_2CO_3 等碱性物质，因为这些碱性物质与硫的亲和力更大，可以阻止反应（4-63）的进行。

$$2CaO + 3S \longrightarrow 2CaS + SO_2 \tag{4-64}$$

采用 O. Kubschewski 的 "Metallurgcal Thermochemistry"（V）的热力学数据，将 $\Delta G_T = \Delta H_{298} - T \cdot \Delta S_{298}$ 近似方程计算式（4-63）和式（4-64）的 $\Delta G_T^{\ominus}$ 值，现设生产作业于 927℃ 即 1200K。计算的结果为：

（1）反应（4-63）的 $\Delta G_T^{\ominus} = -59.35kJ$，说明反应（4-63）可以向右生成 As_4S_4 的方向进行，每摩尔硫的 $\Delta G_T^{\ominus} = -29.67kJ$。

（2）反应（4-64）的 $\Delta G_T^{\ominus} = -783.26kJ$，说明（4-64）也可以向生成 CaS 的方向进行，每摩尔硫的 $\Delta G_T^{\ominus} = -522.18kJ$，与反应（4-63）的 $\Delta G_T^{\ominus}$ 相比较，说明加石灰于原料中可以阻止反应（4-63）的顺利进行，进而达到降低产品单质砷中的杂质含量。

4.8.1.2 生产实践

伍耀明等人[56]对平桂水岩的砷精矿采用真空蒸馏制取金属砷的方法进行了试验研究。广西水岩坝开采的钨矿原矿中含 As 7.88%，经选矿后，每年副产 1500~2000t 砷精矿。其中一级品砷精矿含 As 大于 40%，二级品含 As 为 36%~38%。该精矿实质上是砷黄铁矿（FeAsS）和斜方砷铁矿（FeAs）的复合矿。该砷精矿的堆密度为 3.35~3.45g/cm³；粒度为 0.645~0.113mm（26~130 目）占 70%。砷精矿化学成分和物相分别见表 4-8 和表 4-9。

表 4-8 砷精矿的化学成分 （%）

样品编号	As	Fe	S	SiO₂	CaO	Bi	Sb
1	43.8	28.28	11.33	2.65	3.70	0.346	0.017
2	57.25	27.59	7.36	2.79	0.69	0.092	—

表 4-9 砷精矿物相组成

样品编号	斜方砷铁矿	毒砂	脉石	褐铁矿	黑钨矿	闪锌矿	其他
1	13	65	18	2	—	—	2
2	90	—	6	—	—	1	—

试验采用的设备如图 4-16 所示，配套真空泵，连续抽真空，维持炉内 13.3~26.6Pa 的真空度。真空泵的进口装有毛呢布袋除尘。以瓷舟或石墨舟装料，在瓷管或刚玉管内造成真空，用 U 形水银压力计配麦氏真空规测量真空度。用热电偶测温，定时记录。用电加热，发热元件用硅碳棒。试验条件和结果分别见表 4-10 和表 4-11。

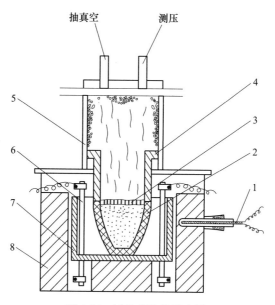

图 4-16　试验蒸馏炉示意图

1—热电偶；2—石墨坩埚；3—有孔隔热板；4—导气筒；
5—水冷凝罩；6—硅碳棒；7—硅炉芯；8—炉体

表 4-10　真空蒸馏试验条件

编　号	砷精矿/g	温度/℃	时间/min		残压/Pa
			升温	恒温	
1	5000	1200	440	360	106.6~7464.8
2	5000	1200	420	120	266.6~15329.5
3	10000	1200	420	120	266.6~15329.5
4	5000	1200	330	360	66.65~5865.2

表 4-11　产物的化学成分

编　号	产物名称	质量/g	化学成分及产率/%				
			As	S	Bi	产率	砷挥发率
1	金属砷	2342	98.25	0.04	0.28	46.02	78.24
	残渣	2534	26.84	10.20	—	—	
2	金属砷	2645	93.94	1.07	0.49	49.69	80.52
	残渣	2105	22.29	7.75	—	—	
3	金属砷	4297	96.42	0.98	0.40	42.29	72.8
	残渣	5505	22.47	—	—	—	
4	金属砷	2345	96.91	0.20	0.36	45.45	78.53
	残渣	2630	24.07	7.46	—	—	

砷精矿蒸馏所得的金属砷，含杂质较多，砷品位只有98%；主要的杂质为 Bi、S、Sb。砷的挥发率为75%～80%，由于在同一温度下，这三种杂质与砷的蒸气压相差较大，通过对金属砷二次蒸馏。可将金属砷的纯度提高至99.4%以上。

二次蒸馏的金属砷直收率在90%以上。对于低品位和高品位两种试验进行的试验结果表明，品位低（精矿中毒砂比例较大）的砷挥发率较高，但金属砷产率低，从经济效益的角度来说，采用品位越高的砷精矿越好。

该工艺过程简单，且不消耗任何其他辅料，所需要的低真空度容易获得，劳动条件比由白砷还原生产的金属砷的方法大为改善，生产过程中无废气、废水的污染，尤其避免了与剧毒的砒霜相接触。但从生产的角度出发还有许多问题待解决。试验用炉远不能满足生产的需要。

4.8.2 冶炼中间产品制取单质砷

在炼锡厂粗锡火法精炼过程产出有一种中间产品叫铁砷渣，其化学组成约为含 Sn 60%，Fe 20%，As 20%。各组分都以单质形态存在为主体，如南美洲玻利维亚文托（UINTO）冶炼厂[57]炼锡过程就产出上述组成的精炼渣，他们采用了真空蒸馏的工艺从此渣中回收单质砷。采用的真空蒸馏炉如图4-17和图4-18所示。

炉子分为上下两个部分，上部是单质砷的冷凝和收集的部分，它与真空系统连接。下部是一个200kV·A的感应坩埚电炉，它可上升和上部紧密连接，将铁砷渣加热到1100℃使单质砷从熔体中挥发出来，这时可

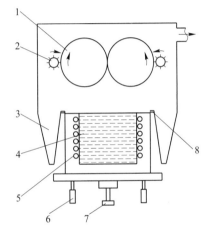

图 4-17　砷真空蒸馏炉示意图
1—冷凝鼓；2—冷凝物刮除器；3—冷凝物收集漏斗；
4—石墨坩埚；5—感应电热器；6—滚动轮；
7—油压升降器；8—密封装置

以使整个炉抽成真空，残压达 13.3Pa。挥发出的单质砷（实际上是含 As 75%，Sn 20%左右的合金）在冷凝转鼓上冷凝，冷凝物被装在两旁的刮除器刮落入收集漏斗中。每次装料是 1000kg，蒸馏 5h 即可结束。留在坩埚中的熔体含 As 小于 2%，Fe+Sn 为 98%。蒸馏冷凝作业完成之后，坩埚中的残余熔体水淬成粒，这部分水淬粒返回电炉熔炼。坩埚新装渣开始新的真空蒸馏作业。蒸出的砷-锡合金进行第二次常压蒸馏即可获得品位 99% 的单质砷。

文托冶炼厂的这套工艺，劳动条件较好，金属回收率高，特别是取单质砷不需要繁重的体力劳动，为工人不直接接触单质砷创造了条件，值得我们借鉴。

陈枫等人[58]曾用柳州冶炼厂产出的铁砷渣，成分为 Sn 61.88%、As 11.50%、Fe 14.27%，做真空蒸馏提取砷的实验，在温度为 1140～1240℃，时间 30～60min，残压 13.3～66.7Pa 的情况下进行蒸馏，砷挥发率为 87%～93.6%，蒸馏后残渣含砷 1.13%～2%。砷挥发速率 $3.4×10^{-3}～6.37×10^{-3}g/(cm^2·min)$。冷凝物经二次真空蒸馏后，产品含 As 94.68%。

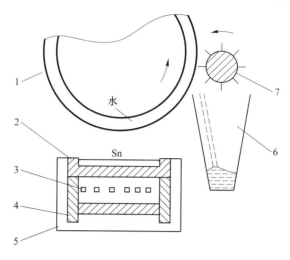

图 4-18   冷凝鼓、蒸馏槽等的示意图

1—冷凝鼓；2—蒸馏盘；3—石墨加热器；4—石墨耐火层；5—多孔碳质保温层；6—冷凝物收集器；7—冷凝物刮除器

4.9   单质砷的精炼

除了碳热还原工艺可以一次直接制得一般工业要求纯度（含 As 99.5%）的单质砷外，其他的工艺都达不到这个要求，为此要对粗砷进一步精炼，将粗砷中的杂质除去。根据杂质性质不同，分为升华精炼法、通氢气升华精炼和砷-铅合金精炼。

4.9.1   升华精炼法

基于单质砷是易于升华的物质，它在 615℃ 时的蒸气压已达 101325Pa（1atm），而一般的金属杂质的沸点远高于砷，因此当杂质为高沸点物质时，就可采用升华精炼的办法。图 4-19 按各种金属在不同温度下的蒸气压的关系绘制而成，表示出各种金属在不同温度下的蒸气压，可以参考它指导粗砷中哪些杂质可以采用升华法除去。

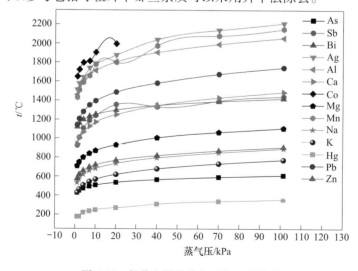

图 4-19   部分金属的蒸气压与温度关系

如玻利维亚文托炼锡厂的中间产品——铁砷渣采用真空蒸馏，得到含 As 75%、含 Sn 20% 的合金，将此合金进行升华蒸馏得到含 As 99% 的工业纯砷。他们采用的升华蒸馏炉如图 4-20 所示。

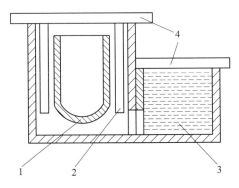

图 4-20 砷二次蒸馏炉示意图
1—石墨坩埚；2—SiC 加热元件；3—平板冷凝器；4—盖板

该炉的石墨坩埚一次装砷 500kg，每炉作业的周期是 12h，蒸馏在常压下进行，蒸馏温度控制在 750℃，蒸气进入多层平板冷凝器进行冷凝，温度控制在 400℃，在冷凝板上收集的黑砷含砷 99%，蒸馏后坩埚中残留的金属砷返回真空蒸馏。

该炉除了可以处理文托厂的砷-锡合金外，对真空蒸馏和湿法制取的粗砷也是适用的。但无法除去 S、Se、Te 等低沸点元素。

4.9.2 在氢气流中升华精炼

在 900~1000℃ 之间通以氢气，粗砷在氢气流中升华，此时除了有上面升华精炼的作用除去各种高沸点重金属杂质之外，还可以除去单质砷中的部分低沸点杂质 S、Se、Te。因为在高温下 H_2 可与它们生成化合物 H_2S、H_2Se、H_2Te 而随 H_2 气流外溢，不与单质砷共同在 400℃ 左右冷凝下来，计算下列各式的 $\Delta G_T^\ominus$ 为：

$$2H_2 + S_2 \rlap{=}{=} 2H_2S \qquad \Delta G_{1250}^\ominus = -72.57\text{kJ/mol} \qquad (4\text{-}65)$$

$$H_2 + Se \rlap{=}{=} H_2Se \qquad \Delta G_{1250}^\ominus = -87.10\text{kJ/mol} \qquad (4\text{-}66)$$

$$H_2 + Te \rlap{=}{=} H_2Te \qquad \Delta G_{1250}^\ominus = 38.72\text{kJ/mol} \qquad (4\text{-}67)$$

$$6H_2 + As_4 \rlap{=}{=} 4H_3As \qquad \Delta G_{1250}^\ominus = 412.48\text{kJ/mol} \qquad (4\text{-}68)$$

结果表明：在 977℃（即 1250K）下，S 和 Se 确实可以和 H_2 气流反应生成氢化物随氢气流溢出不与单质砷共同冷凝下来，砷、碲在氢气流中不会与 H_2 化合生成 H_3As 和 H_2Te。

4.9.3 砷-铅合金精炼法

砷-铅合金精炼法目的是除去砷中的杂质 S、Se、Te 等。在纯铅中加入 30%~35% 的单质砷制成砷-铅合金，在石英管中充分加热钝化，这时单质砷中的杂质 S、Se、Te 等与 Pb 形成化合物 PbS、PbSe、PbTe 被固定在 Pb 中，然后将装有加过铅的砷-铅合金的石英管加热到 600℃，管的另一端升温到 400℃，砷从 600℃ 一端加热，到 400℃ 一端冷凝下来，冷凝下的单质砷中含 S 和 Se 可降到 0.1%～0.01%。这方法有一个缺点，那就是冷凝下的单质砷中将会混入 $5×10^{-4}$%～$2×10^{-3}$% 的 Pb。浅野正胜等人做过实验：将此砷蒸气通过加热的海绵钛层，使冷凝的砷不再含 Pb。如果精炼的目的只是 99%As，作为一般合金配料，$5×10^{-4}$%～$2×10^{-3}$% 的 Pb 含量也不是完全不能接受的。

单质砷产品标准（YS/T 68—2014）见表 4-12。

表 4-12　单质砷产品标准（YS/T 68—2014）

牌　号	化学成分（质量分数）/%			
	As	杂质含量		
		Sb	Bi	S
As99.5	≥99.5	≤0.2	≤0.08	≤0.1
As99.0	≥99.0	≤0.4	≤0.1	≤0.2
As98.5	≥98.5	≤0.6	≤0.2	≤0.3
As98.0	≥98.0	≤0.8	≤0.3	≤0.4

5　高纯砷的生产

5.1　高纯砷的性质和用途

5.1.1　高纯金属材料的定义

高纯金属材料是指化学纯度高、杂质含量少、与常规金属相比具有优异物理化学性能的新型材料；是在超净环境下，利用现代冶金技术获取的高纯净化的材料。高纯材料的纯度是相对于其他杂质含量而言的。

金属材料的杂质在广义上包括两大类[59]。第一类是化学杂质，比如高纯铜材料中的微量 Pb、Ni、Co、Fe 等就属于此类；另一类就是物理杂质，这主要是指金属材料晶体的缺陷，按几何形式可将这类物理杂质晶体中的缺陷分为点缺陷、线缺陷、面缺陷和体缺陷。物理杂质对高纯金属材料的力学性能以及电、磁、光等性能均有很大的影响，但只有在金属材料的化学杂质含量极低时，物理杂质才具有真正的意义。因此，在实际应用中通常用金属材料的化学杂质含量作为其纯度的标准，即用质量分数表示，见式（5-1），其常用"nine"的第一个字母"N"来表示，如 99.999% 用 5N 表示，99.9999% 就用 6N 表示。

$$Q = \frac{M - m}{M} \times 100\%\qquad(5\text{-}1)$$

式中　Q——金属材料的纯度；

　　　M——金属材料的质量；

　　　m——金属材料中的化学杂质的总质量。

高纯金属材料的纯度除用质量分数表示外，用得较多的就是金属的剩余电阻率 RRR 和纯度级 R。其表达式分别见式（5-2）和式（5-3）。

$$RRR = \frac{\rho_{298K}}{\rho_{4.2K}}\qquad(5\text{-}2)$$

式中　ρ_{298K}——金属材料常温下的电阻率；

　　　$\rho_{4.2K}$——金属材料在液氦 4.2K 下的电阻率。

$$R = -\lg(100 - W)\qquad(5\text{-}3)$$

式中　W——质量分数,%。

根据 Mathiessen 定则的描述，金属中多种散射机制导致的电阻率是各种散射机制对应的电阻率之和，对高纯金属而言，由于含有杂质元素原子的浓度很小，以致可略去它们之间的相互作用，其电阻率可由式（5-4）来表示。

$$\rho = \rho_0 + \rho_{1(T)}\qquad(5\text{-}4)$$

式中　$\rho_{1(T)}$——声子贡献的电阻率，由点阵热振动对电子的散射决定，并随温度的降低而

　　　　　　减小；

ρ_0——剩余电阻率，由静态点阵缺陷产生的电阻率，与温度无关。

因为高纯金属的 $\rho_{1(T)}$ 值与杂质含量近似无关，而与温度成正比，所以低温下 ρ_1 迅速降低，ρ_0 所占比重则迅速增加。在温度 T 趋近于 0K 时，ρ_1 趋近于零，金属材料的总电阻率只与 ρ_0 有关，即与剩余电阻率相关。而剩余电阻率只依赖于金属中的各种物理和化学缺陷。因此，通常定义一个参量 RRR 来描述高纯金属的纯度，其定义为室温下样品电阻率与液氦温度下电阻率之比，即式（5-2）。

对于高纯半导体材料纯度的表示，还可用载流子浓度（cm^{-3}）和低温迁移率（$cm^2/(V \cdot s^2)$）表征其纯度。

5.1.2　性质和用途

高纯砷是指杂质总量小于 $10 \times 10^{-4}\%$ 的金属砷。高纯砷为灰砷（金属砷或 α 砷），为银灰色金属结晶状，六方晶系，密度 $5.73g/cm^3$，质脆而硬，银灰色有金属光泽，接触空气表面逐渐氧化变成黑色，属于有毒产品。熔点 817℃（加压到 3.6MPa），升华点 615℃，砷蒸气的分子是 As_4，为正四面体结构，在空气中加热到大于 400℃氧化成 As_2O_3。金属砷与热浓硫酸、浓硝酸反应生成 $H_3As_3O_4$，对 NaOH 水溶液、水、盐酸等不反应。高温时以 As-As 形态存在。

高纯砷主要用来制备砷化镓、砷化铟、砷铝化镓等 ⅢA-ⅤA 族化合物半导体材料及硅、锗单晶掺杂剂。这些材料广泛用作二极管、发光二极管、红外线发射器、激光器等。高纯砷的主要用途是用来合成砷化镓，因此高纯砷的需求量基本上是由砷化镓的市场来决定的。现在砷化镓被广泛用于制作二极管、红外线发射管、激光器以及太阳能电池等。高纯砷的生产与应用是继半导体电子管，第二代半导体材料硅取代第一代半导体材料锗后的又一场半导体新材料革命。因其优越的理化性能[60]，常以化合物砷化镓及通过掺杂于硅材料中等形式应用。作为第三代半导体材料，高纯砷突破了硅材料的信息容量有限、运算速度有限、工作能耗较大、大容量需大体积、亮度与色彩不理想等极限，已在信息、通信光电子、大规模集成电路、遥感、探测、远红外等诸多领域广泛应用。

5.2　我国高纯砷的生产历史及现状

长期以来，高纯砷 7N（即 99.99999%）只有美国、日本、德国、俄罗斯等少数国家能够生产，中国在 20 世纪 60 年代已开始高纯砷的研究开发工作，最早是在 1962 年由中国科学院上海冶金研究所研制成纯度达 99.9999%（6N）的高纯砷。1965 年推广至上海金属加工厂进行生产，生产 20 多千克；1966 年起提高到 100kg 以上，后因需用量不多而停产。1970 年起上海市所需高纯砷由四川峨眉半导体材料厂提供。于 1972 年成功生产出接近 99.999% 的高纯砷，达到当时的先进水平。但是由于市场需求量不大，高纯砷产业没有取得大的发展，一直到 20 世纪末期，随着砷化镓的高强耐腐、电子迁移高等特殊性能的不断发现，砷化镓被广泛应用于光纤通信、移动通信、空间技术和航天、军事等光电子和微电子领域，高纯砷的重要性才被广泛认同，高纯砷产业也随之热火起来。

国内目前有峨眉山嘉美高纯材料有限公司、广东先导稀材股份有限公司、连云港东方高纯材料有限公司、河北献县红星电子材料有限公司、江西海宸光电科技有限公司、扬州中天利新材料有限公司、烟台恒邦高纯新材料有限公司等 10 余家高纯砷生产厂，它们分布在四川峨眉、广东清远、江苏海安、河北献县、江西新余、江苏扬州、山东烟台等地，设计年生产能力达 300t 以上。

峨眉山嘉美高纯材料有限公司生产 5N~7N 的高纯砷，年生产能力 50t。广东先导稀材股份有限公司采用液相氯化-氢还原的技术生产，高纯砷产能达能 50t，能产出 5N~7N 的高纯砷。河北献县红星电子材料有限公司生产 5N~6N 的高纯砷，年生产能力 2t，采用升华→氯化→精馏→还原→封装工艺。扬州中天利新材料有限公司采用砷-铅合金在真空下挥发为 4N 的砷，4N 砷再在氢气中升华为 6N 或者 7N 的高纯砷工艺，生产能力约 60t[61]。烟台恒邦高纯新材料有限公司采用氯化-氢气还原法生产高纯砷，设计年产高纯砷 50t。

技术是制约高纯砷发展的主要因素。由于高纯砷对生产条件要求相当苛刻，各种控制参数稍有变化，即影响了产品的质量，因此在生产过程中保证各种控制参数的稳定是生产出合格产品的关键。目前国内对高纯砷生产技术的掌握程度还不是很完全，能稳定生产出 7N 高纯砷的厂家只有峨眉山嘉美等三四家工厂。即使生产出来的是 7N 高纯砷（按日本标准检测）也通常被当作 6N 来使用，因此目前国内的高纯砷质量与国外的还有一定的差距。

世界最大的高纯砷生产厂家在日本，古河机械金属株式会社年产高纯砷 70t。德国因普洛依莎格公司（PPM Pure Metals-RECYLEX）是目前国际知名的高纯砷生产企业，年产高纯砷 50t 左右，在国际市场上占据较大市场份额。

5.3 高纯砷生产工艺

高纯砷的制备工艺主要是根据原料的不同进行适当的组合。高纯砷的生产工艺国内外相关的研究文献相对较多，已经在工业中得到应用的并不很多。

（1）按高纯砷生产过程划分[5]，可分为下列步骤：

1）原料的提纯。指用于生产高纯砷所使用的 As_2O_3 或单质砷，一般购入工业品位的原料还得精制。采用的方法多为再升华的办法，其原理与前面 As_2O_3 或 As_4 的生产原理基本相同。只是要考虑下面的目标是高纯度产品，过程不单要除去原料中杂质，而且不能再污染其原先没有的杂质。

2）中间高纯产品的制备。如制取高纯 $AsCl_3$、高纯 As_2O_3 或是高纯 H_3As 等，这是制取高纯砷的关键环节。

3）从中间产品制备高纯砷。这一步只是一个还原或离解的过程，对产品纯度没有多少提高的作用，当然与一般冶金过程有别，那就是怎样防止进一步污染产品的问题。

（2）按高纯砷工艺性质划分。高纯砷的生产工艺主要是根据原料的成分和金属的性质来进行适当的组合。制备高纯砷的方法，国外一般采用氯化物蒸馏、精馏、氢还原法、升华法、亚砷酸经过化学精制后还原法、氢化物热解法、气相区熔法、气相单晶生长等。而我国生产 6N~7N 的高纯砷基本上采用粗砷升华（真空、氢气）、氯化、蒸馏、精馏、还原等。从高纯砷的提纯工艺来看，很难用一种提纯方法来制备，而需要有机的组合[62]。

高纯砷生产方法虽多，但依其过程的性质来分，无非是化学法和物理法。物理法主要有真空升华蒸馏法、砷铅合金法、结晶法；化学法主要有氯化-还原法、热分解法、硫化还原法。其中氯化-氢气还原法和砷铅合金升华法是最常用的两种方法，砷铅合金升华法产品中 Pb、Sb 的杂质含量较高，只能做到 99.999%（6N），氯化-氢气还原法可制得更高纯度（7N 和 7.5N）的砷产品。在提纯过程中，一般采用化学法和物理法相结合的多种提纯方法来除去杂质，并要求工艺流程越短越好，以达到提纯的效果。

5.3.1　真空蒸馏法

5.3.1.1　真空蒸馏的基本原理

真空蒸馏提纯法是利用主金属与杂质间饱和蒸气压和挥发速度的差别，在挥发或冷凝过程中将杂质除去，达到提纯的目的。该技术在真空条件下加热金属，因金属的沸点低于常压下的沸点而容易挥发，挥发出的金属气体又在较低的温度处冷凝成为金属液体或固体，蒸气压低的杂质则残存在残渣中，蒸气压比主体金属高的杂质则在排气中或更低的低温处凝缩分离，这就使金属材料提纯分离由传统的化学过程简化成为物理过程，其流程如图 5-1 所示[63]。

图 5-1　真空蒸馏提纯法原理流程图

真空蒸馏要求金属气体分子从蒸发面迁移至冷凝面，包括金属分子在蒸发面的挥发和分子离开气-液界面，通过气相的传输过程和已挥发的金属分子在冷凝面上的冷凝过程，同时伴随着传热和流动过程。

A　金属气体的性质[64]

a　纯金属的蒸气压

金属受热后汽化，形成金属气体，不同金属气体的蒸气压各有差别，这是真空蒸馏金属或合金的基本依据。

纯金属的蒸气压随温度高低而异，其关系可用克劳修斯-克莱普朗方程表示：

$$\frac{\mathrm{d}p}{\mathrm{d}T} = \frac{L}{T(V_{气} - V_{液})} \tag{5-5}$$

式中　p——纯金属的蒸气压；

　　　　T——金属的温度，K；

　　　　L——金属的蒸发潜热；

$V_{气}$，$V_{液}$——分别为金属在气态和液态的摩尔体积。

由于 $V_{气}$ 比 $V_{液}$ 大得多，故：

$$V_{气} - V_{液} \approx V_{气}$$

在低压下，气体遵守理想气体定律：$V_{气} = RT/p$，代入式（5-5）移项得：

$$\frac{\mathrm{d}p}{p} = \frac{L}{R} \cdot \frac{\mathrm{d}T}{T^2} = \frac{Lp}{RT^2} \tag{5-6}$$

式中　R——气体常数。

金属的蒸发潜热 L 与温度有关，但为了简化计算，设它为常数。积分换算式（5-6）得：

$$\lg p = AT^{-1} + D \tag{5-7}$$

式（5-7）即为一般的物质蒸气压与温度的关系式，一些手册中常给出式中的 A、D 值，即可计算 p 与 T 的相互适应之值。

考虑压强、蒸发潜热 L、温度等因素的影响，用 A、B、C、D 代替式（5-6）积分后各项的常数，则得到式（5-8）：

$$\lg p = AT^{-1} + B\lg T + CT + D \tag{5-8}$$

式（5-8）中的 A、B、C、D 各值，见表5-1。此式比式（5-7）精细一些。

表 5-1 物质的蒸气压及它们的一些常数[65~67]

物质	A	B	C	D	温度范围/K	熔点/℃	沸点/℃	汽化潜热（沸点时）/kJ·mol⁻¹	溶化潜热/kJ·mol⁻¹
Ag	−14400	−0.85	—	13.825	熔点~沸点	961.93	2163	284.7±6	11.1±0.4
Al	−16380	−1.0	—	14.115	熔点~沸点	660.45	2520	290.8±8	10.46±0.13
As₄	−6160	—	—	11.945	600~900	603	603（升华）	114.2±10（在熔点时）	110.86
Au	−19280	−1.01	—	14.505	熔点~沸点	1064.43	2857	368.4±10	12.76±0.4
Bi	−10400	−1.26	—	14.475	熔点~沸点	271.44	1564	179±8	10.87±0.2
Ca	−8920	−1.39	—	14.575	熔点~沸点	842	1494	150.6±4	8.4±0.4
Cr	−20680	−1.31	—	16.685	298~熔点	1863	2672	241.8±6	20.92±2.5
Cu	−17520	−1.21	—	15.335	熔点~沸点	1084.87	2563	306.7±6	12.97±0.4
Fe	−19710	−1.27	—	15.395	熔点~沸点	1538	2862	340.2±12	13.76±0.4
K	−4470	−1.37	—	13.705	350~1050	63.71	759	79±2	2.39±0.02
Mg	−7550	−1.41	—	14.915	熔点~沸点	650	1090	127.6±6	8.78±0.4
Na	−5780	−1.18	—	13.625	298~沸点	97.8	88	99.16±1.6	2.6±0.04
Ni	−22400	−2.01	—	19.075	熔点~沸点	1455	2914	374.8±16.7	17.1±0.3
P(红)	−2740	—	—	9.965	熔点~沸点	589.6	431	51.88±2.92	2.63
Pb	−10130	−0.98	—	13.285	熔点~沸点	327.502	1750	177.8±2	4.81±0.12
Pd	−19800	−0.75	—	13.945	298~沸点	1555	2964	371.9	17.1±0.4
S₂	−6975	−1.53	1.0×10³	18.345	熔点~沸点	115.22	444.6	106.3±4	1.67±0.12
Sₓ	−4830	−5.0	—	26.005	熔点~沸点	1455	2914	374.8±16.7	17.1±0.3
Sbₓ	−6500	—	—	8.495	熔点~沸点	630.755	Sb₂ 1578	165±3.2	39.2±0.8
Seₓ	−4990	—	—	10.215	熔点~沸点	221	Se₆ 695	(90)	5.85±0.8
Si	−20900	−0.56	—	12.905	熔点~沸点	1414	3267	383.2±10.4	50.6±1.6
Zn	−6620	−1.25	—	14.465	熔点~沸点	419.58	907	114.2±1.6	7.28±0.12

对各种金属的蒸气压与温度计算作图，如图5-2所示。

b 金属及化合物的气体分子的结构

检测技术和设备的进步，测得许多金属的气体有着几种多原子分子。有的元素仅有单原子分子气体，如 Sr、Ba、Pr 等。有些元素的气态物质，有单原子也有双原子分子，如 Na、K、Cu、Ag 等。少数元素有 1~4 个原子的分子，如 Si、Ge、As。有 5 个原子的气体分子有 C。有 8 个原子的气体分子是 S 和 Se。

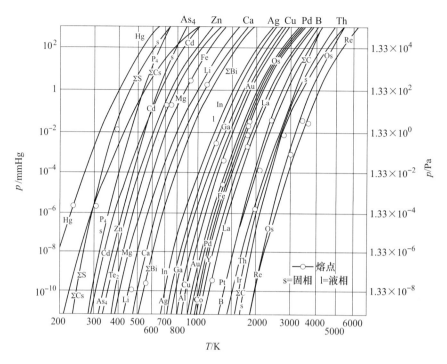

图 5-2 各种元素的蒸气压曲线

化合物的气体也有类似的情况，例如：

Sn-O	SnO	$(SnO)_2$	$(SnO)_3$	$(SnO)_4$
Pb-O	PbO	$(PbO)_2$	$(PbO)_3$	$(PbO)_4$
Ti-O	TiO	TiO_2

温度和压强影响着气体中各种分子的存在和各占多少分量，根据气态结构与温度的关系图得出，温度升高多原子分子倾向于分解成较少原子的气体分子。这种现象也是较多的。

压强的影响也是明显的（见表 5-2），在相同的温度下，压强增大，使多原子分子气体的分压增加；降低压强，则较少原子的分子气体分压增加。显然在真空中，较高的温度下，气态物质倾向于分解成较少原子的分子。

表 5-2 砷的气体分子结构和总压的关系

总压/kPa	温度/℃								
	800			1000			1200		
	分压/kPa								
	p_{As_4}	p_{As_2}	p_{As}	p_{As_4}	p_{As_2}	p_{As}	p_{As_4}	p_{As_2}	p_{As}
0.667	0.227	0.267	0.173	0.107	0.319	0.239	0.053	0.347	0.267
1.33	0.613	0.533	0.187	0.239	0.653	0.439	0.106	0.533	0.693
2.66	1.599	0.839	0.227	0.573	1.093	0.866	0.199	1.093	1.373
5.332	3.679	1.359	0.293	1.626	2.386	1.319	0.319	2.239	2.773

总压 /kPa	温度/℃								
	800			1000			1200		
	分压/kPa								
	p_{As_4}	p_{As_2}	p_{As}	p_{As_4}	p_{As_2}	p_{As}	p_{As_4}	p_{As_2}	p_{As}
7.998	5.919	1.759	0.319	3.106	3.279	1.613	0.973	3.506	3.519
10.66	8.278	2.039	0.347	4.865	4.052	1.746	1.786	4.359	4.519
13.33	8.385	2.293	0.387	6.745	4.639	1.946	2.692	5.811	4.958
26.66	23.23	2.973	0.453	16.77	7.651	2.239	8.584	10.88	7.158
39.99	35.38	4.052	0.559	27.65	9.731	2.612	16.86	14.97	8.157
79.98	73.13	6.198	0.653	56.87	20.25	2.853	45.07	24.82	10.09
99.975	92.80	6.345	0.693	70.57	26.45	2.973	60.33	28.85	10.79

金属及化合物气体的分子结构直接联系到分子运动和分子质量,故与蒸发速率和蒸发量也有关。然而,有关的基础数据至今尚不足,就使预测估算难于进行,或准确性不足,计算与实践数据有差距,这些问题将在发展中解决。目前采用简化计算,比如将其当做单原子分子,估算仍然是有益的。

B 金属的蒸发速率

金属受热,产生气体金属而离开液态或固态物的表面,遇到上面空间中的气体分子,包括残余气体分子和金属已蒸发出来的分子,发生碰撞,金属气体分子的运动轨迹乃发生变化,碰撞越多,变化越大,一部分分子返回金属面,对蒸发量有影响。

当气体分子只与容器碰撞,气体分子之间极少碰撞,蒸发出的分子向四周飞出,此时属于分子流,反映了可能的最大蒸发速率。实际研究表明,最大蒸发速率难以达到。

C 气相传质过程[68]

当挥发面液体金属的饱和蒸气压力超过真空室的压力,就形成了金属蒸气分子从蒸发面到冷凝面的单向流动,这种单向流动阻止了非冷凝气体对内的扩散。

当真空室的压力足够低,使蒸馏为分子蒸馏时,蒸气分子由蒸发面直接飞到冷凝面,气相传质阻力不复存在,压力的降低不再影响蒸发速率。当供热量为无限大时,蒸发速率可达最大蒸发速率。

当冷凝面金属的饱和蒸气压力超过真空室的压力时,冷凝器失去作用。金属蒸气将被真空泵抽走,作业不再是常规的蒸馏了。

D 冷凝过程

冷凝过程是蒸发过程的逆过程,当蒸发的分子数量少时,全部的蒸发分子冷凝在冷凝面,此时蒸发速率与冷凝过程无关。当蒸发剧烈或冷凝面的温度过高,使部分蒸发的分子未能冷凝下来而重新返回蒸发面,此时冷凝过程影响蒸发速率。

E 蒸发温度与蒸发速率的关系[69]

在真空度一定时,温度升高,纯金属的饱和蒸气压升高,蒸发速率增加。与此同时,由于纯金属气化要吸收热量,挥发速率越大吸收的热量也就越多。在液体金属温度比较低时，挥发速率较小，挥发面温度 T 与内部温度 T_m 相差较小；而在液体金属温度比较高时，挥发速率较大，挥发面温度与液体金属内部温度相差也就比较大。在真空度和液体金属内部温度较高时，提高液体金属温度对蒸发速率的提高效果并不明显，因为液体金属内部的传热过程限制着整个蒸发过程。此时要想提高蒸发速率，必须改善液体金属内部的传热过程，如采用感应加热；或把热量直接供到液体金属表面，如采用电子束加热和等离子体加热等。

F　真空度与蒸发速率的关系

当 $p_{ch} > p_{v.o}$（其中，p_{ch} 为真空压力，Pa；$p_{v.o}$ 为纯金属在一定温度下的饱和蒸气压，Pa）时，整个蒸发过程为扩散控制，降低体系压力，气相传质阻力减小，蒸发速率不断增加，但蒸发速率仍不大。当 $p_{ch} < p_{v.o}$ 时，气相传质阻力可以忽略，整个蒸发过程由挥发过程控制，蒸发速率随 p_{ch} 的降低线性增加。当 p_{ch} 降低到某一值后，蒸发速率不再增加，当压力降低到临界压力时，p_{ch} 压力的降低对挥发速率影响很小。定义蒸发速率达到对应表面挥发温度下的实际最大蒸发速率 99% 的压力值为临界压力，关于临界压力的存在已经用大量实验证明。

事实上，只有达到分子蒸馏的条件，金属蒸气分子在从蒸发面向冷凝面的运动过程中，分子之间不会因为相互碰撞而返回蒸发面，体系的压力才不影响蒸发速率。在体系压力远远低于对应液体金属表面蒸发温度的饱和压力而没有达到分子蒸馏以前，只是压力的降低对蒸发速率的增加影响很小，因此必须给临界压力一个明确的定义。另外，蒸发过程与传热紧密相关。金属表面蒸发吸热使表面蒸发温度低于液体金属内部温度，在蒸发速率比较大时，其温差往往比较大。考虑传热过程，蒸发速率由热迁移控制。处于临界压力进行蒸馏时并没有达到分子蒸馏，只是降低压力对蒸发速率的提高不再显著，且蒸发金属的蒸气压越高，距离分子蒸馏的程度越大。

G　蒸发温度和真空度的确定

在真空蒸馏时，要获得较大、较经济的蒸发速率，其压力就必须低于其饱和压力而没有必要高于临界压力，蒸发温度必须高于对应蒸发速率的最低蒸发温度。临界压力即为真空度选择的依据。

在实验中发现，如果表面覆盖一层氧化膜，其蒸发速率大大降低。因此在进行金属真空蒸馏时，一是尽可能去除氧化物等浮渣对表面的污染；二是由于液体金属不能沸腾，采取使金属雾化等办法为液滴增大蒸发面积；三是改善液体金属内部的传热，如用电子束加热将热量直接供到蒸发面或采用感应加热使实体内部充分搅拌，以改善传热。

通过研究证实，温度升高，压力降低，挥发速率增加。当压力降低到临界压力时，压力的降低对挥发速率影响很小，此时，表面挥发温度低于液体内部温度，液体金属内部的传热过程控制整个蒸发过程。由此可确定工业应用的真空度和挥发温度。

在真空蒸馏法制备高纯金属的过程中，蒸发温度和冷凝温度是对提纯效果影响最大的两个因素，各个因素对提纯效果的具体影响如图 5-3 所示。

在真空蒸馏提纯制备高纯金属材料的过程中，主金属的杂质元素还会发生某些化学反应。如在金属铁液中，Al 和 Si 挥发过程的同时还会有相应低价氧化物的生成，这将影响杂质的去除效果。采用真空蒸馏法去除那些蒸气压与被蒸馏提纯金属的蒸气压相差不大的

蒸发温度

(1) 蒸发温度越低，主金属与杂质的蒸气压差越大，有利于提纯除杂

(2) 蒸发温度低，蒸发速度也随之减慢，杂质的去除效果不好

一般认为，工业制备高纯金属材料的理想蒸馏温度是金属的蒸气压为240Pa时的温度。随着真空技术的进展，目前常采用更低的蒸馏温度进行操作

冷凝温度

在金属蒸发冷凝时，为了避免挥发杂质凝结，提高杂质去除的效果，一般希望保持较高的冷凝温度。但冷凝温度过高，则会引起金属的回流，并减慢蒸发速度

真空度

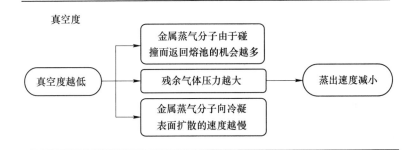

杂质在熔池中的扩散

被蒸馏提纯的金属与杂质的蒸出速度不同，在蒸发表面与熔池内部将形成一个杂质浓度梯度。如杂质在熔池内部的扩散较其表面的蒸发慢，则不利于该杂质的去除。因此，通常在熔池中加以搅拌或采用感应加热来改善这些杂质的提纯效果

图 5-3 真空蒸馏提纯法中各因素对提纯效果的影响

杂质元素，可加入其他元素来改变杂质的蒸馏行为，以提高提纯去除效果。如用真空蒸馏法制备高纯锑，为了降低锑中硫和硒的含量，常加入铜来提高硫和硒的去除效果。

为了避免蒸发器材对高纯金属材料产品引起的二次污染，对蒸发器材料的要求如图5-4所示。

真空蒸馏法对熔点附近蒸气压较高的稀土金属提纯效果相当好，蒸气压比较高的金属如 Mg、Zn、Cd、Sb、Bi 等用真空蒸馏法提纯的效果也不错。真空蒸馏法制备高纯金属材料主要特点是以下几个方面：

（1）真空环境中气体压力低，能促使产物形态向气态的化学反应进行，且能降低反应发生的温度。

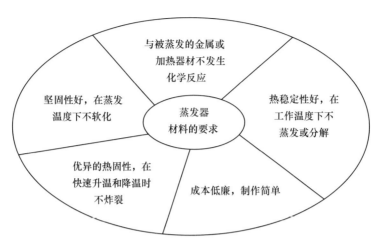

图 5-4　真空蒸馏提纯法制备高纯金属时对蒸发器材料的要求

（2）真空中气体稀薄，能有效减少或消除气体的副作用，得到的高纯材料产品的纯度高。

（3）真空系统是一个较为密封的体系，与外界大气隔离，经过管道和泵将真空中的残余气体送入大气，大气不能经泵流入真空系统。因此，系统内外的物质流动完全在控制之下进行。

（4）若真空蒸馏过程需要较高的温度，则加热系统需用电在炉内加热，不能在炉外燃烧燃料加热，因而真空蒸馏一般没有燃料燃烧引起的问题，如燃烧气体排放、收尘及对环境污染等。

（5）金属或其氧化物在真空中形成气体之后，其分子很小且较为分散。在真空中多原子分子倾向于分解成较少原子组成的分子，形成的气体分子很小，因而产物的粒径很小。

从以上的特点可知：采用真空蒸馏的方法能加速作业过程，可以直接分离提纯金属，简化金属生产的流程，生产过程对环境无污染或污染少。同时，真空蒸馏法提纯的机械化程度高，易于实现自动化。

5.3.1.2　粗砷的真空蒸馏

基于砷的沸点低、易于升华（$1.013×10^3$Pa 时 615℃升华）的特性，砷的真空升华蒸馏是根据粗砷中各元素的不同温度下饱和蒸气压不同，在一定温度、体系压力条件下，饱和蒸气压高的元素优先挥发、冷凝，从而与其他杂质元素分离。

粗砷用升华提纯[70]，克吕格报道在 600℃、500℃、400℃温度下进行，冷凝温度梯度要低于 150℃。挥发性较小的元素及化合物（As_2O_3、As_2S_3）凝结在冷凝器最冷的部位，硫的分离最不好，但若加入铅，砷溶解在铅中，蒸馏结果很好，因为硫与铅生成 PbS，其蒸气压很低，温度维持在 500~600℃，则实际上仅蒸发砷。

砷和杂质元素 S、Se、Te 的蒸气压与温度的关系式是：

$$\lg p_S = -4830T^{-1} - 5\lg T + 26.005 \tag{5-9}$$

$$\lg p_{As} = -6160T^{-1} + 11.945 \tag{5-10}$$

$$\lg p_{Se} = -4990T^{-1} + 10.215 \tag{5-11}$$

$$\lg p_{Te} = -7830T^{-1} - 4.27\lg T + 24.415 \quad (721.57 \sim 1271K) \tag{5-12}$$

$$\lg p_{Te} = -9175T^{-1} - 2.71\lg T + 21.805 \quad (298 \sim 721.57K) \tag{5-13}$$

由此可以得到表 5-3 的数值。

表 5-3　纯 S、As、Se、Te 的蒸气压与温度的关系

$t/℃$	p_S/Pa	p_{As}/Pa	p_{Se}/Pa	p_{Te}/Pa
150	28.5	$2.41×10^{-3}$	$2.41×10^{-3}$	$2.41×10^{-3}$
400	$4.87×10^4$	$6.19×10^2$	$6.32×10^2$	3.22
450	$1.07×10^5$	$2.66×10^3$	$2.06×10^3$	23.80
500	$2.07×10^5$	$9.46×10^3$	$5.749×10^3$	89.76
535	$3.09×10^5$	$2.09×10^4$	$1.09×10^4$	$2.04×10^2$
550	$3.62×10^5$	$2.88×10^4$	$1.42×10^4$	$2.83×10^2$
600	$5.85×10^5$	$7.74×10^4$	$3.16×10^4$	$7.72×10^2$
700	$1.26×10^6$	$4.11×10^5$	$1.22×10^5$	$4.06×10^3$
800	$2.24×10^6$	$1.60×10^6$	$3.67×10^5$	$1.50×10^4$

比较这四种元素的蒸气压，S 比 As 高约 2 个数量级；Se 比 As 稍小，不到 1 个数量级；As 比 Te 高 2 个数量级，差别稍大。若不受其他影响，则 S、As、Se 几乎都挥发，Te 挥发得少一些。

由于这几种元素之间生成一些化合物和固溶体，能降低一些蒸气压。而原料中杂质含量少，其蒸气压又有降低，故杂质挥发更少，而砷是大量的，因此得到蒸发。

（1）S-Se。中部有固溶体 γ，两端有范围较大的 α 和 δ 固溶体；

（2）S-As。有同分熔点化合物 As_2S_2（熔点 321℃）、As_2S_3（熔点 310℃）；

（3）As-Te。有同分熔点化合物 As_2Te_3；

（4）As-Se。有同分熔点化合物 AsSe、As_2Se_3。

砷若溶解于铅，粗砷中的杂质与铅作用，生成化合物：

（1）Pb-S。PbS 同分熔点化合物，熔点 1143℃；

（2）Pb-Se。PbSe 同分熔点化合物，熔点 1084℃；

（3）Pb-Te。PbTe 同分熔点化合物，熔点 925℃。

这些化合物抑制了 S、Se、Te 的蒸发，只有 As 和 Pb 是一简单共晶系（见图 5-5），至今也没有发现两端有固溶体，为一正偏差体系，能增大 As 的挥发性。

铅的存在，抑制了杂质蒸发，砷则蒸发较好，利于得到较纯的砷。

文献报道了粗砷蒸馏提纯时，杂质的变化和蒸馏温度的数值，见表 5-4。三种杂质元素都降到 10^{-5}% ~ 10^{-7}%，含量已经很低。文献提到铅也会少量挥发，若两次升华可将铅降到约 10^{-4}%。

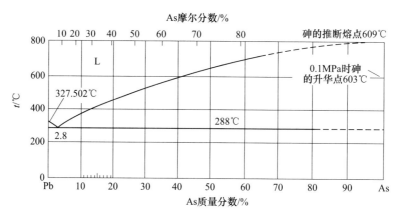

图 5-5　As-Pb 系状态图

表 5-4　蒸馏产品的杂质含量（质量分数）　　　　　　　　（％）

原　料		S	Se	Te
		$(1.1\sim3.9)\times10^{-4}$	$(1.1\sim1.7)\times10^{-2}$	$(1.3\sim3.5)\times10^{-5}$
蒸馏物	535℃	$<10^{-7}$	未测	未测
	535℃	1.1×10^{-7}	2.7×10^{-6}	2×10^{-6}
	535℃	6.6×10^{-6}	7.4×10^{-5}	2×10^{-6}

A　研究实例一[71]

根据各物质元素饱和蒸气压与温度的关系：$\lg p = AT^{-1}+B\lg T+CT+D$，由相关数据计算 As 与多种元素在不同温度下的饱和蒸气压比值见表 5-5。同时，计算得到不同温度下 As 的饱和蒸气压见表 5-6。

表 5-5　不同温度下砷与其他元素饱和蒸气压的关系

压力/Pa	T/K					
	473	573	673	773	873	973
$p_{P(红)}/p_{As}$	1.78×10^5	9.74×10^3	1.26×10^3	2.78×10^2	8.66×10^1	3.43×10^1
p_{S_x}/p_{As}	3.14×10^3	3.89×10^2	7.87×10^1	2.19×10^1	7.56	3.06
p_{Se}/p_{As}	5.54	2.05	1.02	6.08×10^{-1}	4.08×10^{-1}	2.97×10^{-1}
p_{S_2}/p_{As}	1.29	1.53	1.55	1.42	1.24	1.04
p_{As}/p_{As}	1	1	1	1	1	1
p_{Zn}/p_{As}	1.55×10^{-2}	1.80×10^{-2}	1.94×10^{-2}	2.00×10^{-2}	2.00×10^{-2}	1.98×10^{-2}
p_{Mg}/p_{As}	1.82×10^{-4}	4.52×10^{-4}	8.26×10^{-4}	1.26×10^{-3}	1.70×10^{-3}	2.13×10^{-3}
p_{Sb}/p_{As}	6.78×10^{-5}	9.05×10^{-5}	1.11×10^{-4}	1.29×10^{-4}	1.45×10^{-4}	1.59×10^{-4}
p_{Ca}/p_{As}	1.19×10^{-7}	9.54×10^{-7}	3.96×10^{-4}	1.11×10^{-5}	2.4×10^{-5}	4.36×10^{-5}
p_{Pb}/p_{As}	2.05×10^{-10}	4.95×10^{-9}	4.52×10^{-8}	2.29×10^{-7}	7.86×10^{-7}	2.07×10^{-6}
p_{Bi}/p_{As}	1.57×10^{-10}	4.52×10^{-9}	4.64×10^{-8}	2.55×10^{-7}	9.28×10^{-7}	2.55×10^{-6}
p_{Sn}/p_{As}	4.61×10^{-22}	1.29×10^{-18}	3.40×10^{-16}	2.12×10^{-14}	5.14×10^{-13}	6.47×10^{-12}

压力/Pa	T/K					
	473	573	673	773	873	973
p_{Al}/p_{As}	1.65×10^{-22}	8.05×10^{-19}	3.06×10^{-16}	2.46×10^{-14}	7.12×10^{-14}	1.02×10^{-11}
p_{Cu}/p_{As}	1.37×10^{-24}	1.69×10^{-20}	1.23×10^{-17}	1.58×10^{-15}	6.59×10^{-14}	1.26×10^{-12}
p_{Cr}/p_{As}	3.45×10^{-30}	6.12×10^{-25}	2.89×10^{-21}	1.49×10^{-18}	1.8×10^{-16}	7.99×10^{-15}
p_{Si}/p_{As}	1.93×10^{-32}	4.76×10^{-27}	2.89×10^{-23}	1.82×10^{-20}	2.59×10^{-18}	2.33×10^{-16}
p_{Ni}/p_{As}	1.82×10^{-37}	1.21×10^{-31}	1.43×10^{-27}	1.43×10^{-24}	2.86×10^{-22}	1.88×10^{-20}
p_{Ag}/p_{As}	1.28×10^{-19}	2.24×10^{-14}	1.06×10^{-10}	5.51×10^{-8}	6.77×10^{-6}	3.06×10^{-4}

注：S_x 是 S 元素以 S_x 形式挥发，S_2 为 S 元素以 S_2 形式挥发。

表 5-6 As 元素在不同温度下的饱和蒸气压

T/K	473	573	673	773	873	889	973	熔点
p/Pa	0.08	15.65	619.37	9463.42	77423.31	102533.58	411.211	876K

可以看出，元素砷的饱和蒸气压随着温度的升高显著增大，接近常压约 889K 时将发生升华现象。由表 5-5、表 5-6 可以判断，在体系压力 10~15Pa、573~773K 的条件下，真空蒸馏可以有效地分离沸点高于 As 的 Ag、Al、Ni、Cu、Ca、Fe、Mg、Zn、Pb、Cr、Sb 等金属元素以及沸点明显低于 As 的 S_x。但 Se 与 As 的沸点接近，较难分离。同时，若 S 以 S_2 形式存在，也较难与 As 分离。

通过实验验证：（1）对粗砷进行一次真空蒸馏，550℃ 条件下挥发 90min，挥发速率平均约 5g/min，得到的产品砷中 Sb、Bi、Fe 元素的含量下降，但降低幅度不大，Sb 脱除率仅为 12%~20%，Bi 脱除率为 30%~50%，与真空蒸馏饱和蒸气压比值估计的效果相差较大。（2）通过预先配制 Pb-As 合金，将粗砷与金属铅在 450~500℃，通氩气保护的条件下制成 Pb-As 合金，而后将该合金在 15~20Pa、500~550℃ 条件下真空挥发，砷蒸气冷凝得到产品砷，同时铅不挥发得到含有多杂质的粗铅。铅浴真空蒸馏，可以有效脱除高锑粗砷中的 Sb、Bi 等杂质，在 500℃、15~20Pa 条件下真空升华 3h 可将含 1.21%Sb 的 97.98%粗砷中 Sb 含量降至 0.1%~0.3%，Bi 小于 0.02%，Fe 0.002%~0.003%，Pb 0.0051%~0.01%，Zn 小于 0.001%，S 0.0007%~0.0017%。

B 研究实例二

铅浴真空蒸馏，在蒸馏出的砷中，硫、硒和碲的含量大大降低。但用该法只能对少数几种杂质纯化有效；而且纯化的砷会被 Pb 和含在 Pb 中的杂质污染，不过经过多次蒸馏后可使铅含量降低到 1mg/g，Pb-As 合金在蒸馏时气相经过涤棉钛吸附，可得到无铅砷[72]。

将含砷 5%~20%的砷-铋合金置于石英管中，在 1.33×10^{-2}Pa（10^{-4}mmHg）压力下，控制温度为 400~600℃，加热 2h 或更长的时间以保证反应完全便可得到高纯砷。这种方法可以有效地除去硫、硒、碲等杂质，使砷的纯度达到 99.999%以上[73]。

铅-砷合金分离砷，取决于一定温度下合金组元的蒸气压，图 5-6 所示为主元素砷与其他元素的蒸气压、温度对照图，从图中可看出在温度 200~400℃，压力 10~300Pa 时，与主元素最接近的是 S 和 Se，其他杂质如 Zn、Mg、Sb、Te、Ca、Pb 等与主元素砷的蒸气压和温度有较大的梯度，合成的目的就是使与砷的蒸气压很接近的 S、Se 与铅形成的化合物 PbS、PbSe 的蒸气压和温度与主元素的蒸气压形成较大的梯度，从而达到除弃最难除的杂质 S、Se 的目的。

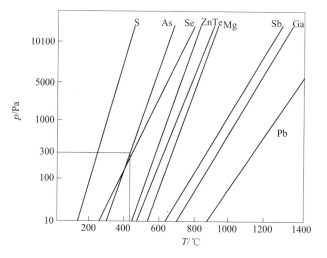

图 5-6　As 与其他元素的蒸气压、温度对照图

图 5-7 所示为主元素砷与 PbS、PbSe 的蒸气压的温度关系对照图，PbSe 的熔点是 1065℃，没有相关资料提供 PbSe 的沸点和相关蒸气压，在实验中蒸气压 10Pa 时把温度设为 600℃，产品中未见 Se 超标，说明压力为 10Pa 时 PbSe 的挥发温度大于 600℃。

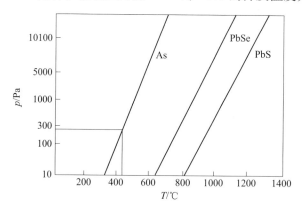

图 5-7　As 与 PbS、PbSe 的蒸气压、温度对照图

其他受检杂质 Ag、Al、Ca、Cu、Fe、Mg、Ni、Zn、Cr、Sb、C，一是其元素的温度和蒸气压本身就与主元素砷形成很大梯度；二是与铅合成高沸点的金属间化合物，全部留在熔融的铅里，从而达到提纯主元素砷的目的。

铋-砷合金蒸馏比铅-砷合金蒸馏经济、有效。由于铅是一种电活性杂质，即使轻微量的铅也会极大地影响半导体的性能，而铋则不会。并且在同样砷的情况下，铋-砷合金与铅-砷合金相比，有更低的熔点，铋的蒸气压比铅的蒸气压小两个数量级，铋-砷合金蒸馏得到的产品中所含的铋量低，铅-砷合金蒸馏得到的砷中所含的铅量高。

该方法操作步骤为：

（1）按照 1：（1.5～4）的质量比例将原料砷和原料铅在坩埚中加热，加热温度为 330～550℃，至充分合成，冷却后制得铅砷合金。

（2）在上述装有合金的坩埚口部连接一锥形筒，将其置入真空罐，调整罐内压力至 5～500Pa，对真空罐加热，真空罐对应坩埚部位加热温度为 320～500℃，真空罐对应锥形筒部位加热温度为 250～350℃，持续约 7.5～10h，砷凝结在筒上部的侧壁上，制得纯度为 99.99％的砷，在坩埚内制得铅砷合金。

（3）将上述的砷取出，置入一容器，该容器设进、出气口，往进气口输入氩气，排除容器中的空气，将容器加热至 610～650℃，形成砷蒸气及微量杂质蒸气，再由进气口输入压力为 0.04～0.05MPa、流量为 0.5L/s 的氢气，形成混合气体，容器的出气口连接一长石英反应管道 A。

（4）上述混合气体进入长石英反应管 A，对管道 A 进行加热至温度为 750～1100℃，气体通过石英反应管 A 进入一与石英反应管 A 连接的石英管 B。

（5）对石英管 B 加热至温度为 350～400℃，在石英管 B 内壁凝结纯度为 99.9999％的 α 型砷，在石英管 B 后连接石英管 C。

（6）石英管 C 不加热，石英管 B 内的气体继续通过石英管 C，上述气体中余留的砷蒸气在石英管 C 内壁凝结，形成 β、γ 型砷。

（7）石英管 C 后连接一排气管，排出尾气。

（8）最后，尾气通入熔碱，处理，排放。

升华蒸馏法制备高纯砷主要是在真空条件下，利用砷易升华的性质制备，制备设备的材质易于解决。这种方法只对有限的几种杂质比较有效，有时需要添加附加试剂，经过几次反复升华蒸馏方能得到较好的效果或者与其他方法相结合，如以升华—蒸馏—吸附相结合的联合法，可以达到较好的效果，应用较为广泛。而且升华、蒸馏法以粗砷为原料，流程相对较短、产率高，是目前主要的制备方法之一。

5.3.2 吸附—升华结晶法

吸附—升华结晶法包括砷蒸气中的杂质被吸附剂吸附，之后砷在真空中升华，最后由熔化砷进行定向结晶，三者在一个闭合系统中进行，避免了被纯化的物质由一种容器到另一容器的多次转载，从而减少了纯化砷被污染的机会以及被氧化的可能性。

5.3.2.1 吸附法

与升华结晶法比较，吸附法具有更好的纯化效果（杂质含量降低 2～3 个数量级）。其优点为装置紧凑，工艺过程简单。吸附剂可采用 $Si_2H_2O_3$ 和 Si_2O_3（三氯硅烷水解可制得 $Si_2H_2O_3$，800℃ 左右加热 $Si_2H_2O_3$ 可得 Si_2O_3）来纯化砷，对杂质 Al、Ca、Cu、Cr、Mg、Pb 及 Ni 特别有效，对杂质 Mn、Bi、Sb 及 Fe 特别是 Si，则效果较差，因此必须和其他方法相结合。

5.3.2.2 真空升华法

升华法可弥补吸附法的不足之处，真空升华是利用在高真空下，各元素蒸气压的差异来提纯金属的方法。因此，此法对被提纯金属最基本的要求是要有足够高的蒸气压，以获得可实际应用的蒸馏或升华速率，并且要在低于氧化物共蒸馏或共升华的温度下进行。可用真空升华法提纯的元素有 Zn、Cd、Mn、Mg、As、Se 等。

真空升华提纯法制备高纯金属材料的工艺路线有以下三种[74]：

（1）除去不挥发杂质。在这种情况下的操作通常是分批进行的。不挥发的杂质残留在汽化器中以灰分形式除去，或在蒸发过程中用过滤器滤去。

（2）除去挥发或难挥发的物质。这种情况要求分步冷凝，有时也常常需要加入冷凝稀释剂。

（3）除去那些比较不挥发的、较易挥发或难挥发的三种或三种以上的杂质。

采用真空升华法可以降低蒸馏温度，减少产品被设备材料的玷污。组分的蒸气压差别越大，分离提纯效果就越高。但是真空升华时，固态下原子扩散不好，升华过程将导致难挥发性杂质在表面的富集，致使蒸出的可能性增加。因此，为了改善组分分离效率，采用在氢气流或惰性气体中进行升华提纯。

砷在温度 500~600℃，压力 1.33×10^{-1} ~ 1.33×10^{-2} Pa 或氢气流中升华，$T_冷$ 第一段为 360~380℃，第二段为 280~320℃升华条件下，可除去 C、Bi、Pb、Si、Sn 等，Mg、Te 去除率较低，对 S、Se、Sb 几乎无效，但在氢气流中可分离去除真空升华难以分离的 S、Se、Te 等杂质。在氢气环境中升华提纯的原理是这些难分离元素在高温下形成了挥发性更高的氢化物，如 H_2S、H_2Te、H_2Se 等。

5.3.2.3　定向结晶法

升华法对于和砷蒸气压近似的那些杂质也是不适用的。用定向结晶法研究砷的纯化时，发现砷中大多数杂质的分配系数较小，定向结晶不仅能除去原纯化砷中许多杂质，而且在相当程度上能除去被吸附剂所带入的杂质。因此定向结晶法可作为砷的最后纯化阶段。

结晶法的原理是利用主体物质在液态转变为固态的过程中，杂质在不同相态中分布的差异，通过若干次的重结晶，最终使得主体物质中杂质含量大大降低，得到提纯的目的。结晶法中部分结晶法又称为定向结晶法。

定向结晶法是通过使液态金属沿着一定的方向进行部分凝固，利用杂质元素在不同相态中的分布差异，使杂质在液态金属和固态金属中重新分布而得到较纯的金属，达到精制提纯目的的一种方法。

将上述 3 种方法相结合，能由 99.978% 的原始砷获得 99.9999% ~ 99.99995% 的高纯砷，所用设备极其简单。若进一步改善吸附剂的吸附性能，或对定向结晶形成的砷锭的中间部分进行重复结晶，还可以进一步提高砷的纯度。综上所述，要想得到高纯度的砷，采用联合法比较理想。

5.3.3　氯化—还原法

氯化—还原法适用于生产高纯度金属砷，而且比较容易批量生产，因此是当前高纯砷生产的主要方法。根据采用的原料和反应体系不同，氯化—还原法分为气相氯化—还原法和液相氯化—还原法两种方法。

5.3.3.1 气相氯化—还原法

气相氯化—还原法制备高纯砷通常以含砷 95%～99% 的粗砷为原料，通过真空升华、氯气氯化、精馏提纯、氢还原等过程制备高纯砷，工艺流程如图 5-8 所示。

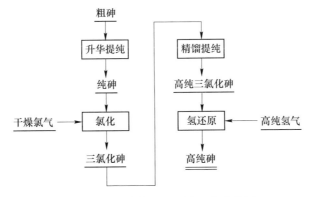

图 5-8 气相氯化—还原法工艺流程图

砷是一种低沸点物质，很容易升华，其蒸气压随着温度的升高在 600℃ 时显著上升，因此控制升华炉温度在砷的升华温度（615℃）以上，就能使粗砷中的砷升华，与铁、锌等杂质分离。

氯气氯化是将提纯后的砷放置于氯化柱中，于 200～250℃ 温度下与干燥氯气作用生成三氯化砷，同时与硫、硒等杂质分离，其反应见式（5-14）。

$$2As + 3Cl_2 \longrightarrow 2AsCl_3 \tag{5-14}$$

精馏提纯分为简单蒸馏、分馏、精馏 3 部分。精馏是一种分离液体混合物的化工单元操作，作为一种有效分离提纯技术，也被应用于半导体材料生产中，是制备某些高纯、超高纯物质产品工艺中的核心技术，在化学冶金中，氯化物的精馏提纯技术原理是依据各种液态卤化物的混合物中，各组分挥发性（或沸点）的差异，在精馏塔中各塔板上进行部分气体和部分冷凝液化的反复操作，使混合物组分得到分离，使其中的一种组分得到很好的纯化。

这种分离过程是借助于不平衡的上升蒸气与下降（回流）液体的逆向流动，而多次接触使气-液相互之间进行传质与传热。具体地说就是在每块塔板进行质量与热量的传递与交换，达到一种动态平衡。$AsCl_3$ 经蒸馏、分馏、精馏，有百余次的趋向动态平衡质热交换，使混合氯化物中的各组分沿着气、液逆流的方向，重新分布而实现物质分离。

据资料介绍将 $AsCl_3$ 放置于以砷作填料的精馏柱中，可以除硒、硫[75]。$AsCl_3$ 中硒和硫的形态是以砷的硒化物（如 $AsSe_3$ 等）和砷的硫化物（如 As_2S_3 等）的形态存在。当砷与 Cl_2 反应生成含 Cl_2 的 $AsCl_3$ 时，砷中的 As_2S_3 也与 Cl_2 反应生成 $2AsCl_3 \cdot SCl_2$ 而溶解于 $AsCl_3$ 中，其反应见式（5-15）。

$$(As_2S_3)_{As} + 6Cl_2 \Longrightarrow [2AsCl_3 \cdot 3SCl_2]_{AsCl_3} \tag{5-15}$$

砷与 Cl_2 的反应是放热反应，作用剧烈时，可使系统温度高达数百摄氏度，$[2AsCl_3 \cdot 3SCl_2]_{AsCl_3}$ 不稳定而分解为 $AsCl_3$ 和 $[SCl_2]$，SCl_2 的沸点（59℃）比 $AsCl_3$ 低，所以在氯化尾气吸收液中测出有一定量的 ^{35}S。当加热氯化器脱去 $AsCl_3$ 中溶解的 Cl_2 后 $[SCl_2]$ 便分解成低价的氯化物 $[S_2Cl_2]$，即：

$$2[SCl_2] \Longrightarrow [S_2Cl_2] + Cl_2 \tag{5-16}$$

S_2Cl_2 的沸点（137℃）与 $AsCl_3$ 的沸点（130.4℃）相差不大，因此直接精馏难以分离。另外，由于 $[SCl_2]$ 的分解反应是不完全的，即是说精馏原料 $AsCl_3$ 中既有 S_2Cl_2 也有 SCl_2，故无论用石英或用砷作填料都发现精馏尾气吸收液中有一定量的 [35]S。若用砷填料精馏时，在砷填料的表面上发生有下列化学反应：

$$3[S_2Cl_2] + 2As \Longrightarrow 2AsCl_3 + 6(S)_{固} \tag{5-17}$$

$$3[S_2Cl_2] + 6As \Longrightarrow 2AsCl_3 + 2(As_2S_3)_{固} \tag{5-18}$$

这种新生成的硫和 As_2S_3 立即被柱内剧烈运动的 $AsCl_3$ 带入精馏釜中。分析砷填料未发现有 [35]S 存在，硫存在于残液和残液中固体物。

同样原理，砷中砷的硒化物在氯化过程中，由于有过量 Cl_2 的存在，容易生成高价硒的氯化物，如 $SeCl_4$（196℃升华）等溶解于 $AsCl_3$ 中。当作业过程中脱去 $AsCl_3$ 中溶解的 Cl_2 时，这时高价硒的氯化物会分解成低价硒的氯化物 $[Se_2Cl_2]$，这种氯化物的沸点为 127℃，与砷的沸点 130.4℃ 相比仅差 3℃ 多，因此用砷作填料，由于砷填料的表面上发生了化学作用，即：

$$3[Se_2Cl_2] + 2As \Longrightarrow 2AsCl_3 + 6(Se)_{固} \tag{5-19}$$

新生成的硒不会沉积在砷填料的表面上，而被柱内剧烈运动的 $AsCl_3$ 带入精馏釜中。分析结果显示砷填料中无 [75]Se，残液中则大量存在 [75]Se，特别是残液中的固体物含 [75]Se 更多，由此证实砷填料精馏法能有效地除去 Se。

然后再经过分馏、精馏提纯可以去除 S、Se、Te、Pb、Ni、Zn、Fe、Cu 及碱金属和碱土类成分等杂质。

$AsCl_3$ 为剧毒化学品，暴露空气中会生成亚砷酸并最终形成砒霜，同时放出大量具有刺激性和腐蚀性的 HCl 气体。因此需要耐腐蚀的设备，并做好安全防护工作。

将精馏制得的 $AsCl_3$ 放置在管式还原炉中，在高温（800℃）下用高纯氢气还原，还原出的砷蒸气在 350~400℃ 冷凝管上结晶，过剩的氢气和生成的氯化氢气体被回收，得到纯度 99.999% 以上的高纯砷，见式（5-20）。

$$2AsCl_3 + 3H_2 \xrightarrow{800℃} 2As + 6HCl \tag{5-20}$$

A　应用实例一[76]

a　原料真空蒸馏

需要严格控制蒸馏温度和温度梯度分布，不能出现温度过高或分布不均匀的现象，否则将可能造成产品中杂质的夹带，降低提纯效率，甚至根本没有任何提纯效果。粗砷真空升华采用图 5-9 结构形式。

真空升华多温区的设置可使物料受热更加均匀，并保持恒定的温场和梯度分布。其中温区 1~3 为加热区；温区 4 为沉积区，不加热，升华的物料遇冷自然冷凝沉积到此区域；温区 5 施加温度是可使低沸点杂质尽量地沉积到冷凝罩上，使产品和杂质分开。加热炉体和不锈钢内胆连接突出的部分，依靠冷凝循环水来降温收集低沸点杂质。

升华过程中，高沸点杂质沉积在坩埚或锥形管下部，升华产品集中沉积在锥形沉积管的中下部，低沸点杂质和粉体大部分沉积在冷凝罩上。

温度是真空升华的关键控制因素。温度过高或过低，都会使沉积区呈现两端分布，很难与杂质分离。沉积管中物料最理想的分布是呈现两头薄中间厚实的正态分布，如图 5-10 所示。

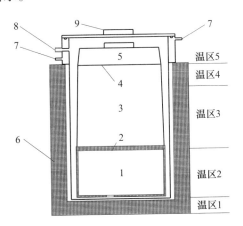

图 5-9 真空升华装置

1—石墨坩埚；2—石墨盖板；3—冷凝罐；4—挡板；

5—冷凝罩；6—加热炉体；7—冷却水；

8—真空管；9—真空罐盖板

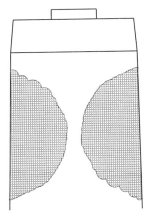

图 5-10 升华物料的理想分布

往石墨坩埚里装入 2~3cm 粒度的 50kg 左右的砷块，进入升华炉中，密封，抽取真空使系统真空度达到 1~20Pa，通电开始升华，控制炉底温度为 480~520℃，升华下段温度为 460~480℃，升华上段温度为 400~450℃，产品捕集段温度为 360~400℃，保温3~6h，即可断电停炉降温出料，得到大于 99.99% 的精制砷。升华产品的产率为 79%~84%。表5-7 分别给出了 ICP-MS 检测的粗砷和三个实验的杂质含量。

表 5-7 升华产品的杂质含量（质量分数） （%）

杂质元素	Al	Ca	Cd	Cu	Fe	Zn	Mg	Na	Pb	Bi	Sb	Sn	Ti
粗砷	14×10^{-4}	26×10^{-4}	7×10^{-4}	2×10^{-4}	163×10^{-4}	27×10^{-4}	3×10^{-4}	22×10^{-4}	48×10^{-4}	0.0481	0.2517	2×10^{-4}	3×10^{-4}
1 号	$<0.1\times10^{-4}$	$<0.5\times10^{-4}$	0.9×10^{-4}	$<0.1\times10^{-4}$	0.7×10^{-4}	$<0.1\times10^{-4}$	$<0.1\times10^{-4}$	$<1\times10^{-4}$	14.5×10^{-4}	0.0152	0.1253	$<0.1\times10^{-4}$	$<0.1\times10^{-4}$
2 号	$<0.1\times10^{-4}$	$<0.5\times10^{-4}$	0.2×10^{-4}	$<0.1\times10^{-4}$	0.6×10^{-4}	$<0.1\times10^{-4}$	$<0.1\times10^{-4}$	$<1\times10^{-4}$	4.7×10^{-4}	0.0161	0.0987	$<0.1\times10^{-4}$	$<0.1\times10^{-4}$
3 号	$<0.1\times10^{-4}$	$<0.5\times10^{-4}$	0.6×10^{-4}	$<0.1\times10^{-4}$	0.5×10^{-4}	$<0.1\times10^{-4}$	$<0.1\times10^{-4}$	$<1\times10^{-4}$	8.8×10^{-4}	0.0219	0.1254	$<0.1\times10^{-4}$	$<0.1\times10^{-4}$

由表5-7看出，粗砷经真空升华，各杂质元素的含量都有所降低，尤其是 Al、Ca、Cd、Cu、Fe、Zn、Mg、Na、Pb、Sn、Ti 明显降低，但 Bi、Sb 降低较少。这是由于前者沸点与砷的升华点相差较大，而 Bi、Sb 与 As 同属ⅤA族，性质接近，用减压升华的方式效果较差。

b 氯气氯化

大于99.99%的精制砷装入氯化反应器，缓慢开启氯气阀通入工业氯气，氯气压力：0.3MPa；氯气流量：5~10L/min，在反应器中反应合成AsCl₃。氯化反应装置如图5-11所示。

氯化反应能够去除S、Se、Te等杂质。氯化反应为放热反应，无需加热就能自发进行。实际生产中，通常会升温以加快反应速率，但需要避免剧烈反应出现大量火花的现象。

c　氯化砷粗馏脱氯

AsCl₃为无色透明的溶液，合成的AsCl₃中含有游离的Cl₂，会使其变成淡黄色。进入精馏工序时，会干扰精馏过程，影响精馏工序提纯质量，因此精馏之前需要进行脱氯处理，要将合成AsCl₃溶液的游离Cl₂脱除，同时将S和As从AsCl₃中分离出来。工程中通常会在脱氯塔中填入一定量的6N砷，溶解于AsCl₃的游离Cl₂与脱氯柱中的砷反应生成AsCl₃，以提高原料的利用率，使AsCl₃中含S和As的氯化物与元素砷进行交换反应和吸附作用将S和As滞留在砷块上，从AsCl₃中分离去除杂质S和As。脱氯采用蒸馏的方式，其脱氯装置如图5-12所示。

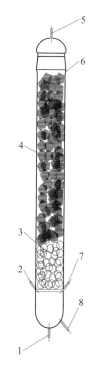

图5-11　氯化反应塔
1—残液出口；2，7—氯气入口；
3—石英填料；4—精制砷；
5—尾气出口；6—石英塔体；8—出液口

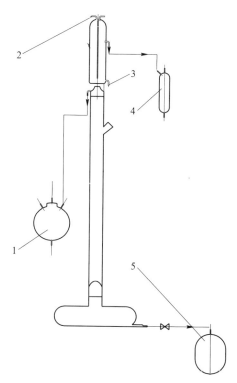

图5-12　脱氯装置
1—产品储液罐；2—冷却水出口；
3—冷却水进口，4—低沸物液罐；
5—高沸物液罐

脱氯装置由脱氯釜体、脱氯塔、产品储罐、高沸物储罐、低沸物储罐等部分组成。其中脱氯塔由下往上分别由石英环填料、高纯砷填料、回流装置、冷却系统组成。

AsCl₃溶液受热沸腾形成蒸气，蒸气上升过程中，通过石英环和砷填料吸附杂质和氯气，达到脱氯的目的，蒸气上升到顶端后遇冷重新冷凝成液体，一部分液体进入到产品储罐中，一部分溶液通过回流管重新落到釜体中，如此反复循环可达到脱氯和除杂的目的。

操作条件：料柱石英高度 300~550mm；料柱升华砷块高度 1800~2000mm；釜装料量 15~20L；脱氯釜温度 130~140℃；脱氯釜塔头温度：60~65℃；AsCl₃进料速度 0~10mL/min；流出速度 0~10mL/min。

d 氯化砷精馏

精馏是利用液体混合物在一定压力下各组分挥发度的不同的性质，经过多次部分汽化和多次部分冷凝，使各组分得以完全分离的方法。氯化砷精馏是利用氯化物的沸点差，几乎可以除去混在提纯后亚砷酸里的杂质，特别是可以完全除去升华工序不能除去的锑。

氯化砷精馏装置由精馏釜体、精馏塔、冷凝塔、产品储罐、高沸物储罐、低沸物储罐等部分组成（见图5-13）。其中精馏塔节内部设有石英隔板、冷凝塔中设冷却水、使精馏的气体冷凝回流。

脱氯后的 AsCl₃ 液体加入精馏塔中，釜料料量 15~20L，升温全回流 1h，釜温控制为 90min 升至 135℃ 然后进行保温，塔釜压力小于 0.04MPa，塔顶压力小于 0.003MPa；通过调节循环水的大小来控制塔头温度在 60~70℃ 之间。全回流 1h，待 AsCl₃ 到柱头冷却回流开始计时，全回流中应控制 AsCl₃ 在低沸物接盘以下都冷却回流，防止大量 AsCl₃ 到低沸物区。同时也要防止低沸物流入产品贮罐，AsCl₃ 流出。全回流 2h 后，打开 AsCl₃ 流出阀开始精馏。产出纯净的氯化砷溶液，精馏后氯化砷溶液分析结果见表5-8。

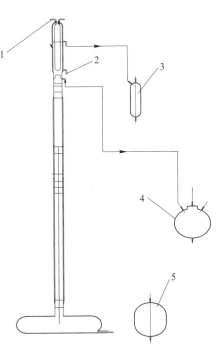

图 5-13 氯化砷精馏装置

1—冷却水出口；2—冷却水进口；
3—低沸物收集瓶；4—产品储液槽；
5—高沸物收集瓶

表 5-8 精制氯化砷的分析值　　　　　　　　（mg/L）

杂质元素	Fe	Cu	Zn	Ca	Si	S	Ce
粗 AsCl₃	53.00	4.00	2.00	5.00	<0.003	>100	<0.1
精制 AsCl₃	<0.01	<0.005	<0.003	<0.003	<0.003	<0.005	<0.1

由表5-8可以看出，Fe、Cu、Ni、Zn 等蒸气压低的重金属氯化物大部分和碱金属、碱土类等不挥发成分被精馏被除掉，从而得到精制氯化砷溶液。

e 氢气还原

精馏后的三氯化砷在超过 800℃ 高温下与纯化后的高纯氢气混合，三氯化砷被氢气还原，在低于 400℃ 的温度里，生产金属砷。这样得到的金属砷可超过 6N。

　　氯化砷还原装置如图 5-14 所示，装置由气液混合段、还原反应段、冷凝段、尾气吸收部分等组成。其中还原段内部设有石英隔板、结晶段用专用石英管结晶高纯砷。

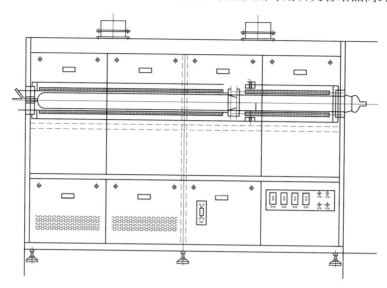

图 5-14　氯化砷还原装置

　　氢还原反应炉通电升温到 800℃后，开启氢气 6~10L/min。开始进料，$AsCl_3$ 进料速度 2~4mL/min。同时开启尾气淋洗制酸系统，控制炉温还原段为 800~900℃，冷凝段为 300~380℃。还原操作进行中，还原反应器不得出现负压，以免吸入空气发生爆炸。还原反应结束后，应用氩气彻底置换氢气，反应器内不得滞留残存氢气。待还原管温度降到 40℃以下，便可取出冷凝管中得到高纯砷产品，之后经过破碎、筛分即可得到高纯砷粒。

　　f　产品升华

　　产品升华装置如图 5-15 所示，每次加料 3~5kg，抽真空时间 20~30min；真空度 10Pa；温度控制：升华段温度 450~460℃，冷凝段温度 320℃，升华时间 2~3h。

　　为避免砷粒的氧化和污染，破碎、筛分、包装等操作通常在充氩气的手套箱中进行。

　　粗砷经真空升华、氯气氯化、精馏、氢气还原、产品升华得到高纯砷，表 5-9 是用 GDMS 检测的高纯砷的产品质量。

表 5-9　高纯砷产品质量（质量分数）　　　　　　　　　　　　　　（%）

元素	Na	Mg	Al	K	Ca	Cr	Fe	Ni	Cu	Zn	Ag	Sb	Pb	Bi
As-07	10×10^{-7}	5×10^{-7}	5×10^{-7}	10×10^{-7}	10×10^{-7}	10×10^{-7}	10×10^{-7}	10×10^{-7}	5×10^{-7}	5×10^{-7}	10×10^{-7}	10×10^{-7}	5×10^{-7}	10×10^{-7}
1 号	$<5\times10^{-7}$	$<1\times10^{-7}$	$<5\times10^{-7}$	$<5\times10^{-7}$	$<5\times10^{-7}$	$<3\times10^{-7}$	$<5\times10^{-7}$	$<5\times10^{-7}$	$<2\times10^{-7}$	$<3\times10^{-7}$	$<5\times10^{-7}$	$<5\times10^{-7}$	$<3\times10^{-7}$	5×10^{-7}
2 号	$<5\times10^{-7}$	$<1\times10^{-7}$	$<5\times10^{-7}$	$<5\times10^{-7}$	$<5\times10^{-7}$	$<3\times10^{-7}$	6×10^{-7}	$<5\times10^{-7}$	3×10^{-7}	$<3\times10^{-7}$	5×10^{-7}	$<5\times10^{-7}$	$<3\times10^{-7}$	6×10^{-7}
3 号	$<5\times10^{-7}$	$<1\times10^{-7}$	$<5\times10^{-7}$	$<5\times10^{-7}$	$<5\times10^{-7}$	$<3\times10^{-7}$	5×10^{-7}	$<5\times10^{-7}$	2×10^{-7}	$<3\times10^{-7}$	5×10^{-7}	$<5\times10^{-7}$	$<3\times10^{-7}$	5×10^{-7}

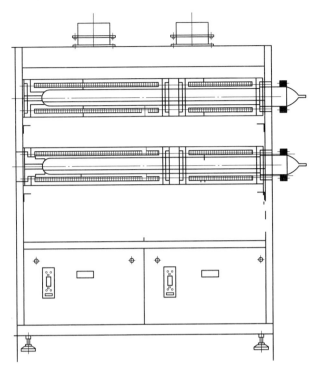

图 5-15　产品升华装置

由表 5-9 可以看出，氯化还原法生产的高纯砷产品杂质含量基本上均 $\leqslant 5\times10^{-7}$%，达到 As-07 行业标准，行业标准见表 5-10。

表 5-10　高纯砷的化学成分（YS/T 43—2011）　　　　　　　　（%）

牌号	As 含量	杂质含量															
		Na	Mg	Al	K	Ca	Cr	Fe	Ni	Cu	Zn	Se	S	Ag	Sb	Pb	Bi
As-05	≥99.999	$\leqslant5\times10^{-5}$	$\leqslant2\times10^{-5}$	$\leqslant5\times10^{-5}$	$\leqslant5\times10^{-5}$	$\leqslant5\times10^{-5}$	$\leqslant5\times10^{-5}$	$\leqslant5\times10^{-5}$	$\leqslant1\times10^{-5}$	$\leqslant5\times10^{-5}$	$\leqslant5\times10^{-5}$	$\leqslant1\times10^{-4}$	$\leqslant1\times10^{-4}$	$\leqslant1\times10^{-5}$	$\leqslant5\times10^{-5}$	$\leqslant5\times10^{-5}$	$\leqslant5\times10^{-5}$
As-06	≥99.9999	$\leqslant1\times10^{-5}$	$\leqslant5\times10^{-6}$	$\leqslant5\times10^{-6}$	$\leqslant5\times10^{-6}$	$\leqslant5\times10^{-6}$	$\leqslant5\times10^{-6}$	$\leqslant5\times10^{-6}$	$\leqslant1\times10^{-6}$	$\leqslant1\times10^{-6}$	$\leqslant5\times10^{-6}$	—	—	$\leqslant1\times10^{-6}$	$\leqslant5\times10^{-6}$	$\leqslant3\times10^{-6}$	$\leqslant5\times10^{-6}$
As-07	≥99.99999	$\leqslant1\times10^{-6}$	$\leqslant5\times10^{-7}$	$\leqslant5\times10^{-7}$	$\leqslant1\times10^{-6}$	$\leqslant1\times10^{-6}$	$\leqslant1\times10^{-6}$	$\leqslant1\times10^{-6}$	$\leqslant1\times10^{-6}$	$\leqslant5\times10^{-7}$	$\leqslant5\times10^{-7}$	—	—	$\leqslant1\times10^{-6}$	$\leqslant1\times10^{-6}$	$\leqslant5\times10^{-7}$	$\leqslant1\times10^{-6}$

注：1. As-05 牌号杂质总含量应不超过 1×10^{-3}%；

　　2. As-06 牌号杂质总含量应不超过 1×10^{-4}%；

　　3. As-07 牌号杂质总含量应不超过 1×10^{-5}%。

B　应用实例二

一种制备单质高纯砷产业化生产的方法（专利 CN 101144125B）：

（1）以纯度为 2N 的工业砷为原料，进入升华炉中，密封，抽取真空使系统真空度达到 10~80Pa，通电开始升华，控制炉底温度为 540~580℃，升华下段温度为 550~630℃，升华上段温度为 550~630℃，产品捕集段温度为 480~560℃，保温 2~5h，即可断电停炉出料。

（2）将上述升华料装入氯化反应器，缓慢开启氯气阀通入工业氯气，调节氯气流量至 10~20L/min，在反应器中反应合成 AsCl$_3$。

（3）将上述合成的 AsCl$_3$ 液体加入蒸馏釜中，总量不得超过釜有效容积的 2/3，开通循环冷却水，通电升温，由小到大逐步增加功率，控制蒸馏釜温度为 120~145℃，产出量大小应与脱氯产出量平衡，观察液位，及时补加 AsCl$_3$ 液体，保持液位在釜的 2/3 处。

（4）将步骤（1）所得砷升华料破碎成 10~20mm 的颗粒料，装填到脱氯柱中，完毕后，将脱氯柱顶端的磨口帽封盖好，连接好冷却循环水管，向脱氯柱底部加注步骤（3）蒸馏出来的 AsCl$_3$ 液体，以观察孔能看到液面为宜，打开冷却水，通电脱氯，控制温度为 130~150℃。

（5）先向精馏一塔注入步骤（4）的 AsCl$_3$ 液料，回流后，向二塔加料，流量 2~5L/h，回流后，向三塔加料，流量同前，当三塔全回流后，开始出产品，同时向一塔加料，一塔向二塔加料，二塔向三塔加料，控制三个塔的塔釜温度为 120~140℃，塔釜压力小于 0.04MPa，塔顶压力小于 0.003MPa。

（6）对氢还原反应炉缓慢通电升温，升到 800℃后，开始进料，同时开启尾气淋洗制酸系统，控制炉温还原段为 800~960℃，捕集段为 260~320℃，AsCl$_3$ 进料量为 0.2~1L/h，氢气进气量为 0.2~0.6m/h，24h 后从捕集管中得到成品，无氧状态包装即可。

5.3.3.2　液相氯化—还原法

液相氯化—还原法通常以 As$_2$O$_3$ 为原料，经 As$_2$O$_3$ 精制—盐酸液相氯化—精馏—水解—氢还原等过程制取高纯砷，工艺流程如图 5-16 所示，原料为含 As$_2$O$_3$ 99% 以上的粗白砷。这种方法可以生产出纯度 99.9999% 的高纯砷。

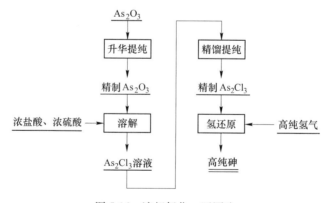

图 5-16　液相氯化—还原法

Λ　亚砷酸的提纯

亚砷酸是一种最常见的砷化物，也是高纯砷的主要原料。由于原料来源的关系，常常含有各种杂质元素，如 Cu、Fe、Pb、Ag、Sb、Se、Te、S 等，因此要加以提纯，但因其中的硫族元素和 Sb 很难分离，因此给制取高纯砷带来了很多困难。

由于亚砷酸的挥发温度较低，约为 $300\sim450℃$，可通过升华温度的控制来进行分别挥发，从中把不易挥发的金属元素等分离出来，但由于升华温度（As_2O_3 $190\sim300℃$，SeO_2 $317℃$，Te $450℃$，Sb_2O_3 $656℃$）的关系，基本上可以除去蒸气压较低的金属氧化物。但是 Sb_2O_3 的蒸气压比 As_2O_3 低 3 位数，升华办法难以除掉，蒸气压较高的 SeO_2、SO_2 等可以排气除去。升华提纯后，可以得到 99.9% 以上的纯制亚砷酸。

原料亚砷酸　　　提纯亚砷酸

$$As_2O_3(98\%) \xrightarrow{800℃} As_2O_3(99.9\%)$$

在高纯的亚砷酸提纯方法中，用氯化砷（Ⅲ）加水分解最为有效。因此一般都先把亚砷酸用浓盐酸溶解成 $AsCl_3$，滤去不溶性杂质，按 100mL 的 $AsCl_3$ 浓盐酸溶液加 1000mL 水的比例加水，分解，使游离的盐酸浓度达 3.2mol/L，由于这时亚砷酸的溶解度最小，因此大部分亚砷酸析出来了，其过程见式（5-21）：

$$4AsCl_3 + 6H_2O \longrightarrow 4As_4O_6 + 12HCl \tag{5-21}$$

但在最初析出的亚砷酸中含 Se、S 量较高，因此可进一步加水，用 NaOH 溶液去除 Sb，从而就可得到高纯度亚砷酸。

B　氯化砷的提纯

在高纯砷的提纯中，分离效果最好的是氯化砷的蒸馏提纯。

氯化砷是通过用浓盐酸将 As_2O_3 溶解而得，为提高 $AsCl_3$ 的生成率，可添加 1.6 倍 As_2O_3 质量的浓硫酸，经过过滤提纯，得到 $AsCl_3$ 溶液，见式（5-22）。

$$As_2O_3(s) + 6HCl(l) \longrightarrow 2AsCl_3(l) + 3H_2O(l) \tag{5-22}$$

应注意不让下述反应发生：

$$As_2O_3(s) + 6HCl(l) \longrightarrow 2AsOCl(l) + 3H_2O(l) \tag{5-23}$$

因为生成的 AsOCl 对过程有干扰作用。日本浅野正胜等人介绍采用硫酸脱水蒸馏。

$AsCl_3$ 为无色透明的溶液，剧毒化品，暴露空气中会生成亚砷酸并最终形成砒霜，同时放出大量具有刺激性和腐蚀性的氯化氢气体。由于氯化砷的强腐蚀性，蒸馏设备需充分考虑氯化砷的腐蚀性，因此应使用石英、玻璃、聚四氟乙烯等非金属材质。

因为 $AsCl_3$ 的沸点只有 130.4℃，所以经过单馏、分馏及精馏 3 个阶段精炼提纯即可得到 6N 的 $AsCl_3$。这个蒸馏工序就是利用氯化物的沸点差[77]（见图 5-17）。

蒸馏过程中蒸气压低的 Fe、Cu、Ni、Zn 等重金属氯化物大部分遗留在单馏釜的残液中，此外碱金属、碱土类等不挥发成分也残存在单馏釜的残液中。Si、Ge 等蒸气压高的氯化物被浓缩在馏出液中，从而得到精制氯化砷溶液。

把 6N 以上的氢气用钯膜透过法进一步予以精制，在 800℃ 以上的高温下还原：

$$4AsCl_3 + 6H_2 \xrightarrow{>800℃} 4As + 12HCl \tag{5-24}$$

在低于 400℃ 的温度里，生成金属砷，氢还原过程中，硫的化合物由于氢气的还原作用生成挥发性 H_2S 被有效地除掉[78]，这样生成的金属砷纯度可超过 6N，但是尚含有数个 $10\times10^{-7}\%$ 的 Na、C、Cl 等杂质，通过升华提纯 6N 金属砷，可以将纯度提高到 7N 以上。

也可将精制 $AsCl_3$ 用高纯水水解得到高纯 As_2O_3，再用高纯氢气还原可得到纯度达 6N~7N 的高纯砷，见式（5-25）。

$$As_2O_3 + 3H_2 \xrightarrow{800℃} 2As + 3H_2O \tag{5-25}$$

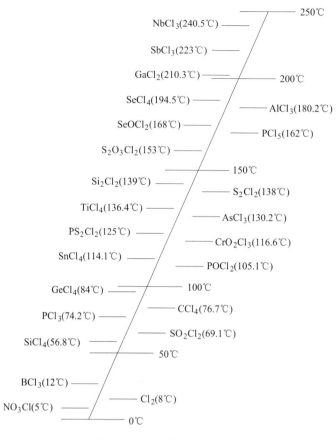

图 5-17　各种氯化物的沸点

　　氯化—还原法技术成熟，是制备高纯砷的主要方法之一。但在氯化—还原法中制备的中间体 $AsCl_3$ 有强烈的刺激性和腐蚀性，容易渗透到有机物里，一旦粘到皮肤，特别是眼睛，非常危险，必须非常小心处理。此外，该制备方法存在产能低、工序冗长、产品合格率低等问题。一般来说，用 As_2O_3 制备砷（液相氯化—氢还原）的纯度比由粗砷制备砷（气相氯化—氢还原）的纯度高，不过用粗砷制备砷的方法流程短，目前仍是氯化—还原法制备高纯砷的主要方法。

5.3.4　热分解法

5.3.4.1　As(OR)$_3$ 热分解法[79]

　　As(OR)$_3$ 热分解法是制备高纯砷较有前途的方法之一，方法新颖，更具工艺性和经济性。据文献报道，该法包括由工业 As_2O_3 和相应醇合成 $As(OC_5H_{11})_3$ 与 As（异-OC_5H_{11}）$_3$，蒸馏纯化合成的产品，热分解纯化后的合成产品得砷，冷凝砷蒸气后进行高真空升华纯化得高纯砷。As(OR)$_3$ 的热分解在充满氢气的反应器中进行，热分解的温度为 873K±5K。工业上用该法生产高纯砷，产量接近 90%。As(OR)$_3$ 热分解法所得的高纯砷，各种杂质的含量见表 5-11。

表 5-11 As(OR)₃ 热分解法所得的高纯砷中各种杂质含量

元 素	Al、Ca、Fe、Cu	Cr、Bi、P	Mg、Mn、Ni、Pb、Sb、Se、Zn、Te	S、Si	C
含量/%	5×10^{-4}	0.1×10^{-4}	1×10^{-4}	1×10^{-4}	1000×10^{-4}

As(OR)₃ 热分解法制备高纯砷由两部分组成。一是用粗 As₂O₃ 和碳原子数大于 4 的醇合成 As(OR)₃，然后经减压蒸馏除杂提纯；二是在 600℃ 左右的温度下，经蒸馏提纯的 As(OR)₃ 在充满高纯 H₂ 的反应器中热分解得到砷蒸气，砷蒸气冷凝后在高真空条件下升华纯化得高纯砷。

As(OR)₃ 热分解法是一种较有前途的方法，制备过程无污染，是制备高纯砷可取的方法。目前工业上应用较少。砷化氢（AsH₃）的热分解法对于杂质的去除比较简单，得到的金属砷纯度也高。但该方法以剧毒物质砷化氢为原料，生产条件苛刻，能耗高，设备投入大，必须严格监控生产流程，以防气体泄漏。As(OR)₃ 热分解法是一种较有前景的高纯砷制备方法，工艺新颖，操作安全。

5.3.4.2 砷化氢（AsH₃）热分解法

砷化氢又称砷烷，沸点为 -62.5℃，常温下为无色气体，剧毒，具有大蒜臭味，热稳定性较差，受热时易分解为氢气和元素砷。由于常温下砷化氢是气体，通过液化分馏或吸附就可以提纯，成为相当高纯度的砷化氢[77]。利用砷化氢在超过 280℃ 时会热分解成金属砷和氢气，将 AsH₃ 通入高温炉发生热分解制备高纯砷，见式（5-26）。

$$4AsH_3 \xrightarrow[\text{热分解}]{600 \sim 800℃} 4As + 6H_2 \tag{5-26}$$

同时，砷化氢（AsH₃）热分解中容易分离重金属，能减少产物中杂质的混入。而且得到的金属砷和氢气容易分离。因此，砷化氢热分解法容易得到纯度很高的金属砷。但是，砷化氢是毒性极大的砷化物之一，必须进行严格的工程管理。

AsH₃ 的合成不能通过单质简单地合成，但在催化剂存在下或等离子体照射下可得到 AsH₃。通常使用某些金属砷化物与水或酸反应来制备 AsH₃，该反应快速而且完全，产物中完全不含 H₂，但 AsH₃ 收率通常低于 90%。反应式如下：

$$Na_3As + 3H_2O \longrightarrow 3NaOH + AsH_3\uparrow \tag{5-27}$$

$$Zn_3As_2 + 6HCl \longrightarrow 3ZnCl_2 + 2AsH_3\uparrow \tag{5-28}$$

日本专利介绍了一种在酸性溶液中还原 NaAsO₂ 来制备 AsH₃ 的方法。它是先使 As₂O₃ 溶于 NaOH 溶液中，制成 NaAsO₂ 溶液，然后再与 H₂SO₄ 及 Zn 粉反应生成 AsH₃。反应在室温下进行，AsH₃ 收率为 92%，且重现性较好。反应式如下：

$$As_2O_3 + 2NaOH \longrightarrow 2NaAsO_2 + H_2O \tag{5-29}$$

$$2NaAsO_2 + 6Zn + 7H_2SO_4 \longrightarrow 2AsH_3\uparrow + Na_2SO_4 + 6ZnSO_4 + 4H_2O \tag{5-30}$$

近年来，国外主要采用电解法来合成 AsH₃，主要介绍以下两种工艺[80]。

A 法国液化空气公司工艺

法国液化空气公司电解槽示意图如图 5-18 所示。

电解槽 12 被阳离子交换膜 11 分隔成阳极室 1 和阴极室 2，阳极室内设有与电源正极

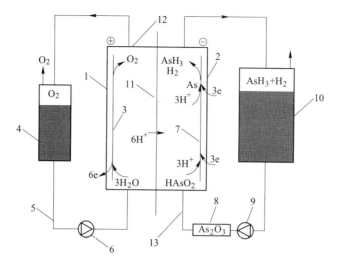

图 5-18 法国液化空气公司的电解槽示意图

1—阳极室；2—阴极室；3—阳极；4—阳极储槽；5，13—管；6，9—泵；7—阴极；
8—电解液配置器；10—阴极储槽；11—阳离子交换膜；12—电解槽

相连的阳极 3，它由氧化钌或氧化铱包覆的 Ti 制成。阴极室内设有与电源负极相连的阴极
7，它由 Bi 包覆的 Cu、Pb、Ti 或 Cd 制成，表面积约 70cm^2。阳离子交换膜由中空聚酰亚
胺纤维制成，它允许 H$^+$ 通过，但不允许 AsO$_2^-$ 通过。电极反应如下：

阳极：
$$H_2O \longrightarrow \frac{1}{2}O_2 + 2H^+ + 2e \tag{5-31}$$

$$H_2 \longrightarrow 2H^+ + 2e \tag{5-32}$$

阴极：
$$HAsO_2 + 3H^+ + 3e \longrightarrow As + 2H_2O \tag{5-33}$$

$$As + 3H^+ + 3e \longrightarrow AsH_3 \tag{5-34}$$

副反应：
$$2H^+ + 2e \longrightarrow H_2 \tag{5-35}$$

在电解液配置器 8 中填充固体 As$_2$O$_3$，用泵 9 将 1mol/L H$_2$SO$_4$ 溶液从阴极储槽 10 送
入配置器，制成 HAsO$_2$ 饱和溶液后，经管 13 进入阴极室。同时从阳极储槽 4 通过管 5 和
泵 6 向阳极室供应 1mol/L H$_2$SO$_4$ 溶液。控制电解槽的电流密度在 500A/cm^2，阴极上生成
AsH$_3$ 的产量为 50L/(m$^2 \cdot$ h)，产品中 AsH$_3$ 体积分数约为 95%。

B 电子转移技术公司工艺

电子转移技术公司的电解法流程示意图如图 5-19 所示。

在电解槽 1 中设有阴极 2 和阳极 3，阴极由纯度大于 6N 的 As 制成，阳极可用 Mo、
V、Cd、Pb、Cr、Sb 等金属、氧化—还原电极或相对于标准 Hg 电极的氧化电势由小于
0.4V 的离子电极等构成，电解质用 1mol/L KOH 溶液。总电极反应如下：

$$As + 3H_2O + 3e \longrightarrow AsH_3 + 3OH^- \tag{5-36}$$

通过控制器 10 控制电解槽电流在 50A，阴极气体中 AsH$_3$ 体积分数约为 90%。生成的
气体经调节阀 4、管线 5 和填充 3A 分子筛的过滤器 7 后进入压力调节器 6，借助螺旋阀 8
通入载气或抽真空来调节系统压力。氢气 11 经阀 12、流量调节器 13 进入混合器 14，在这

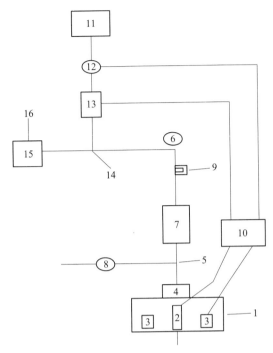

图 5-19 电子转移技术公司的电解法流程示意图

1—电解槽；2—阴极；3—阳极；4—调节阀；5—管线；6—压力调节器；7—填充 3A 分子筛的过滤器；
8—螺旋阀；9—压力表；10—控制器；11—氢气；12—阀；13—流量调节器；
14—混合器；15—气体浓度监测器；16—半导体生产阶段

里与 AsH_3 混合，然后经气体浓度监测器 15 进入半导体生产阶段 16。在监测器中产生一个变化的电信号，传递给控制器，并与设定值相比较，进而调节电解槽电流，可使 AsH_3 在恒定浓度下产生。

用电解法生产的 AsH_3 有极高的纯度，其他氢化物质量分数小于 $2 \times 10^{-7}\%$，水分质量分数小于 $10 \times 10^{-4}\%$。总之，化学法的优点是工艺简单、原料易得、设备投资少；缺点是产物收率低、杂质含量高、需要经过复杂的精制处理后方可使用。电化学法的优点在于可在恒定浓度条件下生产 AsH_3、产物收率及纯度高、装置易于控制；缺点是能耗和设备投资大。

5.3.5 硫化—还原法

用 H_2S 还原 As_2O_3 生成多硫化砷，在高温中用氢气把多硫化物还原成单质砷。反应过程见式（5-37）和式（5-38）。

$$As_2O_3 + 3H_2S \longrightarrow As_2S_3 + 3H_2O \tag{5-37}$$

$$As_nS_m + mH_2 \longrightarrow nAs + mH_2S \tag{5-38}$$

由于多硫化物还原中产生的 H_2S 可用于 As_2O_3 的还原过程，该方法可实现自动控制和 H_2S 的闭路循环，且多硫化砷是一种低毒物质，因此，多硫化物法不会产生有害气体和废液，生产环境友好，易于实现清洁生产。俄罗斯国立有色金属湿法研究院研制出崭新的生产特纯牌号金属砷的方法，称之为"多硫化物法"[81]。该过程为闭路循环，没有含砷废液和有害气体喷出物，生态环境干净，不污染操作空间，保护了环境。所有这一切使得有可能在国立有色金属湿法冶金研究院基地进行工业性试生产特纯牌号金属砷，同时取得的技术数据可用于南乌拉尔黄金公司（车里雅宾斯克区普拉斯特市）砷厂工业砷车间的设计。

根据所研制的工艺，用来生产金属砷的原料是 As_2O_3。工艺流程如图 5-20 所示。

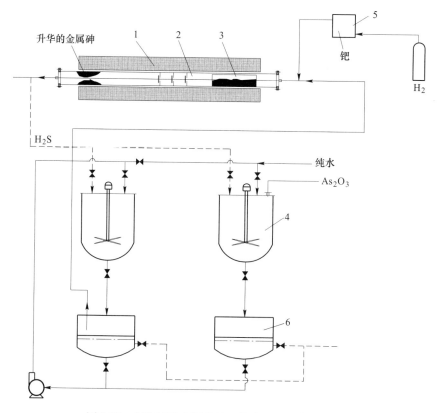

图 5-20　制取特纯金属砷的工艺流程和设备配置图
1—还原炉；2—石英容器；3—石英反应器；4—玻璃反应器；5—氢过滤器；6—吸滤器

工艺过程包括：用氢气从多硫化物中高温还原砷（见式（5-38））和在炉子 1 中从饱和的三氧化二砷水溶液中制取多硫化砷（见式（5-37））。在反应器 4 中通入反应（5-38）生成的硫化氢。由反应（5-37）生成的多硫化砷从溶液中倾析出来在吸滤器 6 上过滤后干燥，干燥的滤饼送至还原炉，按反应（5-38）制取砷。

在上述工艺中，不可能形成有害气体喷出物和废液，过程为自动控制且闭路循环，根据玻璃反应器 4 中 As_2O_3 的耗量，加入必需分量的新鲜 As_2O_3 原料，而从还原炉中间歇地卸出产品砷，得到的金属砷符合 OCT6-12-112-73 牌号的标准。

由此可见，所研制工艺的主要特点是，用来还原的产品不是对生态有危险的 As_2Cl_3，而是低毒性（危险度为 Ⅱ 级）的多硫化砷，同时，反应器出来的废气中没有砷化物和硫化氢，因为它们与溶于水中的 As_2O_3 完全化合。

硫化—还原法将氧化砷还原为多硫化物，然后进行氢还原制备高纯砷，可以实现循环生产，无废液、废气产生，技术环保，是一种具有发展前景的技术。虽然国外仅有一例报道，国内也还未见研究，但值得关注和研究。

5.3.6 单结晶法和蒸气区域精制法

单结晶法和蒸气区域精制法[5]是制备高纯砷的辅助方法，需与其他方法结合才能制备高纯砷。采用前述的方法制备高纯砷，有时还要进行精制才能达到所需的纯度，单结晶法和蒸气区域精制法是一种有效的手段。

5.3.6.1 单结晶法

单结晶法是在特制的石英管中，于 910℃、$1.01325 \times 10^7 Pa$（100atm）下使之（砷在817℃、$3.597 \times 10^6 Pa$（35.5atm）熔化为液态）由下端缓缓冷却，结晶生长成单晶，可以除去 Ag、Cu、Fe 等元素，但对于 Sb、Te 效果不大，硫则由 $5 \times 10^{-4}\% \sim 10 \times 10^{-4}\%$ 降到 $1 \times 10^{-4}\%$，这是因为硫在固化铅时以气体形式存在的，固化后仅依附在表面上，所以可经过清洗等方法除去。

有文献报道在一定的条件下的高压容器中（840℃，容器内氢气的压力为9.63MPa），在硼酐层下进行砷的纯化。经过 3 次结晶，Fe、Pb、S 的含量可分别降低到原来的 1/30、1/27、1/20，其余大部分杂质的含量平均降低 1 个数量级。杂质含量的降低是由于被硼酐萃取，而不是由于结晶时杂质分凝所致。

Blum 把砷装在 3mm 厚的石英管中，在垂直炉内熔化，温度为 840℃，石英管以1cm/h速度下降，用这种方法制出单晶中硫含量在 $0.5 \times 10^{-4}\%$ 以下，合成 InAs 后的迁移率达到 $62000 cm^2 /(V \cdot s)$。

日本浅野正胜用气相生长法制得砷单晶。发现杂质 S 变成硫化砷，它们不溶解进砷单晶中只是吸附于结晶界面。此法对除去高纯砷中的微量 Ni、Pb、Mn、Sb、Ge、Zn、Fe 等有效果，而对 Bi 和 Mg 则较难除去。

5.3.6.2 蒸气区域精制法

蒸气区域精制法利用砷易升华的特性进行气-固区域熔炼，使其中的杂质发生偏析而分离，通过 5 次区域精炼，前端偏析出 Al、Si、Fe、Cu 等杂质元素，而后端偏析出 Pb、Bi，但不能分离 Mg、Ag。在砷锭的前端 Al、Si、Fe、Cu 的含量增大 3 倍；后端 Pb、Bi 的含量增大 3 倍。

蒸气区域精制法和单结晶法一般作为辅助提纯方法，对一些难除杂质有很好的效果，能够使砷的纯度提高 1~2 个数量级，但生产能力有限，难以大规模生产。

5.4 生产高纯砷对试剂、设备等的要求

高纯砷的生产不单纯是一个工艺方法的选择问题，它还涉及实现生产时试剂和设备是否能满足达到该目标的要求。

比如一般高纯砷生产多用 H_2 还原，原因是 H_2 容易净化达到高纯的要求，但净化 H_2的过程应当严格注意微量杂质氧和硫。净化后的 H_2 气送入炉的管道也有严格的要求，不能由供气管道的金属或塑料等物质有杂质扩散入净化气中。砷被还原之后析出在玻璃或石英管的基体上，第一层砷膜将其基体润湿，其浸蚀作用极微小。在进一步冷凝时，砷积聚到一定数量之后，需要从中取出，这样就要注意是否带出了基体的微粒影响产品中的硅和

硼的含量。对冷凝砷的细碎采用什么样的机械设备也是有研究的，建议用塑料、陶瓷、氮化物作细碎作业的器材，因为细碎过程也存在污染问题。

在封闭装砷的容器之前，需在升温下和惰性气氛中操作，一方面可除去吸附的微量氧，另一方面使砷的表面尽可能对氧不起吸附吸收作用。

总之，为了使高纯砷的生产得以顺利地进行，保持产品质量稳定，需要对整个工艺采用的试剂、设备和操作都做到符合高纯产品的要求。采用各种方法制备高纯砷，首要条件是设备密闭性必须要好，有限套的安全防护设施，因砷及其化合物都有剧毒，操作条件控制不当容易造成泄漏，对人身和环境造成巨大危害。

6 含砷中间物料的处理

6.1 含砷中间物料的来源及其危害

自然界中大多数的重金属、贵金属矿物均含有砷元素，这些矿物中砷主要与铜、铅、锌、锡等金属以及硫等非金属形成化合物，如硫砷铜矿中的 Cu_3AsS_4、砷铜矿中的 Cu_3As、砷锌矿中的 $Zn_3(AsO_3)_2$、砷铅矿中的 $Pb_5Cl(AsO_4)_2$ 等，在选矿过程中，这些矿物所含的砷很难分离，从而大部分砷随精矿进入冶炼工序。在金、银、铜、铅、锌等冶炼过程中，砷分别进入烟气、渣、液中从而形成含砷烟尘、砷渣以及含砷废水等危险废物。这些危险废物中，含砷烟尘是铜、铅、锡的火法冶炼过程中产生随烟气排出的微细颗粒物，通过自然沉降、布袋收尘以及电收尘得以收集。含砷的废渣通过火法冶炼过程中随冶炼渣进入后续废渣，含砷废液多是随含砷烟尘过滤后的烟气进入冶炼污酸。随着低砷矿石的日益减少，低品位及复杂高砷矿因为计价系数低、价格较低、利润空间大，开始被大量应用于有色冶炼行业内，冶炼原矿中砷品位不断升高，导致含砷中间物料的产量逐年倍增。含砷中间物料的砷化物有剧毒，处置和处理不当将对生态安全和人类健康造成严重的危害。

此外，这些含砷的中间物料通常富含铅、锌、铜、铋、锑等有价金属以及少量金、银等贵金属，是值得加以回收利用以提高资源综合利用率，提升矿物资源利用价值的。因此，此类含砷中间物料是冶炼过程中重要的中间物料，目前国内外通常将这些含砷中间物料直接返回铜、铅、锡冶炼流程，使得砷在冶炼系统中密闭循环，导致主金属冶金生产效率降低，严重影响整个冶炼过程的正常运转。因此，含砷中间物料的综合处理与利用已成为重金属冶金行业面临的共性问题，已成为制约重金属冶金行业，尤其是铜冶炼行业可持续发展的共性难题之一。含砷中间物料减量化、无害化、资源化处理技术已成为重金属冶金行业的关键共性技术需求。

6.2 含砷中间物料的来源

含砷中间物料主要产生于有色冶金重金属铜、铅、锡、锌等的火法冶炼以及含砷污水处理产生的废渣，其中尤其铜冶炼企业含砷物料产量最多，在铜冶炼中，含砷中间物料主要包括火法炼铜造锍熔炼、吹炼以及阳极泥熔炼工艺中产生的含砷烟尘等，此类含砷烟尘中多以砷氧化物以及砷与其他有价金属的复合氧化物等的形式存在，不同的工序产出含砷品位不同的烟尘，如造锍熔炼过程，烟尘中的砷品位一般在 10%~20% 之间；阳极泥的熔炼过程产生含 As 大于 40% 的烟尘。在铅冶炼过程中，含砷中间物料主要包括氧气底吹熔池熔炼以及顶吹熔池熔炼环节产出含砷烟尘，阳极泥熔炼工艺产出的砷锑烟灰。在锌冶炼中，含砷中间物料主要产生于硫化锌精矿的焙烧环节，而在锡冶炼过程中，含砷中间物料主要产生于还原熔炼和废渣的处理环节。在含砷污水处理过程中，含砷中间物料主要包括污水硫化工艺产出的硫化砷渣。

6.3　含砷中间物料的处理及利用现状

对于含砷中间物料的处理，我国的技术人员于 20 世纪 50 年代就开始了研究。由于含砷中间物料中砷主要以 As_2O_3、AsO_4^{3-}、AsO_3^{2-}、As_2S_3 的物相存在。因此，含砷中间物料处理工艺主要分为湿法、火法和联合法，火法工艺在工业化应用中主要还是回转窑挥发处理，其他火法工艺技术尚不成熟，目前冶炼企业中多数采用湿法和联合法工艺处理含砷中间物料。

6.4　湿法工艺

湿法处理含砷中间物料主要有酸浸法、水浸法、碱浸法等，浸出后的渣以稳定性强、危险性低的砷酸盐沉淀形式进行无害化堆存。根据原料成分的不同，部分企业采用热水和酸浸联合的方法处理含砷烟尘，能获得更好的效益。主要涉及的反应如下：

$$As_2O_3 + 3H_2O \longrightarrow 2H_3AsO_3 \tag{6-1}$$

$$2H_3AsO_3 + O_2 \longrightarrow 2H_3AsO_4 \tag{6-2}$$

$$H_3AsO_3 + H_2O_2 \longrightarrow H_3AsO_4 + H_2O \tag{6-3}$$

$$3H_3AsO_3 + 2MnO_4^- \longrightarrow 3H_2AsO_4^- + 2MnO_2 + H^+ + H_2O \tag{6-4}$$

$$H_3AsO_3 + MnO_2 + 2H^+ \longrightarrow Mn^{2+} + H_3AsO_4 + H_2O \tag{6-5}$$

$$Fe_2(SO_4)_3 + 2H_3AsO_4 + 4H_2O \longrightarrow 2FeAsO_4 \cdot 2H_2O + 3H_2SO_4 \tag{6-6}$$

$$6Ca(OH)_2 + 4H_3AsO_4 \longrightarrow 2Ca_3(AsO_4)_2 + 12H_2O \tag{6-7}$$

6.4.1　酸浸法

根据含砷中间物料的成分特点，冶炼企业目前大多采用硫酸浸出含砷物料中的 Zn、Cu、Cd、In、As 等元素，而后通过水解、沉淀获得白砷（As_2O_3），残余在溶液中的砷、铁以砷酸铁沉淀的形式固化堆存，实现无害化处置，典型工艺如图 6-1 所示。

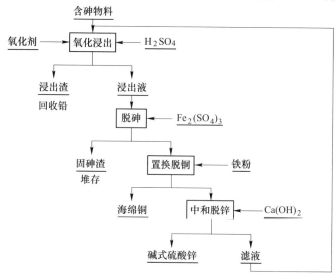

图 6-1　含砷物料酸浸工艺示意图

6.4.1.1　氧化浸出

云南锡业[82]的含砷烟灰含 Cu 4.56%、Pb 12.25%、Zn 15.56%、As 10.15%、Fe 2.37%、Bi 3.69%、In 0.18%。大部分金属元素都是以氧化物的形式存在，在加热的条件下，硫酸会和烟灰中的有价金属元素反应：

$$ZnO + H_2SO_4 = ZnSO_4 + H_2O \tag{6-8}$$
$$FeO + H_2SO_4 = FeSO_4 + H_2O \tag{6-9}$$
$$PbO + H_2SO_4 = PbSO_4 + H_2O \tag{6-10}$$
$$BiO + H_2SO_4 = BiSO_4 + H_2O \tag{6-11}$$
$$CuO + H_2SO_4 = CuSO_4 + H_2O \tag{6-12}$$
$$AgO + H_2SO_4 = AgSO_4 + H_2O \tag{6-13}$$

砷是影响后续提取有价金属的有害杂质，在烟尘中砷主要以 As_2O_3 和 As_2O_5 的形式存在，其中 As_2O_3 通过硫酸的浸出率低，Cu_2O 在有氧的条件下才能参与浸出反应，因此需要通过氧化才能将烟尘中的砷和铜浸出到溶液中。而在浸出过程中，所使用的氧化剂通常为空气、氧气、双氧水、锰矿粉、高锰酸钾，反应如下：

$$As_2O_3 + 2MnO_2 + 2H_2SO_4 = As_2O_5 + 2MnSO_4 + 2H_2O \tag{6-14}$$
$$As_2O_5 + 5H_2SO_4 = As_2(SO_4)_5 + 5H_2O \tag{6-15}$$
$$As_2(SO_4)_5 + Fe_2(SO_4)_3 + 12H_2O = 2FeAsO_4 \cdot 2H_2O + 8H_2SO_4 \tag{6-16}$$
$$As_2O_3 + 2MnO_2 + 2H_2SO_4 = As_2O_5 + 2MnSO_4 + 2H_2O \tag{6-17}$$
$$Cu_2O + MnO_2 + 3H_2SO_4 = 2CuSO_4 + MnSO_4 + 3H_2O \tag{6-18}$$

通过以上反应可以看出，除了 Pb、Bi 等进入浸出渣，其他有价金属元素均进入浸出液中，Fe 浸出后被氧化成三价铁，与 As(V) 反应生成稳定的铁酸砷进入渣中。

6.4.1.2　中和沉砷

脱砷的目的是将浸出液中的砷与溶液进行固液分离，将得到优质浸出液。在浸出液中加入适量的硫酸铁（上述反应所生成的硫酸铁不能满足脱砷工序的需要量时），并在反应过程中不断加入石灰乳调节 pH 值，使砷酸与硫酸铁、石灰乳反应生成砷酸铁沉淀和硫酸钙沉淀析出，发生的主要反应如下：

$$Fe_2(SO_4)_3 + 3Ca(OH)_2 = 3CaSO_4 + 2Fe(OH)_3 \tag{6-19}$$
$$Fe^{3+} + AsO_4^{3-} + 2H_2O = FeAsO_4 \cdot 2H_2O \tag{6-20}$$

从以上反应可知，浸出液中的酸根离子和铁离子均以沉淀析出。

6.4.1.3　置换脱铜

利用铁、铜金属的电极电位不同，采用加铁屑的办法，使浸出溶液中的铜置换出来。主要反应式如下：

$$CuSO_4 + Fe = FeSO_4 + Cu \tag{6-21}$$

利用铁屑进行置换可以将溶液中的铜以海绵铜的形态析出。

6.4.1.4　中和沉锌

加入石灰乳，调节溶液的 pH 值，用化学沉淀法使锌以碱式硫酸锌形式回收利用。其反应如下：

$$6ZnSO_4 + 3Ca(OH)_2 + 10H_2O \longrightarrow 3ZnSO_4 \cdot 3Zn(OH)_2 \cdot 4H_2O + 3CaSO_4 \cdot 2H_2O$$

$$(6-22)$$

为保证锌的沉淀率，该过程通过加入石灰乳控制溶液 pH 值在 7 左右，溶液里的锌以碱式硫酸锌的形态和硫酸钙共同析出。各工序的工艺条件见表 6-1。

表 6-1　各工序的工艺条件

序号	项　目	工　艺　条　件
1	氧化浸出	温度：80~90℃，时间 2h，氧化剂用量为理论量的 1.2 倍，液固比（3~4）:1，酸浓 100~200g/L
2	中和脱砷	温度：70~75℃，时间 2h，Cu:Fe = 1:1.2，终点 pH = 2.2~3
3	置换脱铜	温度：80~90℃，时间 2h，Ca(OH)₂:Zn = 0.9:1，pH>7
4	中和脱砷	温度：80~90℃，时间 2h，Ca(OH)₂:Zn = 0.9:1，pH>7

此外，刘智明[82]以某铜厂艾萨炉、转炉、电炉产生的含砷烟尘为原料，其中艾萨炉烟尘含砷 12.19%，转炉烟尘含砷 2%，电炉烟尘含砷 6.23%，采用稀硫酸浸出→浸出液电积回收铜→脱铜后液浓缩结晶回收锌→产出硫酸锌→硫酸锌结晶后母液通入 SO_2 沉淀产出白砷的工艺处理白砷烟尘。电积得到的铜的品位在 97% 以上，可以作为铜电解阳极板用于生产电解铜，产出的白砷品位达到了 92%~95%，沉砷后液返回烟尘浸出，实现了酸溶液的闭路循环。该方法存在浸出工艺中砷的浸出率不高，只有 20%~30%，产出的硫酸锌品质较差且工艺复杂等问题，在工业化应用过程中仍需要改进。同样以该厂艾萨炉含砷烟尘为原料，徐养良等人[83]采用的处理工艺基本类似，不同的是在浓缩结晶脱锌过程中将粗制硫酸锌重溶、过滤，然后往过滤后液中加入锌粉置换除镉，降低了浸出渣中镉的含量，适用于处理含镉较高的烟尘物料。

樊有琪等人[84]以云南某铜厂顶吹熔炼炉含砷烟尘为原料，原料含砷 10.15%，还含有 15.56% 的锌以及 12.25% 的铅等有价金属，通过酸性氧化浸出，中和脱砷，铁屑置换脱铜，中和沉锌达到砷和其他有价金属分离的目的。其中脱砷过程中通过加入硫酸铁和石灰乳中和沉淀脱砷，砷最终以稳定片头葱石矿物的形式富集并处置，锌以硫酸锌和石灰乳反应生成的碱式硫酸锌沉淀的形式收集利用，浸出后的铅渣返回铅冶炼厂冶炼。

N. K. Sahu 等人[85]以含砷 6.1%、铜 31.77%、铁 14.92%，主物相为 6Cu · Cu_2O、Cu_3As、Cu_3AsS_4、(Cu、Fe)$SO_4 \cdot H_2O$ 的铜熔炼电收尘为原料进行了小型试验。首先利用浓硫酸浸出铜、砷、铁等主要元素，然后分两步从浸出液中脱砷：第一步，通过滴加 NaOH 溶液中和浸出液，使浸出液 pH 值从 1 以下升至 2.35；第二步，向浸出液中添加 $FeSO_4$ 和氧化剂 H_2O_2，以砷酸铁形式沉淀脱砷。该方法在较高温度（97℃）下酸性浸出铜。硫酸浓度 1.5mol/L，液固比为 4:1，铜、砷的浸出率分别达到 97% 和 94% 左右，最大脱砷率能达到 95%。该方法能够有效分离烟尘中的砷、铜元素，达到回收铜并固化砷的目的。

汤海波等人[86]以某铅铋合金冶炼过程中产生的二次烟尘为原料，原料中砷主要以氧化物形式存在，含量占到总重的 50% 以上，还含有一定量的铅、锑、锡、铋等元素。采用硫酸浸出，浸出过程中通过加入双氧水深度氧化浸出液中的砷和铁，使后续工序中产生的砷酸铁更趋稳定，通过控制双氧水的添加量、浸出时间、液固比、浸出温度、矿浆搅拌速度等因素，采用单因素正交试验分析得出最佳试验工艺条件：双氧水添加量为每克烟灰 1.5mL、浸出温度为 80℃、浸出时间为 105min、液固体积质量比为 10:1、搅拌速度为

705r/min。该条件下，砷、锌的浸出率分别为78.25%和85.42%。

张荣良等人[87]利用冶炼烟气制酸过程中产生的废酸，采用氧化浸出处理含砷5.5%、铜18.88%、铁15.29%、铅3.87%的闪速炉烟尘。该工序主要包括氧化浸出脱铜、浸出液预中和、深度氧化、中和沉淀砷和铁以及萃取等，通过热力学计算确定中和沉淀砷和铁过程中的pH值，通过观察反应的温度和时间以及液固比对浸出率的影响确定最佳工艺条件。在最佳工艺条件，即液固比为5∶1、浸出时间为2h、反应温度为80℃、每升溶液中每分钟通入空气360mL时，得到铜的浸出率大于83%、砷的浸出率大于92%、铁的浸出率在30%以上，砷酸铁渣经处理后作为无害稳定渣堆存。该工艺适合含铜较多的闪速炉烟尘，对于含其他有价金属如锌、锡、铋较多的烟尘原料效果不明显，该工艺具有一定的局限性。

徐志峰等人[88]对比研究了常压浸出和加压氧化浸出工艺下含砷5%、铜12%左右的高砷、高铜烟灰中砷、铜、锌、铁的浸出率。相对常压浸出，加压浸出（氧分压0.7MPa）工艺下铜、锌的浸出率更高，分别能达到95%和99%左右，砷浸出率约20%，元素铁、砷相互作用生成砷酸铁沉淀，能更好地实现浸出液中As、Fe、Cu的分离。

总体来看，酸浸法处理含砷烟尘，砷与其他金属分离较彻底，有价金属铜、铅、锌、铋等均得以充分回收，设备投资较低，但是流程长，关键是砷以砷铁渣、砷钙渣等形式分离，导致更多的含砷废物产生，需要更多的场地和物理空间堆存处置。

6.4.2 水热法

水热法适用于砷的主要物相为氧化物形式的含砷中间物料，其原理是砷的氧化物在水中的溶解度与浸出温度成正比，含砷中间物料中的As_2O_3易溶于水与其他不溶物分离，再通过浓缩结晶的方式将As_2O_3从溶液中析出，As_2O_3的溶解度见表6-2。

表6-2 As_2O_3的溶解度

温度/℃	2	15	25	39.8	100
溶解度/g·L^{-1}	12.01	16.57	20.38	29.30	60

其工艺流程如图6-2所示。

水浸法工艺条件简单可行，投资成本低，能够制取纯度大于99%的优质白砷。长沙有色冶金设计院[89]采用水热法处理含砷烟尘，烟灰成分见表6-3。

其工艺过程包括：

（1）热水浸出含砷烟尘，过滤产出亚砷酸溶液。该工序通常在负压机械搅拌槽中进行，溶液应不与铁器接触，为避免温度降低致使As_2O_3析出，浸出液应快速过滤。过滤通常使用厢式压滤机。

浸出工序技术参数如下：液固比12∶1；浸出温度大于70℃；浸出时间1.0h。

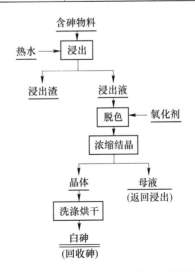

图6-2 水热法处理含砷中间物工艺流程图

表 6-3　水热法处理的含砷烟尘化学成分

成　分	As	Cu	Pb	Zn	Mg	Fe
含量/%	25.25	0.37	20.14	7.52	0.45	9.81

（2）亚砷酸溶液脱色。脱色主要是进一步除去溶液中可溶硅、微量金属离子、非金属离子以及有机物，得到合格的净化液，以此避免影响产品的白度。脱色剂常采用活性炭粉。

脱色工序技术参数如下：活性炭粉的添加量 2g/L；脱色温度 60~70℃；脱色时间 15~20min。

（3）溶液浓缩蒸发产出 As_2O_3 晶体，晶体洗涤除杂。脱色液溶液首先用列管蒸发器进行蒸发，再用蒸发釜进一步浓缩，直至浓缩液体积为最初体积的 20%。浓缩液送结晶槽冷却结晶，结晶完毕用离心机母液与晶体分离，晶体两次洗涤后再进行浓缩结晶，洗涤后的晶体采用吸滤盘进行脱水。

（4） As_2O_3 干燥包装。脱水后的白砷晶体含水通常为 10%~20%，采用远红外干燥箱，设定烘干温度 800℃以上进行干燥，白砷晶体含水必须在 0.5%以下。

经过上述工序，该工艺可制取纯度大于 99%的白砷，相关技术经济指标见表 6-4。

表 6-4　主要技术经济指标

指标名称	数　值	指标名称	数　值
砷回收率/%	58	烟尘渣率/%	64.87
烟尘浸出率/%	83.14	年工作日/d	300
白砷品质/%	≥99	产品含水/%	<0.5

从技术经济指标来看，与酸浸法相比，水热法砷的脱除率偏低，砷与有价金属分离不彻底，有研究人员[90]在水热法的前提下增加二次逆流热水浸出工序，但是砷的浸出率仅提高 1%~2%。还有研究人员[91]对来自朝鲜某冶炼厂的三种含砷烟尘进行湿法处理，第一种烟尘产出于沸腾炉烟气，含砷 13.98%、铅 3.15%、铁 24.95%，砷在烟尘中主要以氧化物和硫化物的形式存在；第二种烟尘产出于电炉熔炼，含砷 12.07%、铅 54.61%、锌 2.07%，砷在烟尘中主要以砷酸盐的形式存在；第三种烟尘产出于转炉吹炼，含砷 25.25%、铅 20.14%、铁 9.81%、锌 7.52%，砷在烟尘中主要以氧化物形式存在。因为砷酸盐和砷的硫化物不溶于水，因此，对第一种和第三种烟尘先采用热水浸出，浸出率分别能达到 60.23%和 84.50%，然后对第三种烟尘热水浸出后的浸出渣和第二种烟尘进行酸浸，浸出液经活性炭脱色，浓缩结晶、洗涤得到白砷产品，浸出渣含砷 2.27%且富含铅，可返回铅冶炼厂回收或直接出售。

与其他湿法工艺相比，水热法处理含砷烟尘流程短，得到的白砷纯度高，但是砷的回收率不理想，砷与有价金属分离不彻底，设备较多。

6.4.3 碱浸法

碱浸法的原理是利用含砷烟尘原料中砷的氧化物为酸性氧化物，不溶于水的砷酸盐和硫化砷会溶于碱性溶剂中，而其中的铅、锌、锑等有价金属的化合物则不溶或难溶于碱性溶剂中，实现砷和其他有价金属的分离，碱浸法浸出过程常用的溶剂有氢氧化钠-硫化钠、氢氧化钠、氨-硫化铵，典型工艺流程如图6-3所示。

6.4.3.1 氢氧化钠-硫化钠碱性浸出

砷属于亲硫元素，含砷中间物料中的砷酸盐、硫化物等很难溶于水的砷化合物，在氢氧化钠-硫化钠浸出体系下能反生反应转化成钠盐而溶于热液中，主要化学反应式如下所示：

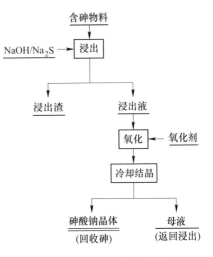

图6-3 含砷中间物料碱浸
处理法典型工艺流程

$$As_2O_5 + 6NaOH = 2Na_3AsO_4 + 3H_2O \tag{6-23}$$

$$As_2O_3 + 2NaOH = 2NaAsO_2 + H_2O \tag{6-24}$$

$$Pb_5(AsO_4)_3OH + 5NaS = 5PbS + 3Na_3AsO_4 + NaOH \tag{6-25}$$

$$Pb_5O_8 + 8Na_2S + 8H_2O = 5PbS + 16NaOH + 3S \tag{6-26}$$

砷的氧化物为酸性氧化物，常温下微溶于水，但易溶于碱中生成亚砷酸钠和砷酸钠，含砷中间物料里通常含有铅的氧化物，可通过加入硫化钠将其转化为硫化铅从而抑制于渣中，其他赋存的氧化物仅微溶于氢氧化钠溶液，对于含砷中间物料中的硫化亚砷，由于砷具有很强的亲硫性，在氢氧化钠-硫化钠浸出体系下，生成 Na_3AsS_3：

$$As_2S_3 + 3Na_2S = 2Na_3AsS_3 \tag{6-27}$$

当该浸出体系处理含锑较高的含砷中间物料时，由于砷锑的亲硫性，分别生成 Na_3AsS_3、Na_3SbS_3，需要进行氧化将 Na_3AsS_3、Na_3SbS_3 氧化成不溶锑酸钠和可溶砷酸钠，过滤实现砷锑物有效分离和锑资源的回收。

易宇等人[92]以广西某铅冶炼厂鼓风炉熔炼过程中产生的烟尘为原料，其中含砷6.86%、铅49.13%、锑9.55%。砷主要以难溶于水的砷化合物的形式存在烟尘中，采用氢氧化钠-硫化钠浸出，使之生成易溶于热水的钠盐，浸出液中加入硫化钠可以使其中的氧化铅变成不溶于氢氧化钠溶液的硫化铅，同时，烟尘中的锑主要以 Sb_2O_3 形式存在，微溶于氢氧化钠溶液，从而实现含砷烟尘中砷与铅、锑的分离。在最佳工艺条件，即氢氧化钠与含砷烟尘质量比为1:2、硫化钠与高砷烟尘质量比为1:5、液固比为5:1、反应温度为90℃、反应时间为2h、搅拌速度为400r/min时，砷、锑、铅的浸出率分别为89.64%、10.11%、1.16%，浸出渣砷的含量为0.89%，可以作为无害废渣堆存。该工艺对原料要求比较苛刻，难以在有色冶金行业中得到广泛的推广。刘风华等人利用磺黄替代硫化钠浸出含砷9.91%的烟尘，砷的浸出率达到99%以上，且生产成本降低。

寇建军等人[93]以硫化砷矿为原料，其中含砷60.67%，硫37.14%。由于硫化砷矿是酸性物质，故采用碱溶氧化工艺，矿石中的砷绝大部分以砷酸钠的形式收集，可以用来生产白砷；硫化砷矿中的 65%～75% 的硫以硫黄的形式产出。

该工艺比较简单，适应性广，砷与其他有价浸出分离效果好，但硫化剂消耗较大，试剂成本高，气温较低时溶液结晶，工业化时需要对工艺管道进行伴热保温。

6.4.3.2　氢氧化钠加压碱性浸出

氢氧化钠加压碱性浸出适合处理高砷锑烟灰，主要利用 As(Ⅴ) 和 Sb(Ⅴ) 在氢氧化钠溶液中的溶解度差异，高砷锑烟灰中的砷锑主要以 As_2O_3、Sb_2O_3 的物相存在，高碱性条件下，As(Ⅲ) 和 Sb(Ⅲ) 都容易被氧化为 As(Ⅴ) 和 Sb(Ⅴ)，主要反应如下：

$$As_2O_3 + 6NaOH + O_2 === 2Na_3AsO_4 + 3H_2O \tag{6-28}$$
$$Sb_2O_3 + 6NaOH + O_2 === 2Na_3SbO_4 + 3H_2O \tag{6-29}$$

由于反应需要较高的温度，但是氧气的溶解度随着温度的升高而减小，因此，需要采用高压釜来进行加压浸出反应，加压碱浸产物砷酸钠常温下具有较高溶解度，而锑酸钠及其他有价金属溶解度较低，以此实现砷锑的高效分离。

张旭等对高砷锑烟尘中资源的回收进行了苛性碱氧压浸出法探究，NaOH 质量浓度 40g/L、氧分压 2.0MPa、浸出温度 140℃、浸出时间 2h 和液固质量比 10∶1 条件下，As 浸出率可高达 95% 以上，而锑铅浸出率则小于 1%。

此方法的优点在于砷锑分离效率高，在处理高砷锑烟灰物料时特别有利，但是需要使用高压釜设备，设备要求较高。

6.4.3.3　氨水-硫化铵碱性浸出

氨水-硫化铵碱性浸出的工艺流程为：

(1) 将含砷中间物料用氨水和硫化铵溶液浸出，得到浸出液和浸出渣。

(2) 将得到的含砷的浸出液蒸发脱氨，得到氨气、硫化砷和蒸氨后液，砷以硫化砷形式形成沉淀。

(3) 将得到的氨气用水吸收后返回步骤 (1)，用于浸出。

(4) 将得到的蒸氨后液返回步骤 (1)，用于浸出。

其工艺如图 6-4 所示。

王成彦等人[94] 利用氨水和硫化铵溶液浸出含砷、铅、铜各 1%～30% 的含砷烟尘，含砷烟尘中的砷能够被浸出，而有价金属留在渣中。浸出液经 80～90℃ 蒸发脱氨后生成硫化砷沉淀，蒸发脱氨产生的氨气以及脱氨后液可以返回继续浸出含砷烟尘。该方法可以选择性脱

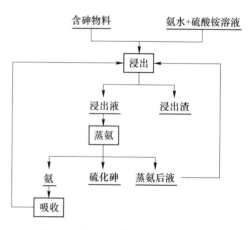

图 6-4　氨水-硫化铵碱性浸出处理含砷物料工艺流程

除砷，使含砷烟尘中的砷以毒性比 As_2O_3 低的硫化砷沉淀的形式富集回收，同时实现了化学试剂及水溶液的循环使用，降低了有害废水的排放量，富含有价金属的浸出渣可以返回冶炼厂冶炼。

此外，有研究人员[95]以含 As_2O_3 1.32%的粗氧化锌为试验原料，硫化亚铁为除砷剂，采用弱碱氨浸两段铁盐吸附脱砷的方法制得含砷小于 0.0005%的活性氧化锌，锌的回收率为95%左右。该方法利用铁的氢氧化物和砷的共沉淀反应实现脱砷，第一段脱砷，砷吸附在浸出液中二价和三价铁离子的氢氧化物中共沉淀；第二段脱砷则向浸出液中加入强氧化剂过硫酸铵，使溶液中的铁离子及砷离子升价以生成溶解度更低的氢氧化铁及砷酸铁。

综合来看，碱浸法试剂消耗量较大，产品砷酸钠仍是剧毒危险品，其主要用于做杀虫剂和防腐剂，随着人们环保意识的提高，砷酸钠的应用空间会进一步被压缩。

6.4.3.4 碱法工程化实例

山东某公司对火法处理阳极泥产生的高砷锑烟灰采用碱浸法脱砷回收锑，高砷锑烟灰主要成分见表6-5。

表 6-5 高砷锑烟灰化学成分

成 分	As	Sb	Pb	Bi	Cu
含量/%	20~25	25~30	10~12	1.1	0.2~1

该厂设计采用加压釜碱性条件下氧压分离砷锑，主要反应见式（6-30）~式（6-33），其工艺流程如图6-5所示。

$$As_2O_3 + 6NaOH + O_2 \xlongequal{\hspace{1cm}} 2Na_3AsO_4 + 3H_2O \tag{6-30}$$

$$As_2O_5 + 6NaOH \xlongequal{\hspace{1cm}} 2Na_3AsO_4 + 3H_2O \tag{6-31}$$

$$2Me_3(AsO_3)_x + 6xNaOH + xO_2 \xlongequal{\hspace{1cm}} 2xNa_3AsO_4 + 3xH_2O + 3Me_2O_x \tag{6-32}$$

$$2Na_3AsO_4 + 3Ca(OH)_2 \xlongequal{\hspace{1cm}} Ca_3(AsO_4)_2 + 6NaOH \tag{6-33}$$

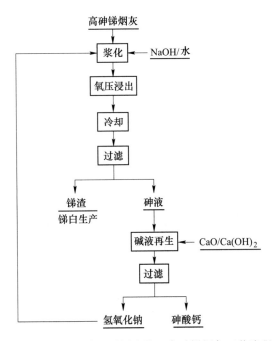

图 6-5 山东某公司碱浸法处理高砷锑烟灰工艺流程

山东某公司碱法处理高砷锑烟灰生产设备连接图如图6-6所示。

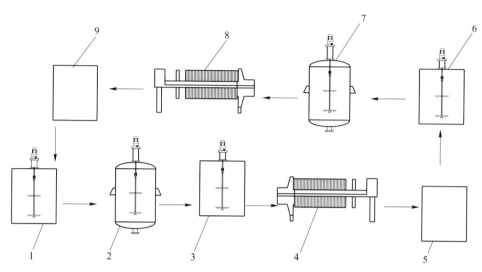

图6-6 山东某公司碱法处理高砷锑烟灰生产设备连接示意图
1—烟灰浆化槽；2—加压釜；3—冷却搅拌槽；4，8—厢式压滤机；5—砷液储罐；
6—石灰浆化槽；7—反应釜；9—碱液储槽

该工艺使用片碱作为碱性溶剂，与烟灰在烟灰浆化槽内浆化完毕，由离心泵输送到加压釜内，同时升温输送氧气，反应2h后，排至冷却搅拌槽，矿浆冷却至80℃以下进行压滤，滤液使用离心泵输送到石灰浆化槽，在反应釜内实现碱液再生，砷以砷酸钙的形式固化，工序过程中产生的 As_2O_3 粉尘、蒸汽经过喷淋塔喷淋后捕收，尾气重金属达标后排放。

该工艺的主要设备见表6-6。

表6-6 主要设备

设备名称	型　号	单位	数量
烟灰浆化槽	$\phi 3m \times 3.5m$	台	1
加压釜	$V = 24m^3$	台	1
冷却搅拌槽	$\phi 4m \times 4.4m$	台	1
厢式压滤机	$F = 200m^2$	台	2
尾气吸收塔	$\phi 2.8m \times 10m$	台	2
砷液储罐	$\phi 4m \times 4.4m$	台	10
反应釜	$V = 24m^3$	台	1
碱液储槽	$\phi 4m \times 4.4m$	台	1
尾气引风机	$Q = 30000m^3/h$, $p = 5000Pa$	台	1

该工艺生产主要技术经济指标见表6-7。

表 6-7 生产技术经济指标

指标名称	数值	指标名称	数值
处理量/t·d⁻¹	15~20	每吨烟灰的氧气消耗/m³	100
砷浸出率/%	≥85	渣率/%	75/25
锑回收率/%	90	渣含砷/%	<5

技术优势：

（1）生产工艺简单。整个生产过程连续进行，减少了作业人员频繁的物料转运、清渣等操作，减少了无组织排放，现场生产环境得到改善。

（2）生产连续性提高。高砷锑烟灰在生产过程中的物相转化、浆化、不同的设备内连续进行，进料、排渣均采用离心泵，叉车连续性生产，降低了人员劳动强度，提高了劳动效率。

（3）生产成本低。砷液采用石灰再生氢氧化钠，减少了碱性浸出剂的用量，锑脱砷后可作为锑白原料进行冶炼，增加了企业的效益，处理成本生产成本大约每吨 800~1200 元。

6.5 联合法工艺

联合法主要包括湿法—火法联合法和选冶联合法。联合法湿法流程与全湿法工艺大致相同，主要分为水浸和酸性浸出，回收烟尘中容易浸出的铜、锌、镉等有价元素并分离砷，浸出渣采用火法熔炼回收其中易造渣的铅、铋、银等金属元素或通过选矿的方法使有价金属铅、铜等富集，返回冶炼系统。

6.5.1 湿法—火法联合法

湿法—火法联合法通过湿法浸出，含砷中间物料中绝大多数的铜、锌、砷等元素进入溶液中，浸出液通过置换脱铜产出海绵铜，浓缩结晶产出硫酸锌；浸出渣中富含铅、铋、银等金属，采用鼓风炉或反射炉熔炼回收，对于同时有铜铅冶炼的企业可返回熔炼配料，砷以砷铁渣的形式固化堆存，典型工艺流程如图 6-7 所示。

西昌新业[101]曾采用此法，处理的含砷物料成分为：Cu 2.26%、S 9.89%、SiO₂ 1.27%、Fe 2.90%、Al₂O₃ 8.15%、Pb 30.30%、Zn 10.79%、In 0.046%、Bi 0.21%、Cd 0.03%、As 1.74%，另外还含有少量贵金属。其中 Cu、Pb、Zn 大部分以硫酸盐形态存在，分配比都在 80% 以上，烟尘不加酸或者稍加酸就可达到理想的浸出率，生产过程包括水浸、置换除铜、净化除铁砷、置换除镉和硫酸锌制取。

（1）水浸。由于含砷物料中 Cu、Pb、Zn 大部分以硫酸盐形态存在，分配比都在 80% 以上，烟尘不加酸或者稍加酸就可达到理想的浸出率，铟则主要以硫化物形式存在。

水浸主要在机械搅拌槽内进行，液固比 10mL/g，浸出时间 60min，常温，浸出液多次循环浸出后开路，浸出液中主要成分为 Cu >10g/L，Zn>100g/L。

（2）置换除铜。采用锌粉作置换剂，避免溶液引入新的杂质，适当控制铜、镉的标准电位相差和锌粉用量即可优先置换铜，保证海绵铜的品位。经过生产调整，工艺参数如下：置换温度 50~60℃，锌粉用量每吨烟灰 150kg，机械搅拌 1h，除铜后液 Cu<0.5g/L，海绵铜品位大于 70%。

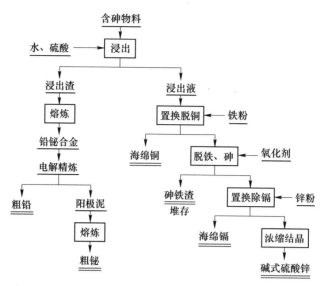

图 6-7　含砷物料火法—湿法联合处理工艺示意图

（3）净化除铁砷。以高锰酸钾为氧化剂，使用石灰粉调节 pH 值，在脱除溶液中 Fe、Mn 的同时，利用 $Fe(OH)_3$ 胶体吸附沉砷，工艺参数如下：净化温度 70~80℃，高锰酸钾用量每吨烟灰 50kg，溶液 pH=5.0，机械搅拌 2h，溶液中 Fe、Mn、As 可除至微量。

（4）净化除镉。其技术条件为：净化温度 45~60℃，锌粉用量每吨烟灰 100kg，机械搅拌 1h，海绵镉品位大于 60%，置换后液 Cd<0.3g/L。

（5）硫酸锌制取。将净化液加热浓缩至密度为 1.56~1.58g/cm³，然后冷却结晶，即可得出纯度较高的硫酸锌制品。

西昌新业烟灰中 Cu、Zn、Pb 的直收率与总实收率见表 6-8。

表 6-8　Cu、Zn、Pb 的直收率与总实收率

序　号	项　目	金属平均直收率/%		
		Cu	Pb	Zn
1	水浸	85	98	85
2	置换除铜	98	—	98
3	净化除砷铁	—	—	97
4	置换除镉	—	—	98
5	制硫酸锌	—	—	99
6	总直收率	83.30	98	78.39

该工艺年处理量 2000t，生产成本为每吨烟灰 700 元，过程产生的海绵镉、海绵铜、硫酸锌可外售，铅渣可返回铅冶炼回收铅及贵金属。

此外，李晋生[102]采用类似工艺处理含砷 0.41% 的铜转炉烟尘，不同的是浸出液首先通入空气氧化铁，再添加石灰粉中和生成 $Cu(OH)_2$ 沉淀，$Cu(OH)_2$ 沉淀经过酸溶等方法最终得到五水硫酸铜产品；水浸后的浸出渣需要继续酸浸使 In 与渣中的 Pb、Ag 分离，

浸出液经萃取、反萃取、置换得到海绵铟；二次浸出渣采用硫脲浸出回收银，Ag 回收率大于 95%，铅渣经反射炉熔炼回收铅。该工艺适合处理含砷、铋、镉低，且含铜、锌、银高的烟尘，金属回收率较高。

阮胜寿等人[103]采用硫酸浸出含砷 2% 左右的铜转炉烟尘，控制浸出液固比为 2.5∶1，搅拌浸出温度为 85℃，铜、锌、砷浸出率分别为 59.85%、85.83%、38.05%。浸出液经 P204 萃取回收铟，萃余液中加入铁粉置换脱铜，置换母液中加入锌粉置换回收镉，除镉后液经浓缩结晶得到七水硫酸锌产品。浸出渣采用鼓风炉熔炼、电解、阳极泥熔炼和火法精炼等工艺得到纯度 99.99% 以上的铅、铋，烟尘中 50.60% 的元素砷最终以砷铁渣形式堆存，47.58% 的砷在火法处理过程中产生的二次烟尘中赋存。

6.5.2 选冶联合法

选冶联合法适用于处理冶炼含砷烟灰，首先通过选择性浸出烟尘中的少部分铜、铅和绝大多数锌、镉、砷等元素。浸出液中的砷与铁再被氧化生成砷铁渣，开路脱除砷；浸出渣送入选矿系统，其中所含的铅、铜以铅精矿、铜精矿的方式富集，可直接送入冶炼系统中回收。典型工艺流程如图 6-8 所示。

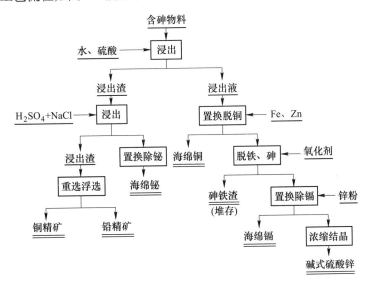

图 6-8 含砷物料选冶联合处理法典型流程

其主要优点如下：
（1）铜、铅、锌、铋等有价金属元素分离效果理想，铜回收率较高。
（2）实现砷等杂质开路，大大减轻了后续除杂压力，延长了制酸触媒的使用寿命。
（3）分离成本低，污染小，具有良好的应用价值，可实现砷在尾矿中的富集，便于集中管理。

陈雯等人[104]以含砷 0.68%、铜 37.84% 的云南某铜厂转炉粗烟尘为原料，常温下水浸，铜、砷、锌、铁的浸出率分别为 38.18%、33.15%、98.31%、62.80%。浸出液先后通过添加铁屑置换沉铜—空气氧化除铁、砷—浓缩结晶回收锌，铜、锌分别以海绵铜、七水硫酸锌产品的形式回收。浸出渣通过摇床选矿法得到铜精矿、次精矿、中矿和尾矿 4 种产品，精矿、次精矿和中矿占 4 种产品总重的 78%，铜含量分别达到 66.21%、48.27% 和 10.02%，直接返回转炉熔炼，砷在尾矿中富集。整个工艺铜的回收率达到 98.15%，成本较低，工业化前景较好，但后期选矿时受铅、铋影响较大，不适合处理含铅、铋、砷高的烟尘。

Ke Jiajun 等人[105]在无氧条件下加压硫酸浸出含砷 1.03%、铅 35.50%、锌 10.20%、铋 2.06%、铜 1.45% 的铜烟尘，铜的浸出率不到 10%，而砷的浸出率达到 80%，砷、铜得到有效分离。浸出液中的砷和铁以砷酸铁的形式从溶液中氧化析出，添加锌粉置换得到海绵镉产品，浓缩结晶得到五水硫酸锌产品。浸出渣采用硫酸-氯化钠溶液浸出，浸出液中添加铁粉置换得到海绵铋产品，此时的浸出渣富含铅、铜，利用选矿工艺中浮选的方法分别得到铅精矿和铜精矿，可直接返回铅、铜冶炼系统回收。

总体来看，联合法处理含砷烟尘砷的脱除率高，平均达到 90% 以上，同时有价金属铜、铅、锌、铋等能够得到有效分离回收，但是联合法存在工艺流程长、生产成本高等缺点。

6.6 火法工艺

目前火法工艺处理含砷中间物料主要是利用砷及其氧化物饱和蒸气压大的特点，见表 6-9。砷及其氧化物在低温下有很好的挥发性，通过对含砷中间物料进行火法焙烧，使其与有价金属化合物分离，冷凝得到含砷氧化物和二次烟尘。但是某些含砷中间物料中含有大量砷酸锌、砷酸铅等砷酸盐物相，仅通过加热挥发，难以有效脱除砷，需要在加热脱砷过程中加入还原剂、造渣剂等，使烟尘中五价砷转为三价砷或单质砷，再进行挥发，工艺流程如图 6-9 所示。

表 6-9 不同温度下 As 及 As$_2$O$_3$ 饱和蒸气压

温度/K	473	573	673	730	773	885
As 的蒸气压/Pa	0.01	5.69	3.87×10^2	—	8.19×10^3	1.01×10^5
As$_2$O$_3$ 的蒸气压/Pa	75.49	6.59×10^3	5.26×10^4	1.01×10^5	—	—

6.6.1 国内外火法处理含砷中间物料的研究

袁海滨等人[106]利用热力学计算公式锡冶炼含砷烟尘中各物质的氧化及挥发规律，采用常压直流电弧炉从锡冶炼含砷烟尘制取白砷，烟灰化学成分见表 6-10。

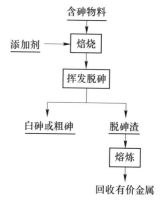

图 6-9 含砷物料火法处理工艺示意图

表 6-10 冶炼含砷烟尘化学成分

成分	As$_2$O$_3$	SnO$_2$	Pb	Mg	Ca	Al$_2$O$_3$	Fe
含量/%	58.63	4.22	0.801	0.198	1.039	1.82	5.44

该工艺通过调节阴极石墨柱与阳极之间的距离来控制炉顶温度在 800~1200℃ 之间，含砷烟尘与石英砂、石灰石混合后通过螺旋给料机

给料，为抑制不易挥发的砷酸盐的产生，炉内加入一定质量的焦炭来营造弱氧化气氛或者弱还原气氛。含砷烟尘经挥发、冷凝后制取白砷产品，冷凝产物白砷及炭渣化学成分见表6-11和表6-12。

表6-11　冷凝产物白砷化学成分

成分	As_2O_3	As	Sn	Pb	S	Fe
含量/%	97.81	78.64	0.69	0.468	0.112	—

表6-12　炭渣化学成分

成分	As_2O_3	As	Sn	Pb	S	Fe
含量/%	—	15.20	7.22	—	—	—

如表6-11所示，该工艺制取的白砷品位达到97.81%，但由于含砷烟尘原料在炉内反应温度过高，容易产生较多砷酸盐，使渣中砷含量偏高，达到了15.20%，同时高温下二氧化锡容易被还原产生SnO气体，使得到的白砷产品纯度降低且对密封性要求很高，从节能降耗方面来看，该工艺在处理含砷烟尘值得进一步探索。

有研究人员[107]利用真空下砷酸盐更容易被还原，能够在更低的温度下实现砷的部分脱除挥发的方法来提取含砷中间物料中的砷，以表6-13中物料为例。

表6-13　锡冶炼含砷烟尘化学成分　　　　　　　　　（%）

成　分	As	Sn	Pb	Zn	Bi	Cu	Fe
物料A	12.86	29.08	17.22	11.03	0.41	1.82	0.71
物料B	10.72	—	17.63	8.55	5.97	6.21	—
物料C	11.99	—	10.98	12.11	3.08	4.75	—

三种含砷中间物料来自铜铅冶炼工序，分别取一定质量的物料置于石英瓷舟中，置于真空炉内，抽真空，并反应一段时间。实验过程中使用TCW-32B型程序温控仪进行温度控制，真空炉外接2XZ-1型旋片式真空泵，体系压强采用麦氏真空计进行测量。

试验条件和结果分别见表6-14和表6-15。

表6-14　真空脱砷试验条件

编　号	质量/g	蒸发温度/℃	蒸发时间/h	体系压强/Pa
物料A	1000	650	3	40~300
物料B	1000	600	6	10~600
物料C	1000	700	6	10~600

表6-15　冷凝物与残渣的化学成分　　　　　　　　　（%）

编　号	产物名称	化　学　成　分					砷脱除率
		Cu/Sn	As_2O_3	Pb	Bi	Zn	
物料A	白砷	0.08	98.25	0.04	0.28	1.03	92.7
	残渣	34.29	1.71	20.35	0.17	12.67	

编　号	产物名称	化　学　成　分					砷脱除率
		Cu/Sn	As$_2$O$_3$	Pb	Bi	Zn	
物料 B	As$_2$O$_3$	0.18	96.12	1.07	0.49	1.13	93.68
	残渣	21.11	1.54	23.35	9.87	9.11	
物料 C	As$_2$O$_3$	0.23	97.18	0.98	0.40	1.11	90.87
		20.31	1.56	13.56	5.11	10.11	20.31	

真空挥发处理含砷中间物料所得的白砷，砷品位较高，砷挥发率90%以上，能够处理含有砷酸盐、砷化物复杂难处理砷物相的含砷中间物料，脱砷效果好、流程简单、环境友好，经脱砷处理后的烟尘含砷低于2%，且富含铅、锌、铜、铋等有价金属以及铟、银、金等稀贵金属，可直接后续综合利用，既达到含砷中间物料脱砷的目的，又能使含砷中间物料中的有价金属铅、锌、铜、铋等富集，对危废物进行了低毒化处理，同时提高了附加值。

杨天足[97]发明了一种在常压下，通过将含砷烟尘、碳质还原剂和促进剂混合均匀配料，在工业氮气的保护下升温还原，制得 As$_2$O$_3$ 的含砷烟尘脱砷方法。该方法以无烟煤粉或木炭粉为碳质还原剂，控制反应温度不高于600℃，以聚乙二醇、铝粉、邻苯二甲酸二戊酯的一种或几种为促进剂，促进碳热还原反应的进行，可使含砷烟尘原料中砷的脱除率达到90%以上，产出的白砷纯度达到97%以上。该方法对原料的要求不高，对大部分重金属冶炼过程中产生的含砷烟尘都适用；反应温度较低，所带来的能耗也相应减少，脱砷后的原料可以直接返回冶炼厂，回收其中的有价金属，但氮气和促进剂的使用增加了生产成本。

火法处理含砷烟尘工艺简单，经济效益高，不产生含砷废水、含砷废渣等危废物，但是普遍存在操作环境差、脱砷率低的缺点。

6.6.2　火法工程化实例

山东恒邦冶炼股份有限公司对铜冶炼石灰乳脱硫工段产生的钙砷烟灰进行处理，其主要成分见表6-16。

表 6-16　钙砷烟灰化学成分

成分	As$_2$O$_3$	Cu	Pb	Zn	S	Al$_2$O$_3$	Fe$_2$O$_3$
含量/%	60~70	1~2	1.5~4.0	1~10	0.2~1	0.3~0.5	0.1~0.3

该厂设计采用燃气式回转窑硫酸化焙烧钙砷烟灰的工艺，其工艺流程如图6-10所示。

燃气式回转窑处理钙砷烟灰生产设备连接图如图6-11所示。

采用定量给料机向圆盘造粒机加入钙砷烟灰，加入稀酸进行圆盘造粒，开启干燥窑和尾气引风机，设定干燥窑温度200~250℃，干燥完毕后将钙砷烟灰转运至挥发窑，设定挥发窑温度750℃，As$_2$O$_3$ 蒸气经过骤冷塔和布袋除尘器分别得到不同品位的 As$_2$O$_3$，烟气排至尾气吸收塔脱除重金属达标排放。

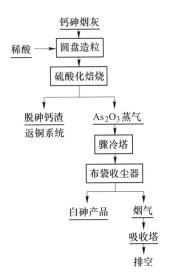

图 6-10 燃气式回转窑处理钙砷烟灰工艺流程

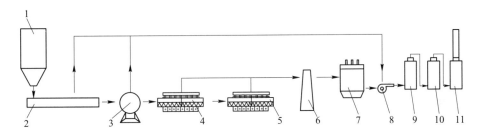

图 6-11 燃气回转窑处理钙砷烟灰生产设备连接示意图

1—原料仓；2—定量给料机；3—圆盘造粒机；4—干燥窑；5—挥发窑；

6—骤冷塔；7—布袋除尘器；8—尾气引风机；9——级尾气吸收塔；

10—二级尾气吸收塔；11—三级尾气吸收塔

干燥窑本体采用不锈钢板焊制，尺寸是 $\phi2.2m \times 12m$，窑的转速可在 $0.2 \sim 2r/min$ 之间无级调节，物料在窑内干燥 60min，窑内 $200 \sim 250$℃，窑尾负压控制在 50Pa 左右，窑倾斜度 3%，设计处理量 150t/d。

挥发窑本体采用不锈钢板焊制，尺寸是 $\phi2.2m \times 24m$，窑的转速可在 $0.2 \sim 2r/min$ 之间无级调节，物料在窑内干燥 120min，窑内 750℃，窑尾负压控制在 50Pa 左右，窑倾斜度 3%，设计处理量 100t/d。该工艺的主要设备见表 6-17。

表 6-17 主要设备

设备名称	型 号	单位	数量
干燥窑	$\phi2.2m \times 12m$	台	1
挥发窑	$\phi2.2m \times 24m$	台	1
骤冷塔	$\phi2.2m \times 12m$	台	1

设备名称	型　　　号	单位	数量
定量给料机	输送量：约 3t/h	台	1
尾气吸收塔	$\phi2.6m\times10m$	台	3
原料仓	$\phi4m\times10m$	台	10
布袋除尘器	过滤面积：2000m²；过滤气速 0.5~0.8m/min； 滤袋规格：$\phi130mm\times4500mm$，材质：PPS	台	1
尾气引风机	$Q=30000m^3/h$，$p=5000Pa$	台	1

该工艺生产主要技术经济指标见表 6-18。

表 6-18　燃气式回转窑处理钙砷烟灰生产技术经济指标

指标名称	数　值	指标名称	数　值
处理量/t·d⁻¹	100	每吨烟灰天然气消耗/m³	150~200
粗砷品位/%	≥98	渣率/%	40~50
直收率/%	85	渣含砷/%	<3

技术优势：

（1）生产工艺简单。整个生产过程连续进行，减少了作业人员频繁的物料转运、清渣等操作，减少了无组织排放，现场生产环境得到改善。

（2）生产连续性提高。含砷中间物料在生产过程中的物相转化、干燥、挥发、冷凝在不同的设备内进行，进料、排渣、砷酸盐的转化、As_2O_3 的收集均采用自动化连续性生产，降低了人员劳动强度，提高了劳动效率。

（3）生产成本低。自动化程度高，热利用率高，粗砷品位达到 98% 可外售，降低了生产成本，生产成本大约每吨 800~1000 元。

6.7　小结

湿法工艺中，酸性浸出，砷的浸出率较高，多数情况下浸出时需要加入氧化剂；热水浸出时，砷的浸出率较低，砷酸盐、硫化砷等不能够被浸出造成浸出渣含砷较高；碱浸法可以选择性地浸出含砷烟尘中的特定成分，但对原料要求和工艺条件比较严格且成本较高。对比火法处理技术，湿法工艺会产生砷铁渣、砷钙渣、含砷废水等危险废物，尽管通过沉淀提取或固化处理，易造成环境中新的砷污染，威胁生态安全。另外，固化砷酸铁等含砷废物，往往需要消耗更多的固化剂，造成固废体积是原来的数十倍、上百倍，经济、环境综合效益难以达到预期。尤其对于砷赋存复杂的一次含砷中间物料（同时含有砷酸盐、砷氧化物、单质砷以及砷化物等），现有的处理方法仍然存在一定的局限性，火法工艺处理含砷中间物料还会出现高温烧结和熔化现象，致使操作困难。

总而言之，随着复杂重金属矿产资源开发的不断深入，冶炼过程中产生的含砷中间物料会随之增加，许多区域性的生态安全风险正在形成，急需开发路线合理、经济可行的资源化利用技术。而且，随着环保要求的日益严格和冶金行业废物处理处置日趋规范，含砷中间物料的无害化、资源化处理与处置已成为重金属冶金行业亟待解决的重要问题之一，关乎着重金属冶金行业能否可持续发展。因此，政府、企业、高校和科研机构需要加大含砷中间物料资源化处理技术的研发投入，在含砷中间物料的资源化处理、处置技术研究方面开展更多的深入研究，从跨行业、全产业链的角度认识，寻求协同解决含砷烟尘的综合利用问题。

7 砷污染防治技术

7.1 含砷酸性废水石灰-铁盐法处理技术

7.1.1 技术原理

向含砷酸性废水中加入石灰乳进行中和反应，经固液分离、污泥脱水后产生石膏。进一步向废水中鼓入空气氧化或者投加双氧水、液碱及铁盐，把 As^{3+} 氧化为 As^{5+} 后，发生氧化沉砷反应，经固液分离、污泥脱水后产生砷渣。出水与其他废水合并后送污水处理站进一步处理。该技术脱砷率大于 98%，降低了含砷较高的渣的产量，有利于砷的集中综合回收。各种金属离子去除率分别为：Cu 98%~99%、F 80%~99%、其他重金属离子 98%~99%。一般情况下，该技术处理出水可达到《铜、镍、钴工业污染物排放标准》（GB 25467—2010）要求。

7.1.1.1 中和沉淀阶段

在石灰中和池内投加石灰乳，调整 pH 值，使石灰乳中的二价钙离子与亚砷酸根和砷酸根反应生成难溶的亚砷酸钙和砷酸钙；使重金属离子与 OH^- 反应，生成难溶的金属氢氧化物沉淀，从而予以分离。

$$3Ca^{2+} + 2AsO_3^{3-} \longrightarrow Ca_3(AsO_3)_2 \downarrow \tag{7-1}$$

$$3Ca^{2+} + 2AsO_4^{3-} \longrightarrow Ca_3(AsO_4)_2 \downarrow \tag{7-2}$$

设 Me^{n+} 表示 Pb^{2+}、Cd^{2+}、Hg^{2+} 等金属离子，则：

$$Me^{n+} + nOH^- \longrightarrow Me(OH)_n \downarrow \tag{7-3}$$

7.1.1.2 加铁盐曝气沉淀

经石灰中和沉淀处理后的废水进入加铁盐（$FeSO_4$ 或 $FeCl_3$）曝气沉淀池。利用在弱碱性条件下，亚砷酸盐、砷酸盐能与铁、铝等金属离子形成稳定的络合物的性质，并为铁、铝等金属的氢氧化物吸附共沉的特点，进一步去除废水中的砷离子。

反应过程分中和—氧化进行。在中和槽加石灰乳发生中和反应，一次中和反应后进入氧化槽，进行氧化，其中的三价砷氧化为五价砷，二价铁氧化成三价铁，这样更利于砷铁共沉，发生下列反应：

$$Fe^{3+} + AsO_3^{3-} \rightleftharpoons FeAsO_3 \downarrow \tag{7-4}$$

$$Fe^{3+} + AsO_4^{3-} \rightleftharpoons FeAsO_4 \downarrow \tag{7-5}$$

除铁离子与砷除生成砷酸铁外，氢氧化铁可作为载体与砷酸根离子和砷酸铁共同沉淀[98]。

$$m_1 \mathrm{Fe(OH)}_3 + n_1 \mathrm{H_3AsO_4} \longrightarrow [m_1 \mathrm{Fe(OH)}_3] \cdot n_1 \mathrm{AsO_4^{3-}} \downarrow + 3n_1 \mathrm{H^+} \quad (7\text{-}6)$$

$$m_2 \mathrm{Fe(OH)}_3 + n_2 \mathrm{FeAsO_4} \longrightarrow [m_2 \mathrm{Fe(OH)}_3] \cdot n_2 \mathrm{FeAsO_4} \downarrow \quad\quad (7\text{-}7)$$

为了加速中和反应沉淀物的沉降速度,在中和反应后液中加入聚丙烯酰胺凝聚剂,再通过浓密机沉降,底流通过离心机分离出石膏渣。上清液进入石膏后液槽,加入铁盐,进行氧化,废水中的三价砷氧化为五价砷,二价铁氧化成三价铁,这样更利于砷铁共沉,底流通过离心机分离出砷渣,上清液进澄清池进一步脱除悬浮物后排放。

7.1.2 工艺流程

典型工艺流程采用中和—硫酸亚铁—氧化—中和—硫酸亚铁—氧化的工艺对污酸进行处理,在一段中和槽内加入 $\mathrm{FeSO_4}$ 脱除砷等重金属离子,加石灰乳调整体系 pH 值后进入一段曝气槽,在一段曝气槽内鼓空气将 $\mathrm{Fe^{2+}}$ 氧化为 $\mathrm{Fe^{3+}}$,$\mathrm{As^{3+}}$ 氧化为 $\mathrm{As^{5+}}$,然后进入二段中和槽进行二段处理,最后完成污酸的处理。处理后净化水能基本达到国家排放标准[99],但存在处理效果不稳定的情况。

石灰—铁盐法处理污酸废水工艺流程如图 7-1 所示。

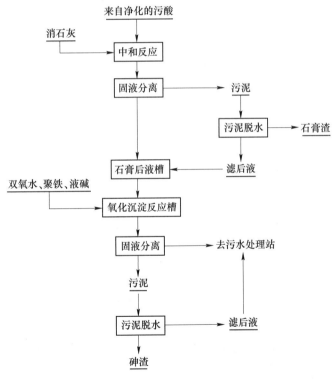

图 7-1 石灰—铁盐法处理污酸废水工艺流程

7.1.3 主要技术参数

该工艺主要技术参数为[100]:

(1) 石灰—铁盐法处理污酸时,宜采用二段处理,每段石灰—铁盐法对砷的去除率宜按 98%~99% 计。第一段 Fe/As 宜大于 2,第二段 Fe/As 宜大于 10,pH 值宜控制在 8~9。

（2）废水中的三价砷宜先氧化成五价砷，氧化剂可采用氧气、双氧水、漂白粉、次氯酸钠和高锰酸钾等。当出水回用时，不宜采用含氯氧化剂。

（3）石灰—铁盐法宜采用污泥回流技术。最佳回流比根据试验资料经技术经济比较后确定，无试验资料时，污泥回流比可选用 3~4。

（4）中和反应时间宜根据试验确定，并不宜小于 30min。

（5）沉淀宜采用辐流式沉淀池或竖流沉淀池等，沉淀池的设计参数应根据废水处理试验数据或参照类似废水处理的沉淀池运行资料确定。当没有试验条件和缺乏有关资料时，其设计参数可参考表 7-1。

表 7-1 沉淀池设计参数

池　型	表面负荷 $/m^3 \cdot (m^2 \cdot h)^{-1}$	沉淀时间/h	固体通量 $/kg \cdot (m^2 \cdot d)^{-1}$	池深/m
辐流式	1.1~1.5	2.0~4.0	50~70	3~3.5
斜管式	3~4	1.5~2.5	50~70	>5.5
澄清搅拌池	1.2~1.5	1.5	70~80	>5

重力式污泥浓密池可选用辐流式或深锥沉淀池。浓缩时间不宜少于 6h，有效水深不宜小于 4m，浓缩后污泥在无试验资料或类似运行数据可参考时，中和渣含水率可按 95%~98% 选用，硫酸钙渣含水率可按 80% 选用。

脱水机产率和对污泥含水率的要求应通过试验或根据相同机型、相似污泥脱水运行数据确定。当缺乏有关资料时，对石灰法处理废水，有沉渣回流且脱水前不加絮凝剂，压滤后的滤饼含水率可为 80%~82%，过滤强度可为 6~8kg/（m² · h）（干基）。当沉渣中硫酸钙含量高时，滤饼含水率可取 75% 或更小。

7.1.4 工程案例

以湖北某铜冶炼厂含砷污酸处理工程为例，具体流程如下。

7.1.4.1 中和工段

废酸进入污酸贮槽收集，用泵输送入中和槽，在中和槽内投加石灰石浆液，进行中和处理，处理至 pH 值约为 2~3，反应后的溶液自流进入浓密机进行沉降分离，浓密机上清液溢流进入下一级污水处理，底流进离心机处理，离心后的滤液和下一级污水处理压滤机滤后液一起进行收集，收集后用泵输送入中和槽作为晶种处理，重新进入污酸浓密机分离，离心出的石膏渣可以外售。此段工艺流程如图 7-2 所示。

7.1.4.2 石灰—铁盐工段

第二段采用石灰—铁盐法。用石灰乳继续中和酸，pH 值中和至 7~9，投入絮凝剂沉淀除去悬浮物及其他杂质。污水处理的具体工艺为：酸性污水调节池中的酸性污水用污水提升泵送至一级中和槽，在槽内加石灰乳进一步中和，控制 pH 值在 7 左右，并在槽内加硫酸亚铁后，自流入氧化槽；氧化槽内加压缩空气，使二价铁氧化成三价铁，三

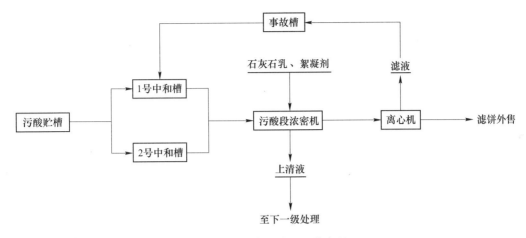

图 7-2 二段中和处理工艺流程

价砷氧化成五价砷，再自流至二级中和槽；在槽内加石灰乳中和控制 pH 值在 9 左右[101]，加入适量絮凝剂，加速沉淀。液体溢流入浓密机，底流一部分用污泥泵送至压滤机，经压滤机脱水后，产出的铁矾渣返回工艺配料工段；滤液和离心机滤液一起收集进入事故槽，返回上一级处理。另一部分作为回流污泥用泵送至石灰石高位槽，与石灰石液混合后自流至上级污酸段中和槽作为晶种。浓密机上清液进入回水池，净化水回用于配料厂房和渣缓冷工段。

当出水水质不达标时，将一、二级中和槽及氧化槽的处理液通过排污阀返回污酸浓密机，经沉降后上清液重新进行污水处理。

污水处理工艺流程如图 7-3 所示。

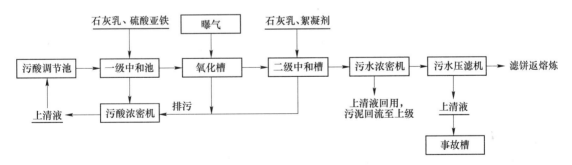

图 7-3 污水处理工艺流程

7.2 含砷酸性废水硫化钠硫化治理技术

7.2.1 技术原理

硫化法是利用可溶性硫化物与重金属反应，生成难溶硫化物（见表 7-2），将其从废水中除去。硫化渣中砷、镉等含量大大提高，在去除废水中有毒重金属的同时实现了重金属的资源化[108,109]。硫化剂包括硫化钠、硫氢化钠、硫化亚铁等[110]。

表 7-2　部分金属硫化物溶度积

金属硫化物	溶度积 K_{sp}	pK_{sp}	金属硫化物	溶度积 K_{sp}	pK_{sp}
As_2S_3	$2.1×10^{-22}$	21.86	Ag_2S	$6.3×10^{-50}$	49.50
CdS	$8.0×10^{-27}$	26.10	Cu_2S	$2.5×10^{-48}$	47.60
HgS	$4.0×10^{-53}$	52.40	CuS	$6.3×10^{-36}$	35.20
Hg_2S	$1.0×10^{-45}$	45.00	ZnS	$2.93×10^{-25}$	23.80
FeS	$6.3×10^{-18}$	17.50	PbS	$8.0×10^{-28}$	27.00
CoS	$7.9×10^{-21}$	20.40	MnS	$2.5×10^{-13}$	12.60

污酸中的砷一般以亚砷酸的形式存在，其他重金属一般以金属离子形态存在。在污酸中加入硫化钠溶液，硫化钠中的硫离子与污酸中的砷发生化学反应如下：

$$Me^{n+} + S^{2-} \Longrightarrow MeS_{n/2} \downarrow \tag{7-8}$$

$$3Na_2S + As_2O_3 + 3H_2O \Longrightarrow As_2S_3 \downarrow + 6NaOH \tag{7-9}$$

石灰中和过程中，砷酸根与石灰乳中的钙离子结合生成亚砷酸钙而去除。

$$2H_3AsO_3 + Ca(OH)_2 \Longrightarrow Ca(AsO_2)_2 \downarrow + 4H_2O \tag{7-10}$$

7.2.2　工艺流程

高砷废水与硫化钠硫化工艺流程如图 7-4 所示。高砷废水与硫化钠在硫化反应槽中进行反应，废水中的砷和重金属硫化作用变成硫化渣沉淀，经固液分离和脱水处理后变成硫化渣固体，硫化后液排放到污水处理站进行后续处理，脱水得到的滤液返回硫化反应槽进行硫化反应。硫化过程会有一定的硫化氢气体产生，硫化氢气体有剧毒，通过抽风系统排入碱液吸收塔进行处理，避免产生二次污染。吸收产生的硫化物再返回硫化系统利用。

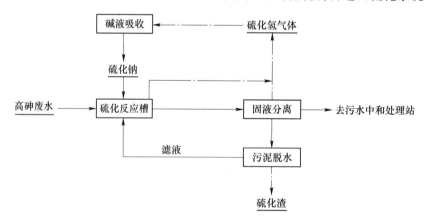

图 7-4　高砷废水与硫化钠硫化工艺流程

7.2.3　处理效果

（1）砷脱除效率较高，脱除率大于 90%，出水砷浓度 10~100mg/L。为了保证废水的稳定达标排放，硫化后液常采用铁盐—中和工艺进一步处理。

（2）硫化渣中砷品位较高，砷品位 25%~30%。

（3）运行成本较高，脱除每千克砷消耗工业硫化钠 4.0~4.5kg。

7.2.4 废酸"硫化—中和—膜分离"技术工程案例

河南灵宝某冶炼厂为复杂难处理金精矿多金属综合回收冶炼企业，年产铜 10 万吨，黄金 15t。企业酸性废水目前采用"硫化钠硫化脱除重金属+一段石灰中和—二段两级石灰中和除酸、氟+铁盐—双碱降硬度深度净化处理+超滤—纳滤—反渗透膜处理深度脱盐废水回用"的工艺相结合处理污酸（见图 7-5），设计处理规模为 1200m³/d，工业硫化钠用量

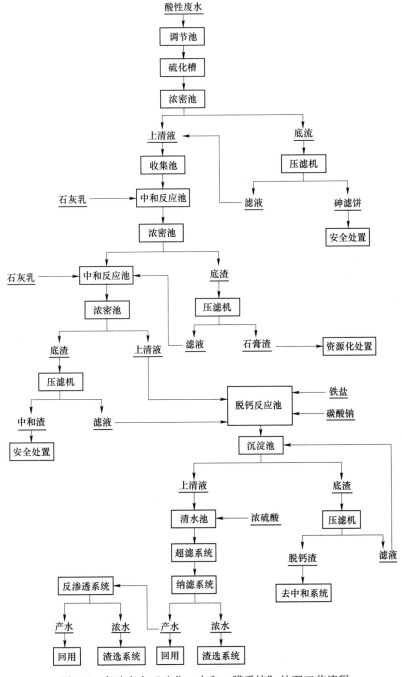

图 7-5　高砷废水"硫化—中和—膜系统"处理工艺流程

35.8t/d，硫化脱除砷及重金属工段进出水水质情况见表7-3。

表 7-3　硫化工艺进出水水质情况

污染物	酸度/%	成分/mg·L^{-1}					
		As	Cu	Pb	F	Cl	其他重金属
进水	≤10	≤8000	≤2000	≤200	≤2000	≤2000	≤200
出水	—	≤100	≤0.5	≤5.0	≤2000	≤2000	≤200

　　企业生产过程中产生的高砷酸性废水，通过两级硫化钠硫化脱除废水中的砷、铜等重金属离子。硫化后液经沉淀压滤生成砷滤饼，硫化上清液及压滤液进入石灰中和反应系统，通过二段石灰中和，中和废水中的酸，部分重金属离子生成氢氧化物进行脱除，固液分离后上清液采用铁盐和碳酸钠对废水中的重金属离子进行深度脱除，同时脱除钙离子，低钙净化水进入膜系统脱盐，膜系统产水回用与生产车间，浓缩液送渣选系统回用，实现了废水的近零排放。

7.3　含砷酸性废水硫化氢硫化治理技术

7.3.1　技术原理

　　气液强化硫化反应主要利用硫化氢气体作为硫源直接在酸性条件下将污酸废水中的砷、铜、铅、汞、铊、镉等重金属进行硫化反应，快速生成金属硫化物而实现重金属离子的深度脱除。主要反应机理如下：

$$2AsO_3^{3-} + 3H_2S \xrightarrow{\hspace{1cm}} As_2S_3\downarrow + 6OH^- \tag{7-11}$$

$$Me^{n+} + H_2S \xrightarrow{\hspace{1cm}} MeS_{n/2}\downarrow + 2H^+ \tag{7-12}$$

　　在气液反应器内，通过强化气液传质过程，提高了反应效率，缩短了反应时间，提高了净化效果，克服了传统硫化反应中由于传质不均匀而导致的反应效率低，硫化效果不佳的弊端。

　　目前工业上硫化氢的合成方法主要有两种。

　　(1) 硫化物与酸反应制备硫化氢。利用硫化物如硫化钠、硫氢化钠、硫化亚铁等与硫酸反应制备硫化氢气体。

$$Na_2S+H_2SO_4 \xrightarrow{\hspace{1cm}} H_2S +Na_2SO_4 \tag{7-13}$$

$$2NaHS+H_2SO_4 \xrightarrow{\hspace{1cm}} 2H_2S+Na_2SO_4 \tag{7-14}$$

$$FeS+ H_2SO_4 \xrightarrow{\hspace{1cm}} 2H_2S+FeSO_4 \tag{7-15}$$

　　该方法在常温常压下可以进行反应，反应速度快，对装备的要求相对较低，产生的硫化氢气体纯度在98%以上。存在的不足是反应过程中会产生盐，如硫酸钠、硫酸亚铁等需要资源化或者安全处置。

　　(2) 硫黄与氢气合成硫化氢。利用液体硫黄与氢气合成硫化氢新工艺的大致步骤如下：液体硫黄经硫黄泵加入蒸发器内，蒸发、汽化，得到磺黄蒸气，同时氢气经氢气压缩机加入到蒸发器内，与硫黄蒸气充分混合并升温，得到氢气、硫黄蒸气混合气体，温度达350～450℃，然后混合气体进入合成塔自上而下穿过催化剂床层，发生放热反应，塔底得到硫化氢、氢气及微量硫黄蒸气的混合气体，温度达 500~600℃，此气体经过多级热利用后降温至 120℃左右，脱除微量硫黄蒸气后经水冷却降至常温，经过多硫化氢脱除装置，脱除多硫化氢等多硫化物，再通过精制装置分离出硫化氢。所产硫化氢气体体积分数可达99.9%，未反应氢气经精制装置分离后通过氢气压缩机重新进入合成塔参与反应[111]。

　　硫黄与氢气合成硫化氢工艺存在几个难点，一是液体硫黄加热汽化，存在硫黄的蒸发效率低和蒸发器、合成塔耐温抗硫材质选择的困难；二是硫黄蒸气与氢气反应是强放热反应，现行反应器对温度难以有效控制，导致硫化氢的转化率低、反应热不能回收利用等问题，制约着该工艺的大规模工业合成应用。

7.3.2　工艺流程

　　污酸气液强化硫化工艺流程（见图 7-6）主要包括气体硫化剂（硫化氢）制备和气液强化硫化反应两大技术板块。

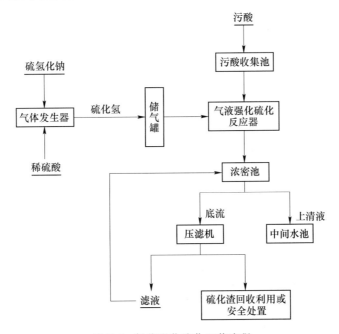

图 7-6　气液强化硫化工艺流程

　　气体硫化剂制备阶段将硫氢化钠溶液和稀硫酸投入气体发生器中，控制反应所需的相应参数条件，在气体发生器中反应生成硫化氢气体，硫化氢气体引入储气罐中备用。

　　气液强化硫化反应主要是污酸与气体硫化氢进行气液均质混合强化硫化反应得到高品位硫化渣的过程。污酸中含有砷、铜和汞等重金属离子，污酸经收集进入收集池进行水质水量调节，调节后污酸进入气液强化硫化反应器，同时通过自动连锁控制，储气罐中的硫化氢进入气液强化硫化反应器内进行高效、快速反应，反应完成后生成的高品位硫化渣沉淀排入浓密池，在浓密池中通过重力作用进行初步的固液分离，然后通过板框压滤机对沉淀底流进行压滤分离，分离得到高品位硫化渣进行再回收利用或安全处置，浓密池上清液进入至后续工序处理。气液强化硫化过程中反应后剩余的微量硫化氢气体排入尾气吸收塔进行碱液吸收处理，吸收生成的硫化钠溶液再返回气体发生器二次利用。

7.3.3　处理效果

（1）砷脱除效率高，脱除率大约99%，可直接稳定达到《铅、锌工业污染物排放标准》（GB 25466—2010）、《铜、镍、钴行业污染物排放标准》（GB 25467—2010）等标准。

（2）硫化渣中砷品位高，砷品位大于45%，较传统硫化法减少30%以上的渣量。

（3）运行成本低，脱除每千克砷消耗工业硫氢化钠2.0kg，较传统硫化法节约50%以上的运行费用。

7.3.4　酸性废液气液硫化铜砷分离深度脱除工程案例

在山东恒邦冶炼股份水处理厂内建设一套处理能力为2200m^3/d的高砷废液气液强化硫化处理生产线，并配套砷滤饼铜砷分离处理。工程自2018年建设，2019年正式投入调试生产运行。

7.3.4.1　设计工艺参数

（1）处理能力。酸性废水处理项目设计正常处理水量为2200m^3/d。

（2）设计进水水质参数。酸性废水水质情况见表7-4。

表7-4　酸性废液水质特征

废水来源	成分/mg·L^{-1}					酸度/%
	As	Cu	Pb	Zn	Fe	
混合液	2500~10000	500~4000	5~50	≤5000	≤3000	1~3

该工程设计进水水质见表7-5。

表7-5　设计进水水质

废水来源	成分/mg·L^{-1}					酸度/%
	As	Cu	Pb	Zn	Fe	
混合液	≤10000	≤4000	≤50	≤5000	≤3000	≤3

（3）设计出水水质。采用高效气液强化硫化铜、砷分离技术处理酸性废水，实现酸性废水中铜资源回收和有害元素砷从系统中开路，处理后具体的出水水质指标及去除率设计见表7-6。

表7-6　设计出水水质

指　标	酸度/%	成分/mg·L^{-1}			
		Cu	As	Pb	其他重金属
出水水质	≤3	≤1	≤5	≤2	不高于原液浓度
去除率/%	—	≥99.9	≥99.9	≥96	—

7.3.4.2　硫化氢产气装置工艺设计

该项目为新建气体发生系统产气装置设计，制气原料为30%的硫氢化钠溶液和稀硫酸。产气规模为0.5t/h，最大可达0.8t/h；产生的硫化氢气体纯度不小于95%，氢气的体积分数小于0.5%，H_2S气体中水分含量小于0.5%。

A　产气工艺流程

硫氢化钠溶液输送至气体发生器，配置好的稀硫酸通过泵打入气体发生装置进行产气反应，通过反应器内压力连锁控制稀硫酸的加入量来实现硫化氢气体的产气速度与产气量。硫化氢气体进入后续气液强化硫化反应工序，副产硫酸钠溶液通过蒸发得到硫酸钠固体，具体的工艺流程如图7-7所示。

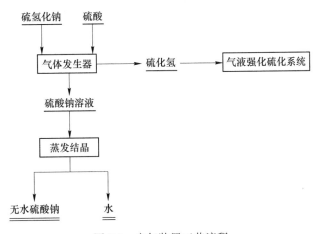

图7-7　产气装置工艺流程

B　硫化氢产气系统主要设施与平面布置

产气系统主要包括硫酸稀释系统、气体发生系统、气体缓冲输送系统、硫酸钠蒸发系统，如图7-8所示。

(a)

(b)

(c)　　　　　　　　　　　　　　　　　(d)

(e)　　　　　　　　　　　　　　　　　(f)

图 7-8　工程现场图

（a）硫化氢产气车间；（b）硫酸稀释系统；（c）压力控制系统；（d）气体发生系统；

（e）气体缓冲系统；（f）硫酸钠产出系统

7.3.4.3　气液硫化脱铜砷处理生产系统

A　工艺流程

根据酸性废水水质指标，废酸中主要含 As、Cu、Pb 等多种重金属离子。采用两段气液强化硫化分离工艺深度脱除铜砷重金属，同时实现铜砷高效分离、分类回收和处置的目的，具体的工艺流程如图 7-9 所示。

气液硫化铜、砷分离梯级硫化工艺先用硫化氢通过气液强化反应器一段沉铜后生成铜渣，二段沉砷后产生富砷渣，将废水中铜、砷有效分离，实现铜的回收利用以及砷的开路。系统中残余的少量硫化氢气体，通过一级尾气预处理系统、二级除害塔充分吸收后，达标排放。气液强化硫化处理后的废水水质情况见表 7-6。

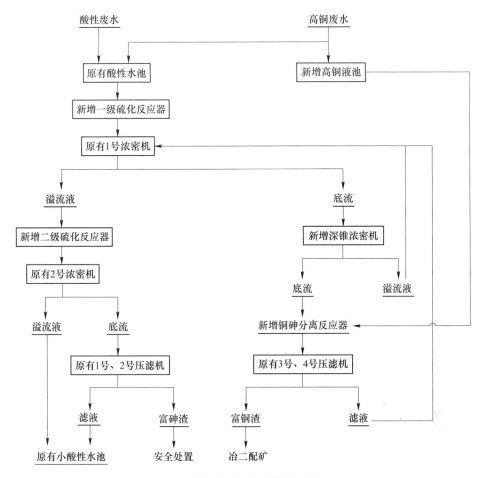

图 7-9 气液硫化与铜砷分离工艺流程

B 工程现场

现场生产设施设备如图 7-10 所示。

(a)   (b)

图 7-10　工程现场图

（a），（b）气液硫化反应系统；（c），（d）铜砷分离反应系统；（e）富铜渣；（f）富砷渣

采用气液强化硫化铜砷分离工艺进行处理，处理量为 2000m³/d，硫化氢用气规模约 8.5t/d，其中 30 天的运行情况见表 7-7。

表 7-7　气液强化硫化砷铜脱除效果

序号	As			Cu		
	酸性水池中的浓度/mg·L⁻¹	硫化后液中的浓度/mg·L⁻¹	去除率/%	酸性水池中的浓度/mg·L⁻¹	硫化后液中的浓度/mg·L⁻¹	去除率/%
1	4058	0.183	100.00	0.527	0.029	94.50
	2443	0.351	99.99	0.417	0.057	86.33
2	2073	0.984	99.95	0.169	0.028	83.43
	2073	6.399	99.69	0.169	0.094	44.38
3	938.2	0.273	99.97	<0.01	<0.01	—
	1987	0.125	99.99	0.026	<0.01	—

序号	As			Cu		
	酸性水池中的浓度/mg·L^{-1}	硫化后液中的浓度/mg·L^{-1}	去除率/%	酸性水池中的浓度/mg·L^{-1}	硫化后液中的浓度/mg·L^{-1}	去除率/%
4	1226	0.077	99.99	0.264	<0.01	—
	2511	0.052	100.00	0.055	<0.01	—
5	2039	0.233	99.99	0.089	<0.01	—
	2039	0.183	99.99	0.089	<0.01	—
6	3470	0.256	99.99	0.11	0.009	91.82
	3470	0.37	99.99	0.11	0.009	91.82
7	1791	0.34	99.98	0.106	0.009	91.51
	1791	0.314	99.98	0.106	0.009	91.51
8	1370	0.161	99.99	0.119	0.009	92.44
	1370	0.124	99.99	0.119	0.009	92.44
9	1442	0.058	100.00	0.025	<0.009	—
	1463	0.077	99.99	0.02	<0.009	—
10	966.1	0.11	99.99	0.043	<0.009	—
	966.1	0.058	99.99	0.043	<0.009	—
11	2442.00	0.15	99.99	0.21	0.01	95.71
12	2701.00	1.05	99.96	44.28	0.26	99.41
13	1062.00	0.44	99.95	0.11	0.01	90.00
14	1361.00	0.15	99.98	0.30	0.02	92.67
15	2772.00	0.10	99.99	0.25	<0.009	—
16	2107.00	0.49	99.97	<0.009	<0.009	—
17	1767.00	0.11	99.99	0.10	<0.009	—
18	2093.00	0.26	99.98	0.20	<0.009	—
19	3448.00	4.52	99.86	0.48	0.11	—
20	5646.00	1.54	99.97	1.69	0.04	—
	2597.00	0.04	99.99	<0.009	<0.009	—
21	2642.00	4.35	99.83	0.17	0.11	—
22	2114.00	0.04	99.99	<0.009	<0.009	—
23	3814.00	0.03	99.99	<0.009	<0.009	—
24	9424.00	0.05	99.99	0.55	0.31	—
25	9424.00	0.05	99.99	0.55	0.31	—
26	7283.00	0.62	99.99	2.15	<0.009	—

废液中砷浓度在966~9424mg/L之间波动,平均浓度为2761mg/L,铜离子浓度较低在50mg/L以下,通过气液强化硫化处理后砷浓度在5mg/L以下,平均浓度为0.668mg/L,砷的平均脱除率99.9%以上。铜离子因进水浓度低,出水中铜离子浓度均在0.5mg/L以下,气液强化硫化对铜砷的脱除效果优越。

7.4　酸性废水合成臭葱石除砷技术

7.4.1　臭葱石的特征

臭葱石（Scorodite）是一种天然存在的砷酸铁盐矿物，其化学式为 $FeAsO_4 \cdot 2H_2O$，晶体属斜方晶系，颜色多呈现绿白色、鲜绿色、蓝绿色，少数呈现白色，部分水解被染成红褐色，加热或者敲击后会发出蒜臭味。

铁盐沉砷所产生的砷酸铁是无定型的非晶体（见图 7-11），在一定条件下容易分解成针铁矿。与此相比，晶体态的臭葱石具有更低的溶解度，其 K_{sp} 仅为文献公布的非晶型 $FeAsO_4 \cdot xH_2O$ 的值的千分之一。在温度为 23℃±1℃，pH 值为 2.3~5.3 的范围内，合成的臭葱石的 As 溶解度小于 0.5mg/L。有学者在 pH = 0.97~2.43 时（pK_{sp} = 24.41±0.15），计算出溶度积 K_{sp} 为 $3.89×10^{-25}$ mol/L；当 pH 值为 5~9 时，通过实验结果计算所得的溶度积为 $10^{-25.4}$ mol/L。由此可见，臭葱石的溶度积在一个很低的数量级范围，具有很好的稳定性。

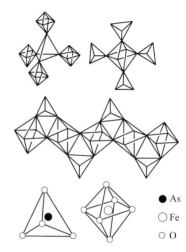

图 7-11　砷酸铁结构模型

臭葱石的稳定性与本身的结构相关，对于该结构，目前有两种已经提出的模型。第一种是双齿双核机构模型，第二种是双齿单核结构模型，这两种模型的根本区别在于 As-Fe 配位数不同，但是正确性还有待验证。

7.4.2　臭葱石晶体的形成机制与热力学机制

7.4.2.1　臭葱石形成的相关化学反应方程式

$$Fe^{2+} + H^+ + \frac{1}{4}O_2 == Fe^{3+} + \frac{1}{2}H_2O \tag{7-16}$$

$$Fe^{3+} + AsO_4^{3-} + 2H_2O == FeAsO_4 \cdot 2H_2O \tag{7-17}$$

7.4.2.2　Fe-As-H_2O 体系电位-pH 图

高温 Fe-As-H_2O 系电位-pH 图（见图 7-12、图 7-13）和高温 Fe-As-H_2O 系沉砷热力学分析可以为臭葱石的制备提供理论指导。

在低电位溶液体系中，低价铁（Fe、Fe^{2+}）组分和低价砷组分（As、AsH_3）是比较稳定的；相反，在高电位溶液体系中，高价铁（$Fe(OH)_3$、$FeAsO_4$）组分和高价砷（AsO_4^{3-}、$FeAsO_4$）组分是比较稳定的。

随着 pH 值变化，高温溶液中的砷会以不同形式存在，出现各种稳定区。在 0.03 < pH < 5.17 的范围内出现较宽的 $FeAsO_4$ 稳定区域，若逐渐降低电位，$FeAsO_4$ 将遵循下列途径发生转化或者分解：

$$Fe^{2+} - H_3AsO_4 \longrightarrow Fe^{2+} - HAsO_2 \longrightarrow Fe(OH)_3 - HAsO_2$$

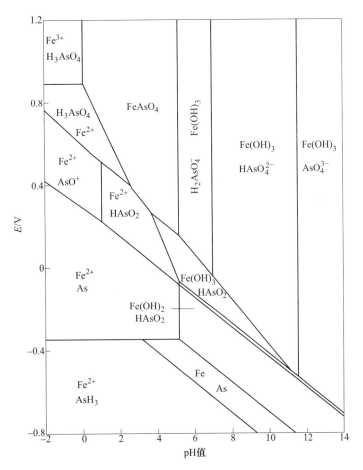

图 7-12　Fe-As-H$_2$O 体系电位-pH 图（95℃，$a=1$）

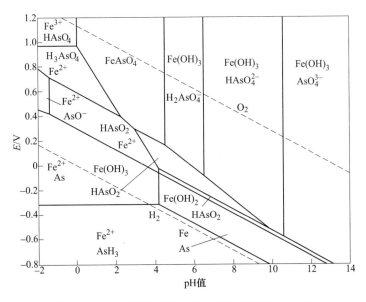

图 7-13　Fe-As-H$_2$O 体系电位-pH 图（160℃，$a=1$）

因此，在酸性介质中，当有氧化剂存在时，Fe^{2+} 被氧化为 Fe^{3+}，AsO^+ 被氧化为 H_3AsO_4，$HAsO_2$ 被氧化为 H_3AsO_4 或者 $H_2AsO_4^-$。在较高电位情况下，控制 $0.03 < pH < 5.17$ 时，高温溶液中的 Fe^{3+} 和 As^{5+} 将以 $FeAsO_4$ 形式沉淀以达到沉砷的目的。pH 值过低时合成的 $FeAsO_4$ 可能会因为体系酸度过高而返溶；pH 值过高则会导致 Fe^{3+} 水解为 $Fe(OH)_3$。

7.4.3　含砷废水合成臭葱石的方法

亚铁盐空气氧化法也称为改进常压法，是利用亚铁盐作沉砷剂，通过空气氧化 Fe^{2+} 沉砷以形成结晶良好、浸出毒性低、利于堆存的臭葱石晶体。在酸性范围内，主要反应机理可分为氧化反应和沉淀结晶反应两个步骤：

$$Fe^{2+} + H^+ + \frac{1}{4}O_2 \Longrightarrow Fe^{3+} + \frac{1}{2}H_2O \tag{7-18}$$

$$Fe^{3+} + AsO_4^{3-} + 2H_2O \Longrightarrow FeAsO_4 \cdot 2H_2O \tag{7-19}$$

采用亚铁盐空气氧化法制备臭葱石晶体时，含砷溶液的初始 pH 值、温度、铁砷摩尔比对反应速率影响较大。在 pH 值为 4、温度为 $70 \sim 95\,^{\circ}\mathrm{C}$、$n_{Fe/As} = 1.5$ 条件下制备的臭葱石稳定性高，砷浸出浓度低于 5mg/L，能直接做堆存处理，同时保证具有 80% 以上的砷去除率。

目前有工程案例正在调试但尚未投入正常生产运营，基本流程是污酸先投加石灰中和其中的硫酸产生石膏产品，并严格控制终点 pH 值；然后加入硫酸亚铁并控制适当的反应条件进行反应，从而生成稳定的臭葱石以达到除砷的目的，除砷后液进行中和及深度处理，主体工艺流程如图 7-14 所示。

主要工艺参数为：制石膏终点 pH 值为 $0.5 \sim 1.0$；硫酸亚铁投加量为 $Fe/As = 1.5$；制臭葱石初始 pH 值在 2 左右；臭葱石反应温度为 $90\,^{\circ}\mathrm{C}$；臭葱石反应时间为 12h。

对于臭葱石除砷工艺，从理论上来讲是可行的，但是现阶段以基础研究为主，尚没有良好稳定运行的工程化案例。大量研究证明随着砷脱除率的提升，生成臭葱石的稳定性有所降低，当砷脱除率达到 96% 以上时，臭葱石产品砷的浸出毒性会超过危废标准（5mg/L），因此该工艺一般控制砷脱除率在 95% 左右。对于 $10 \sim 20$g/L 的污酸而言，处理后液中砷浓度会高达 $500 \sim 1000$mg/L，可能直接导致后续深度处理砷很难稳定达标，同时产生的大量中和渣将是危废，造成较严重的二次污染和新的环保压力。因此该工艺可靠性有待生产过程中验证。不同初始 pH 值条件下合成臭葱石沉淀物的浸出毒性见表 7-8。

表 7-8　不同初始 pH 值条件下合成臭葱石沉淀物的浸出毒性

初始 pH 值	1	2	3	4	5	6	7	9	11
As 浓度/mg·L^{-1}	10	8	7	4	13	10	49	7	14

7.4.4　运行成本

臭葱石工艺主要运行成本包括硫酸亚铁药剂成本、系统升温电耗、人工成本和常规设备电耗等，其中硫酸亚铁药剂成本和系统升温电耗占巨大部分，因此主要对这两项成本进行估算如下：

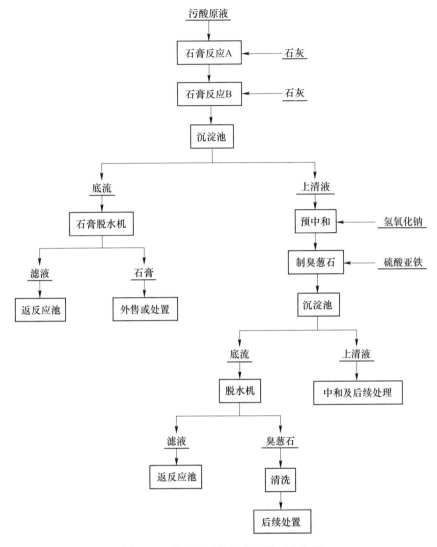

图 7-14 臭葱石工艺处理污酸工艺流程

（1）硫酸亚铁成本。污酸中砷浓度为 20g/L，硫酸亚铁投加量按照 Fe/As=1.5 进行控制，硫酸亚铁价格为每吨 3200 元，则处理每吨污酸的硫酸亚铁成本为 20000/75×1.5×278/1000×3.2=355.84 元。

（2）臭葱石制备过程的升温成本。污酸原液温度一般在 50~60℃，制作臭葱石过程中必须将温度提升至 90℃左右才能保证臭葱石的稳定性，因此需要将污酸温度提升 40℃左右，每吨污酸温度提升 1℃的电耗按 1.5kW·h 计算，工业用电按照 0.68 元/（kW·h）计，则升温电耗成本为 40×1.8×0.68=48.96 元。

即臭葱石工艺处理每吨污酸的主要直接成本为 355.84+48.96=404.8 元。

但是，为了确保臭葱石稳定性，该工艺对污酸中的砷脱除效率控制在 95%左右，这就会导致处理后液砷浓度较高，从而使得后续中和渣成为危废，根据经验及药剂用量情况，中和 pH 值约为 2 且含大量铁离子的酸性废水，每吨废水大约产生约 50kg 干中和渣，中和渣含水率按60%计，则湿渣量为125kg，该中和渣固化处置的成本大约为每吨1000元，则折合到每吨污酸的中和渣处置成本大约为125元。

综上所述，当生成的臭葱石完全满足浸出毒性标准的情况下，该工艺处理每吨污酸的主要成本大约为530元。

7.4.5　投资成本

污酸硫化工艺包括污酸除砷系统和砷渣固化稳定化系统，而臭葱石除砷工艺则只有污酸除砷系统，参考福建某铜业在建示范工程，针对$500m^3/d$，含砷$20g/L$的铜污酸规模，臭葱石除砷工艺投资约5000万元。

7.5　含砷重金属废水生物制剂深度处理技术

7.5.1　技术原理

国家重金属污染防治工程技术研究中心基于多基团高效协同捕获复杂多金属离子的新机制，率先将菌群代谢产物与酯基、巯基等功能基团实现嫁接，发明了富含多功能基团的复合配位体水处理剂（生物制剂），并开发了"生物制剂配合—水解—脱钙—絮凝分离"一体化新工艺和相应设备，冶炼重金属废水通过生物制剂多基团的协同配合，形成稳定的重金属配合物，用碱调节pH值，并协同脱钙。由于生物制剂同时兼有高效絮凝作用，当重金属配合物水解形成颗粒后很快絮凝形成胶团，实现砷等重金属离子（铜、铅、锌、镉、汞等）和钙离子的同时高效净化，净化水中各重金属离子浓度远低于《铅、锌工业污染物排放标准》《铜、镍、钴工业污染物排放标准》等行业标准要求，可全面回用于冶炼企业。

7.5.2　工艺路线

重金属废水"生物制剂配合—水解—脱钙—絮凝分离"处理的具体工艺流程如图7-15所示。

重金属废水进入调节池进行水质水量调节，生物制剂通过计量泵加入水泵出水的管道反应器中，通过管道反应器使生物制剂迅速与废水中的重金属离子反应，生成生物制剂与重金属的配位离子，进入多级溢流反应系统，在斜板前的一级反应池内投加石灰乳或液碱，使生物制剂与重金属离子配合水解长大，实现砷与重金属离子的深度脱除；在三级反应池中投加脱钙剂脱除钙镁离子，在进斜板沉淀池前投加少量的PAM协助沉降，斜板沉降的上清液可以直接回用于企业的生产车间。

新技术解决了传统化学药剂无法同时深度净化多金属离子的缺陷，净化后出水重金属离子浓度可达到《地表水环境质量标准》（GB 3838—2002）中的Ⅲ类标准限值，废水回用率由传统石灰中和法的50%左右提高到90%以上。

生物制剂技术已广泛应用于有色、化工、电镀等行业的含砷与重金属废水的深度处理。

7.5.3　技术效果

（1）可同时深度处理多种重金属离子，抗冲击负荷强，净化高效，运行稳定，对于浓

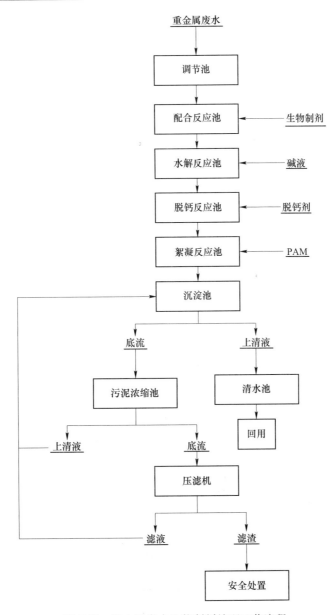

图 7-15 重金属废水生物制剂处理工艺流程

度波动很大且无规律的废水，经处理后净化水中重金属低于或接近《生活饮用水水源水质标准》（CJ 3020—93）。

（2）废水中钙离子可控脱除，效果明显，可以控制到 50mg/L 以下，净化水回用率 95%以上。

（3）渣水分离效果好，出水清澈，水质稳定，水解渣量比中和法少，重金属含量高，利于资源化。

（4）处理设施均为常规设施，占地面积小，投资建设成本低，工艺成熟。

（5）运行成本低廉。

7.5.4　工程案例

福建某铜冶炼厂是中国主要的矿产铜生产企业。铜冶炼厂区废水治理项目处理规模为 8000m³/d，采用生物制剂深度处理工艺对废水进行处理，净化水中铅、锌、铜、镉和砷等重金属离子均稳定达到《铜、镍、钴工业污染物排放标准》（GB 25467—2010）的要求，工艺净化重金属高效，抗冲击负荷强，效果稳定。工艺流程如图 7-16 所示。

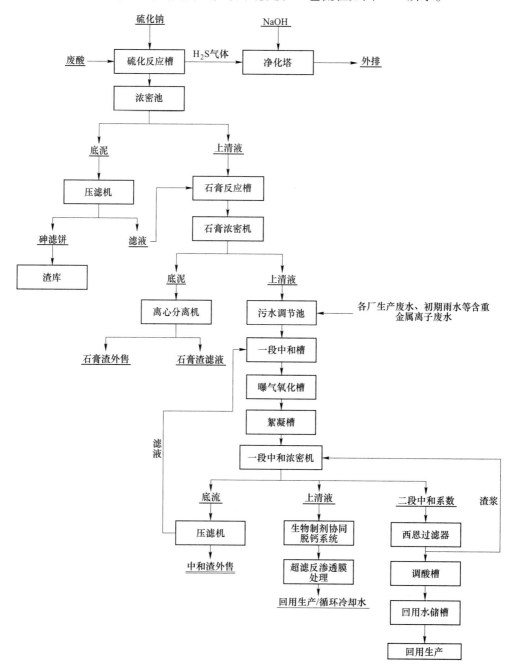

图 7-16　铜冶炼酸性废水生物制剂处理系统总体工艺流程

7.6 硫化砷渣矿化稳定化治理技术

7.6.1 技术原理

采用专用于含砷废渣的复合矿化药剂,将砷渣中不稳定的砷化合物破坏,在外加机械力场的协同下通过形态转变、晶格固化、配位吸附等物理化学作用,使砷渣中的砷重新形成稳定的含砷复合矿物,使砷渣的砷及其他重金属无害化,同时利用药剂的酸碱缓冲作用,保证砷渣腐蚀性处于安全水平。

7.6.2 工艺流程

硫化砷渣矿化稳定化治理工艺流程如图 7-17 所示。硫化砷渣通过破碎、细磨设备控制粒度在 1mm 以下,若硫化砷渣为压滤产生的泥渣,则无需破碎,硫化砷渣由专用容器或者皮带输送机转入中间储料仓内临时贮存,经称重系统计量后,由专用容器或密封式输送机转入矿化反应器中。根据硫化砷渣中砷含量和腐蚀性等,确定相应种类的矿化剂 B 和 A 的投加量,粉料药剂采用螺旋输送机投加,液体药剂采用计量泵投加,并根据物料含水情况适当投加一定量的工业水,一般控制物料含水在 25%~45% 不等,根据出料承装容器和养护时间调控。硫化砷渣和矿化药剂在矿化反应器中强制混合反应。其中药剂的投加速

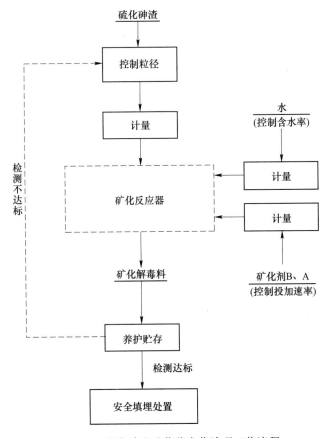

图 7-17 硫化砷渣矿化稳定化治理工艺流程

率和反应时间根据硫化砷渣中的砷含量确定。反应完毕产生矿化解毒料，由专用容器承装，由叉车转入养护区暂存。养护一段时间后，一般为 1~3 天，进行浸出毒性和腐蚀性检测，经检测达标后运送至填埋场安全处置，若检测未达标，则返回破碎、细磨设备，二次处理。

7.6.3　处理效果

硫化砷渣砷含量一般在 20%~45% 之间（以干基计），砷浸出毒性一般在 50~10000mg/L 范围内波动，采用硫化砷渣矿化治理技术处理后，砷浸出毒性稳定低于 2.5mg/L，通过工艺参数调整，也可以实现砷浸出毒性稳定低于 1.2mg/L，处理后各项污染指标均满足《危险废物填埋污染控制标准》（GB 18598—2001）规定的入场限值。

7.6.4　福建某铜业硫化砷渣矿化稳定化处理项目

7.6.4.1　工程概况

福建某铜业年产生约 5000~7500t 的砷滤饼（属危险废物，含水率约 50%，干基含砷约 40%），其砷浸出毒性高，平均达到 1820mg/L，最高约 10000mg/L，远高于《危险废物填埋污染控制标准》（GB 18598—2001）中砷及其化合物的允许进场限值是 2.5mg/L。为解决紫铜砷滤饼难处置问题，采用国家重金属污染防治工程技术研究中心研发的硫化砷渣矿化稳定化处理技术，配合企业建设铜冶炼资源综合利用及无害化处置项目。一期项目设计规模 2750t/a。项目已完成调试生产，处理效果、生产能力及稳定性均达到要求。

7.6.4.2　工艺流程

工艺流程如图 7-18 所示。

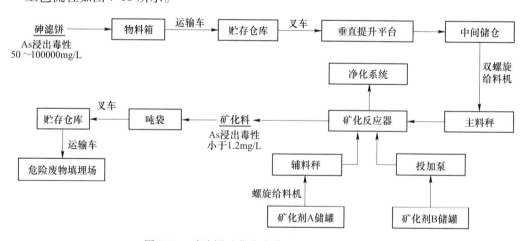

图 7-18　砷滤饼矿化稳定化处理项目工艺流程

砷滤饼矿化处理系统主要包括：砷滤饼上料系统、砷滤饼称重系统（主料秤系统）、矿化剂 B 加料系统、矿化剂 A 加料系统（辅料秤系统）、矿化反应系统、矿化渣下料系统和矿化渣破碎系统。制酸厂硫化系统压滤机产生的砷滤饼为该系统处理的原料。

制酸厂硫化系统压滤机将砷滤饼直接卸料到物料箱中，首先用叉车将物料箱装载到厂内运输车上，集中运送、卸载至砷滤饼仓库。然后用叉车将物料箱安放在提升平台的进箱架上，提升平台提升至指定位置并卸料，砷滤饼转入中间储料仓。中间储仓下开口，配套双螺旋给料机，连接皮带输送机，将砷滤饼安全稳定输送至主料秤斗中，再卸料至矿化反应器中。

矿化剂 A 存放在矿化剂 A 储罐中，经由密闭螺旋给料机输送至辅料秤斗中，再卸料至矿化反应器中，进行第一阶段矿化反应。矿化剂 B 经隔膜计量泵和输送管道，定速定量投加至矿化反应器中，进行第二阶段矿化反应。

砷滤饼和矿化剂 A、矿化剂 B 在矿化反应器中发生矿化反应，反应器配套除害塔，维持反应器内外气压平衡，保证投加物料顺畅以及吸收药剂投加过程中产生的粉尘和反应过程中产生的热蒸汽。反应结束的物料即为矿化渣。

矿化反应器卸料至特制防水吨袋中，再用叉车转移到矿化渣仓库养护，做好样品编号。养护区的矿化渣按编号进行检测，达标后运送至堆存库或安全填埋场进行填埋，如检测不达标，则转移至破碎间进行破碎，破碎后返回进料系统再次进行矿化处置，直至达标。

7.6.4.3 主要工艺参数及处理效果

该工程工艺参数为：批次处理量 1.8t，矿化剂 B 投加比 1.2t/t，反应时间 90min，矿化剂 A 投加比 0.7t/t，反应时间 60min，单批次运行时间 180min（需额外加水约 1t/t，补充蒸发的水分）。

矿化反应器性能参数为：型号 DW29-6，有效容积 6m^3，装机功率 250kW，运行转速 50~100r/min。

该项目应用成套技术处理后的含砷物料，除去工艺和设备参数调整期波动数据低于《危险废物填埋污染控制标准》（GB 18598—2019）中砷污染控制限值，即砷小于 1.2mg/L，占比 36%；低于《危险废物填埋污染控制标准》（GB 18598—2001）中砷污染控制限值，即砷小于 2.5mg/L 占比 100%。

7.6.4.4 清洁生产情况

A 二次污染控制情况

粉尘防治：矿化反应器顶部连接膨胀仓和净化吸收系统，维持反应器内外压力平衡，消除了粉料药剂投加过程粉尘逸出；药剂储罐顶部有脉冲式收尘装置，收集装载药剂过程产生的粉尘；生产过程每天定期清洁地面，避免地面干化产生粉尘。

噪声防治：矿化反应器基座采用弹性软连接，避免搅拌过程设备摆动产生噪声；主要设备振动部位均有柔性材质衬垫，避免刚性碰撞产生噪声。

废水防治：生产过程废水来自地面清洁水，由废水收集池收集，由泵输送至厂区废水管网集中处理。

废气防治：该工程无废气来源。

B 能源、资源节约和综合利用情况

该工程为铜冶炼末端环节产生的硫化砷渣稳定化处理项目，不涉及资源回收和综合利用内容，相比火法处理方法，该技术能够完全避免原料燃烧或电热能耗，能耗低，相比传统水泥固化技术，该技术能够显著降低增容比，显著提高稳定化处理效果，在一定程度上实现了相对减量化。

7.7　中和砷渣矿化稳定化治理技术

7.7.1　技术原理

国家重金属污染防治工程技术研究中心针对砷酸盐和氧化砷等不同类型的砷渣，利用矿化剂中活化钙、铁基团和促矿化基团将中和砷渣中非稳定形态的砷进行矿化诱导，最终形成稳定的含砷矿化合物，并利用矿化剂中的螯合基团的吸附作用将残留的痕量砷吸附，进一步降低废渣中砷的迁移率。因此，该技术是利用矿化剂的微矿化诱导和螯合吸附双重作用钝化废渣中不稳定形态的砷，实现废渣的解毒稳定。

7.7.2　工艺流程

中和砷渣首先通过破碎、细磨设备控制粒度在 1mm 以下，若中和砷渣为压滤产生的泥渣，则无需破碎，然后由专用容器或者皮带输送机转入中间储料仓内临时贮存，经称重系统计量后，由专用容器或密封式输送机转入矿化反应器中。根据中和砷渣种类和性质，如砷铁渣和钙砷渣，投加相应种类的矿化剂，粉料药剂采用螺旋输送机投加，液体药剂采用计量泵投加，并根据物料含水情况适当投加一定量的工业水，一般控制物料含水在25%~45%不等，根据出料承装容器和养护时间调控。中和砷渣和药剂在矿化反应器中强制混合反应，其中药剂的投加速率和反应时间同样根据砷渣类别和性质调控。反应完毕产生矿化解毒料，由专用容器承装，由叉车转入养护区暂存。养护一段时间后，一般为 1~3 天，进行浸出毒性和腐蚀性检测，经检测达标后运送至填埋场安全处置，若检测未达标，则返回破碎、细磨设备，二次处理，工艺流程如图 7-19 所示。

7.7.3　处理效果

中和砷渣砷浸出毒性一般在 5~1000mg/L 范围内波动，采用中和砷渣矿化治理技术处理后，砷浸出毒性稳定低于 2.5mg/L，通过工艺参数调整，可以实现砷浸出毒性稳定低于 1.2mg/L，处理后各项污染指标均满足《危险废物填埋污染控制标准》（GB 18598—2001）规定的入场限值。

7.7.4　湖北某有色含砷中和渣矿化稳定化处理工程应用

7.7.4.1　工程概况

压滤泥饼即含砷中和渣，含水率 45%~55%，主要污染特征为砷浸出毒性超标。该工程设计处理规模为 40000t/a，2016 年 9 月投入运行，稳定化处理后的渣进入企业自建危险废物填埋场安全处置。

7.7.4.2　工艺流程

中和砷渣矿化处理工艺流程如图 7-20 所示。污酸化学沉淀处理压滤产生的中和砷渣

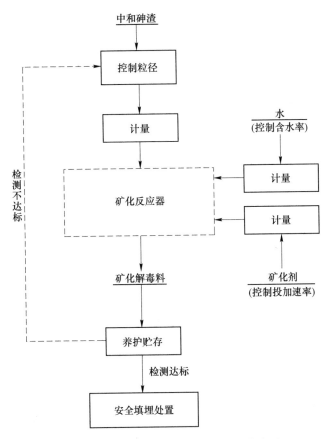

图 7-19 中和砷渣矿化稳定化治理工艺流程

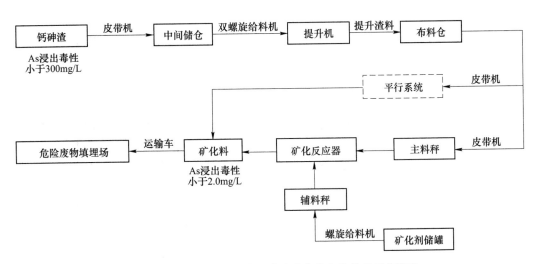

图 7-20 湖北大冶有色中和砷渣矿化稳定化处理工艺流程

经环保密闭式皮带机输送至中间储仓暂存，通过中间储仓底部密闭式双螺旋给料机将渣料输送至提升机斗，再提升至布料储仓，由布料储仓将渣料分配至两个平行主称料系统，分别输送至两个平行矿化反应器；固体粉料矿化剂储存在两个平行立式储罐中，采用密闭式螺旋给料机输送至辅称料系统，投加至矿化反应器中，进行矿化反应。矿化反应器配备除尘系统，平衡反应器内外压强和净化药剂投加过程产生的粉尘。反应完毕得到矿化料，矿化料经养护检测达标后，运送至企业自建危险废物填埋场进行填埋处置。检验不合格砷渣或因设备检修及其他异常情况未处理达标的废渣则由应急提升机返回至中间储料仓再进行二次处理。

7.7.4.3　主要工艺参数及处理效果

该工程工艺参数为：批次处理量 0.5t，矿化剂投加比 0.1t/t，反应时间 6min，单批次运行时间 15min（无需额外投加水）。

矿化反应器性能参数为：型号 RV15，有效容积 $0.75m^3$，装机功率 70kW，运行转速 50r/min。

该项目应用成套技术处理后的含砷物料，其砷浸出毒性均值约 1.10mg/L，最高值 2.06mg/L，最低值 0.12mg/L，满足《危险废物填埋污染控制标准》（GB 18598—2001）规定的污染控制限值，处理前后增容比约 1.06。

7.7.4.4　清洁生产情况

A　二次污染控制情况

粉尘防治：矿化反应器顶部连接膨胀仓，维持反应器内外压力平衡，消除了粉料药剂投加过程粉尘逸出；药剂储罐顶部有脉冲式收尘装置，收集装载药剂过程产生的粉尘；生产过程每天定期清洁地面，避免地面干化产生粉尘。

噪声防治：矿化反应器基座采用弹性软连接，避免搅拌过程设备摆动产生噪声；主要设备振动部位均有柔性材质衬垫，避免刚性碰撞产生噪声。

废水防治：生产过程废水来自地面清洁水，由废水收集池收集，由泵输送至厂区废水管网集中处理。

废气防治：该工程无废气来源。

B　能源、资源节约和综合利用情况

该工程为有色冶炼末端环节产生的含砷废渣稳定化处理项目，不涉及资源回收和综合利用内容，相比火法处理方法，该技术能够完全避免原料燃烧或电热能耗，能耗低，相比传统水泥固化技术，该技术能够显著降低增容比，在一定程度上实现了相对减量化。

7.7.4.5　投资与运行成本

该工程总投资 897 万元，其中设备购置费 577.7 万元，建筑安装工程费用 204.3 万元，设计费 85 万元，技术服务费 30 万元。

该工程运行费用每吨渣 126.6 元，其中药剂费用 90.87 元，水电费用为 2.26 元，人工费用 11.7 元，设备折旧、维修 21.77 元。

7.8 砷渣熔融固化治理技术

7.8.1 技术原理

砷渣熔融固化技术是将待处理的含砷废物与玻璃质或玻璃粉混合，经过混合造粒成型后，在一定温度下熔融形成玻璃固化体，借助玻璃体的致密结构体将有毒有害元素包裹在玻璃体内，从而达到降低砷等有毒有害元素迁移目的，实现固化稳定化效果。含砷固废的玻璃化产物具有良好的化学稳定性和机械强度，可作为一般废物进行填埋，或用作建筑材料[112,113]。

目前，欧盟、美国、日本等均已将玻璃化技术作为处理危废物品的最佳方法[114]。

7.8.2 工艺流程

砷渣进行烘干后球磨，控制粒径在 1mm 以下，将砷渣、砷稳定剂和玻璃配料按照配比先后累计称重，称重完毕统一转入强制混合机混合制粒，将球粒转入特定容器中，再转入熔窑烧制，在一定温度和保温时间下物料完成熔融（220℃保持 2h，870℃保持 1h）。将装有熔融料的容器转出，熔融料淬火，得到熔融固化体。熔融固化体进行浸出毒性和腐蚀性检测，经检测达标后进行安全处置，若检测未达标，则返回球磨，二次处理，工艺流程如图 7-21 所示。

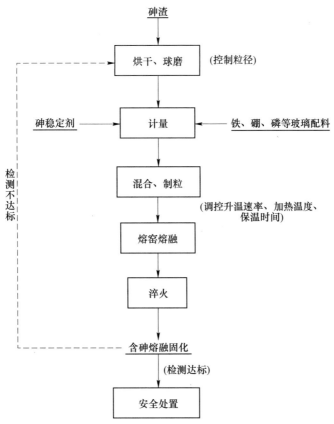

图 7-21　砷渣熔融固化处理工艺流程

7.8.3　处理效果

砷酸盐类砷渣采用熔融固化技术处理后，砷浸出毒性稳定低于 1.2mg/L，处理后各项污染指标均满足《危险废物填埋污染控制标准》（GB 18598—2001）规定的入场限值。

7.9　冶炼过程熔融炉渣直接固砷

高温玻璃化固砷技术属于二次固砷技术，对于大规模有色金属冶炼工业而言，对所产生的数量庞大的含砷固废进行高温玻璃化固砷，并不具备经济性优势。若在冶炼过程中进行高温同步固砷可以从源头上实现砷污染物的安全处置，对冶金企业清洁生产和环保保护具有十分重要的意义。冶炼过程炉渣固砷受冶炼参数影响，进入渣相的砷与部分金属阳离子进行同质替换，炉渣熔体冷却后砷固化于玻璃体中[115]。

不同铜冶炼工艺的反应速度、富氧浓度、冰铜品位导致有色冶炼高温熔融过程中炉渣固砷率不同。目前国内外铜冶炼行业中造锍熔炼工艺有闪速熔炼和熔池熔炼（顶吹熔炼、底吹熔炼、侧吹熔炼）。如闪速熔炼工艺因其反应速度快、富氧浓度高的特点，冰铜品位越高，高温熔融过程中砷入渣率就越高。若熔池熔炼反应过程添加焦炭粉，不是富氧气氛，砷难以生成高价氧化物，以低价态氧化物从气相中挥发。因此富氧浓度是有色冶炼过程中炉渣高温熔融固砷技术的关键因素，只有在富氧浓度下，砷被氧化成高价氧化物更易入渣；另外冰铜品位越高，炉渣固砷效果越好。高温熔融过程中，炉渣类型影响着玻璃固砷的效果，一些金属氧化物能够提高高温熔融过程炉渣的固砷率。

下面以铜冶炼过程为例，探讨渣型、冶炼气氛、冰铜品位等因素对冶炼过程炉渣直接固砷的影响。

7.9.1　冶炼炉渣渣型的影响

$CaO\text{-}SiO_2\text{-}FeO_x$ 渣系和 $FeO\text{-}SiO_2$ 渣系在 Cu、Pb、Ni、Sn 等有色金属冶炼过程中被广泛使用。Nagamori 和 Chaubal 最先建立热力学模型用于描述 As 元素在铜冶炼炉渣中的行为。研究发现，在温度 1250℃、冰铜品位 60%、SO_2 的分压为 10132.5Pa（0.1atm）时，随 Fe/SiO_2 比例的升高炉渣中 As 含量上升。Reddy 进一步运用热力学模型预测更多组系炉渣对砷酸盐容量影响，包括 $FeO\text{-}SiO_2$、$CaO\text{-}SiO_2$、$MgO\text{-}SiO_2$、$FeO\text{-}FeO_{1.5}\text{-}CuO_{0.5}\text{-}MgO\text{-}SiO_2$ 和 $FeO\text{-}FeO_{1.5}\text{-}CuO_{0.5}\text{-}CaO\text{-}MgO\text{-}SiO_2$ 等渣型。通过计算结果分析可知，在 1250℃ 温度时通过添加碱性的 CaO 和 MgO 能提高炉渣的固砷容量。单桃云等人也提出有色金属冶炼过程所产生的含铁硅酸盐炉渣是很好的固砷原料。在 1200℃ 下将炉渣返回到冶炼系统能固化 4.5% 左右的砷，高于玻璃固化规定的限值，且 As 的毒性浸出浓度在 4.00mg/L 左右。

7.9.2　冶炼气氛的影响

根据不同温度的 As-Fe-S-O 系等温平衡图，可以发现当体系氧势较低时，铜精矿中的砷大部分进入烟尘和烟气；而当体系氧势较高时，铜精矿中的砷会被直接氧化生成高价砷氧化物，与炉渣反应形成更难挥发的含砷物种并滞留在炉渣熔体中。有文献对主要铜熔炼工艺杂质砷进入炉渣的分布进行了对比分析。在冰铜品位相近的情况下，不同铜熔炼工艺杂质砷的入渣率取决于熔炼过程的氧势。从表 7-9 中可以看出，闪速熔炼过程杂质砷的入渣率达 23.99%，这主要归功于其富氧浓度高达 70%～80%。文献数据也表明，在冰铜品位给定的条件下，氧分压增大可使低价砷氧化成高价砷氧化物或砷酸盐，从而致使熔炼过程入渣率大幅度增加。

表 7-9　不同铜熔炼工艺杂质砷的入渣率

熔炼工艺	底吹熔炼炉	诺兰达炉	奥斯迈特炉	闪速炉
砷入渣率/%	7.51	7.00	12.74	23.99

7.9.3　冰铜品位的影响

铜熔炼过程中冰铜品位对杂质砷入渣率有一定影响。从表 7-10 可以看出，随冰铜品位的提高，闪速熔炼过程杂质砷的入渣率也逐渐增加。在铜冶炼过程中，当冰铜品位高于 70% 时，炉渣中的 As 含量显著升高，同时粗铜中 As 的含量也升高。在熔炼过程中，砷主要以铜砷合金或砷单质形态进入冰铜。由于冰铜品位升高，熔体内铁和铜的活性增强，与之两相平衡的炉渣中铁和铜的氧化物含量也会同比例升高，因此在炉渣熔体中的含量也相应增加。

表 7-10　闪速炉熔炼过程冰铜品位对杂质砷的入渣率影响

冰铜品位	40	55	57	62
砷入渣率/%	10.00	14.58	20.00	23.99

7.9.4　其他因素的影响

除上述影响因素外，熔炼温度、铜精矿含砷量等对砷入渣率均有一定的影响。张传福等人对熔炼温度进行了模拟计算，认为铜闪速熔炼过程中，熔炼温度是十分重要的控制参数。随着熔炼温度的升高，砷的挥发率增大，降低其入渣率。

闪速炉熔炼已进入高氧分压、高冰铜品位、高热强度的工业生产摸索阶段。表 7-11 为不同冶炼企业闪速熔炼过程杂质砷的入渣率。从表 7-11 中可以看出，金冠铜业闪速熔炼过程杂质砷的入渣率高达 47.43%。金冠铜业的冶炼过程中除了采用较高氧浓度、高冰铜品位外，所产生的含砷中间物料如烟灰、吹炼渣、渣精矿和黑铜粉均作为原料进行返炉，不断循环，致使内循环的砷达到 48.56%，使得整个冶炼系统中的砷主要流向渣中。

表 7-11　不同冶炼企业闪速过程杂质砷的入渣率

冶炼企业	贵溪冶炼厂	金冠铜业	金隆铜业
砷入渣率/%	21.09	47.43	37.00

7.9.5　冶炼过程直接高温固砷需要解决的问题

（1）冶炼过程杂质砷的入渣率较低。冶炼过程砷高入渣率是实现砷高温固化的前提。曾报道株洲冶炼厂铜转炉吹炼过程中砷入渣率达 55.20%，反射炉精炼过程中砷的入渣率高达 71.90%。因此，研究株洲冶炼厂铜转炉吹炼过程和反射炉精炼过程中砷的入渣率的机制，并借鉴金冠铜业冶炼过程中所产生的含砷中间物料作为返料的工程经验，有望提高冶炼过程杂质砷的入渣率，以期实现铜精矿中的砷总量与炉渣中的砷总量的平衡。

（2）冶炼炉渣中砷的稳定性有待提高。冶炼过程杂质砷入渣并不意味着已经实现固化或稳定化。炉渣高温熔融固砷需要使砷以稳定的形态赋存于炉渣，以达到无害化的目的。然而，现代冶炼企业已进入大处理量时代，快速冶炼过程中未反应完全的毒砂和硫化砷进入炉渣难以避免；毒砂和硫化砷经历熔炼反应所形成的氧化砷和砷酸盐在造渣反应过程中也可能未及时转变为稳定的砷硅酸盐形态。冶炼渣中不稳定形态的含砷物相会导致严重的砷污染。因此，如何营造一定的冶炼条件使不稳定形态的含砷物相转变为稳定的砷硅酸盐是值得深入研究的课题。

参 考 文 献

[1] 王奎克，朱晟，郑同，等. 砷的历史在中国 [J]. 自然科学史研究，1982，1 (2)：115~126.

[2] 水志良，陈起超，水浩东. 砷化学与工艺学 [M]. 北京：化学工业出版社，2014.

[3] 朱晶，任定成. 欧洲人制备单质砷的早期历史的再考察 [J]. 自然科学史研究，2008，27 (2)：151~165.

[4] 杨楠，孙红哲. 砷-锑-铋类药物的应用历史和现状 [J]. 化学进展，2009，21 (5)：857~864.

[5] 肖若珀. 砷的提取、环保和应用方向 [M]. 南宁：广西金属学会，1992.

[6] 肖细元，陈同斌，廖晓勇，等. 中国主要含砷矿产资源的区域分布与砷污染问题 [J]. 地理研究，2008，27 (1)：201~212.

[7] 蒋中国. 有色冶金中砷污染的监测与控制 [M]. 成都：四川大学，2013.

[8] 梁峰. 砷污染治理及其资源化的研究 [D]. 长沙：中南大学，2004.

[9] 李庆超. 炼铜污酸臭葱石除砷工艺研究 [D]. 昆明：昆明理工大学，2017.

[10] 刘瑞广，高麒麟，刘晓明. 含有机砷废物无害化处理方法 [J]. 辽宁师范大学学报（自然科学版），2010，33 (2)：216~218.

[11] 曹金珍. 国外木材防腐技术和研究现状 [J]. 林业科学，2006 (7)：120~126.

[12] 陈寿椿. 重要无机化学反应（第二版）[M]. 上海：上海科学技术出版社，1982.

[13] 项斯芬，严宣申，曹庭礼. 氮、磷、砷分族 [M]. 北京：科学出版社，1995.

[14] 李春彦，王锐，杨春晖，等. 黄铜矿类半导体砷化锗镉晶体的研究进展 [J]. 人工晶体学报，2006 (5)：1022~1025.

[15] 孙敏，刘平. 砷剂在眼部的新用途 [J]. 眼科新进展，2007 (6)：71~77.

[16] 晏伯武. 微电子技术发展和展望 [J]. 舰船电子工程，2007 (5)：70~72.

[17] 周孟一. 砷在玻璃配料中的作用 [J]. 化学世界，1955 (12)：599.

[18] 李若彬. 铜精矿的脱砷实践 [J]. 工程设计与研究（长沙），1991 (1)：25~30.

[19] 白桦，李阳. 多膛炉的设计与改进 [J]. 有色冶金节能，2010 (1)：31~33.

[20] 刘海成. 每层四耙臂多膛炉的设计特点 [J]. 有色设备，1998 (2)：12~14.

[21] 戴光荣. 浅谈燃油回转窑或燃气回转窑改造成电加热回转窑的方案 [J]. 轻工科技，2009，25 (9)：36~37.

[22] 董少勇，刘景槐. 万年含砷银金精矿回转窑焙烧脱砷工艺研究 [J]. 湖南有色金属，2000 (2)：12~14.

[23] 陈光耀. 长窑焙烧脱砷生产实践 [C]. 第八届全国锡锑冶炼及加工生产技术交流会.

[24] 刘刚，池涌，蒋旭光，等. 颗粒物料在回转窑内的运动特性模型 [J]. 浙江大学学报（工学版），2007，41 (7)：1195~1200.

[25] 李勇. 回转窑内物料运动与传热特性分析 [D]. 武汉：华中科技大学，2011.

[26] 邹珀. 黄金洞金矿砷金精矿回转窑焙烧脱砷工艺生产实践 [J]. 黄金，1995，16 (1)：44~47.

[27] 徐邦学. 硫酸生产工艺流程与设备安装施工技术及质量检验检测标准实用手册 [M]. 南宁：广西电子音像出版社，2004.

[28] 申开榜. 谈谈两段焙烧法预处理高硫砷难浸金精矿 [J]. 云南化工，2007，34 (5)：26~29.

[29] 寇文胜，陈国民. 提高难浸金精矿两段焙烧工艺金氰化浸出率的研究与实践 [J]. 黄金，2012 (5)：47~49.

[30] Yazawa A. Thermodynamic Evaluations of Extractive Metallurgical Processes [J]. Metallurgical Transactions B，1979，10 (3)：301~327.

[31] 张永峰，武鑫. 两段焙烧工艺在黄金生产中的应用 [J]. 中国有色冶金，2010，39 (5)：37~40.

[32] 曲胜利. 黄金冶金新技术 [M]. 北京：冶金工业出版社，2018：71~72.

[33] 章孟杰. 高砷硫铁矿制酸除砷工艺设计 [J]. 化学工程与装备, 2012 (9)：66~68.

[34] 王金生, 连海瑛, 蹇令兰, 等. 黄金冶炼焙烧烟气中砷的回收 [J]. 黄金, 2013 (7)：65~68.

[35] 李卫民, 德洪. 智利铜企业的脱砷处理工艺与经验 [J]. 世界有色金属, 2008 (4)：68~71.

[36] 胡立琼. 氧气底吹炼铜炉的设计 [J]. 中国有色冶金, 2010 (1)：23~24.

[37] 崔志祥, 申殿邦, 王智, 等. 富氧底吹熔池炼铜的理论与实践 [J]. 中国有色冶金, 2010 (1)：23~24.

[38] 曲胜利, 董准勤, 陈涛. 富氧底吹炼铜烟气干法收砷存在的问题及解决方法 [J]. 中国有色冶金, 2016 (45)：54.

[39] 袁海滨. 高砷烟尘火法提取白砷实验及热力学研究 [J]. 云南冶金, 2012, 40 (6)：27~34.

[40] 李纹. 云锡电热回转窑焙烧法生产白砷 [J]. 云锡科技, 1996, 23 (2)：26~30.

[41] 王世通, 戴天德, 严寿康. 蒸馏法处理高砷烟尘生产白砷及回收锡 [J]. 有色冶炼, 1982, 11：11~14.

[42] 刘斌. 离析渣搭配砷渣砷灰回转窑混合焙烧脱砷 [J]. 有色冶炼, 1997, 3：9~12.

[43] 王青. 1250kV·A 直流电炉熔炼高砷锡烟尘分离锡砷产业化研究 [D]. 昆明：昆明理工大学, 2015.

[44] 邓亲贤. 日本的砷害治理 [J]. 工业安全与环保, 1986, 10：39~43.

[45] 邹培浩. 电弧炉法提纯粗三氧化二砷 [J]. 有色金属 (冶炼部分), 1981, 6：5~7.

[46] 潘君来. 高砷钴矿提钴过程中砷的分布与回收 [J]. 有色金属 (冶炼部分), 1991, 5：12~15.

[47] 刘红, 邓军旺, 戴煜. 浅析钢带炉的应用及发展趋势 [J]. 工程设计与研究, 2014, 137：1~4.

[48] 肖若珀, 赵士钧, 张健. 从高砷烟尘中湿法提取优质白砷 [J]. 中国有色冶金, 1989, 4：21~24.

[49] 邓良俊, 阳松鹤. 从水口山熔炼法的冷电尘制取工业白砷 [J]. 有色金属 (冶炼部分), 1993, 2：17~19.

[50] 朱兴华. 高砷烟尘湿法提取优质白砷的研究 [J]. 有色金属 (冶炼部分), 1984, 6：23~26.

[51] 北京有色冶金设计研究总院, 等. 重有色金属冶炼设计手册 (锡锑汞贵金属卷) [M]. 北京：冶金工业出版社, 1995.

[52] 龙春生. 我国砷资源及其生产和应用情况 [J]. 有色冶炼, 1981 (8)：4~11.

[53] 张志伟. 电热竖罐还原蒸馏高砷锡烟尘生产金属砷 [J]. 云锡科技, 1997, 24 (2)：31~35.

[54] 李学鹏. 直流电弧炉制备金属砷试验研究 [J]. 矿冶, 2012 (3)：56~59.

[55] 陈世民, 周再明. 一种三氧化二砷熔融电解单质砷的工艺 [P]. 中国专利：CN 108842170 B, 2019.

[56] 伍耀明, 李威荣, 黎光旺, 等. 砷精矿真空蒸馏制取金属砷 [J]. 有色金属 (冶炼部分), 1985 (2)：21~24.

[57] 刘植根, 易阿蛮. 文托冶炼厂的粗锡精炼和砷回收 [J]. 有色冶炼, 1981 (11)：39~42.

[58] 陈枫, 王玉仁, 戴永年. 真空蒸馏砷铁渣提取元素砷 [J]. 昆明理工大学学报 (自然科学版), 1989 (3)：37~47.

[59] 郭青蔚. 高纯金属研究现状及展望 [J]. 世界有色金属, 1996 (4)：17~18.

[60] 周立军. 半导体材料的发展及现状 [J]. 新材料产业, 2001 (5)：22~24.

[61] 彭志强, 廖亚龙, 周娟. 高纯砷制备研究进展及趋势 [J]. 化工进展, 2013, 32 (12)：2929~2933.

[62] 易桂昌. 高纯金属制备的概况 [J]. 稀有金属, 1978, 3：22~25.

[63] 郭学益, 田庆华. 高纯金属材料 [M]. 北京：冶金工业出版社, 2011.

[64] 戴永年, 杨斌. 有色金属材料的真空冶金 [M]. 北京：冶金工业出版社, 2013.

[65] Kubaschewski O, Alcock C B. Metallurgical Thermochemistry [M]. 5th ed. Oxford：Pergamon

Press，1979.

[66] Thaddeus B, Massalski, et al. Binary Alloy phase Diagrams ［M］. American Soc for Met-als：［s. n］，1986.

[67] Nesmeyanov A N. Vapor Pressure of the Chemical Elements ［M］. Amsterdan：Elsevier，1963.

[68] 刘日新，戴永年，李本文，等. 纯金属真空蒸馏研究（Ⅰ）：数学模型 ［J］. 真空科学与技术，1996，16（2）：134~139.

[69] 刘日新，戴永年，李本文，等. 纯金属真空蒸馏研究（Ⅰ）：基本规律及其应用 ［J］. 真空科学与技术，1996，16（2）：140~143.

[70] Winkler O，Bakish R. 真空冶金学 ［M］. 康显澄，等译，上海：上海科学技术出版社，1982.

[71] 王玮. 粗（金属）砷真空蒸馏预提纯实验研究 ［J］. 云南冶金，2010，39（5）：30~34.

[72] 石黑三郎. 高纯度金属砷 ［J］. 电气学会杂志，1994（11）：49~50.

[73] Yokozawa M, Shi T, Takayanagi S. Preparation of high purity arsenic ［P］. Japan：3512958. 1967-05-01.

[74] 周尧和，胡壮麟，介万奇. 凝固技术 ［M］. 北京：机械工业出版社，1998.

[75] 张昌培. 以砷为填料 $AsCl_3$ 精馏法除硒和硫的研究 ［J］. 稀有金属，1981（8）：12~16.

[76] 何志达，朱刘，郭金伯. 氯化还原法制备高纯砷的工艺研究 ［J］. 广东化工，2017，44（5）：125~128.

[77] 关口宏，葛世昕. 古河机械金属株式会社生产的高纯度砷 ［J］. 有色冶金设计与研究，1995（3）：56~58.

[78] 寺山恒久. 铜冶炼厂砷的回收和高纯砷的制造 ［J］. 有色冶金设计与研究，1989，12（1）：51~57.

[79] 韩汉民. 高纯砷的制备 ［J］. 现代化工，1994（11）：49~50.

[80] 于剑昆. 高纯砷烷的合成与开发进展 ［J］. 低温与特气，2007，25（1）：17~19.

[81] 杨家驹，译. 制取特纯金属砷的无污染工艺 ［J］. 中国有色冶金，1996（3）：35.

[82] 刘智明. 铜冶炼烟尘综合回收工艺浅析及建议 ［J］. 中国有色冶金，2015，44（5）：44~48.

[83] 徐养良，黎英，丁昆，等. 艾萨炉高砷烟尘综合利用新工艺 ［J］. 中国有色冶金，2005（5）：16~18.

[84] 樊有琪，蔡兵，杜春云. 铜烟尘提取铜和锌的湿法工艺探索 ［J］. 中国有色冶金，2016，45（2）：59~62.

[85] Sahu N K, Dash B, Sahu S, et al. Extraction of copper by leaching of electrostatic precipitator dust and two step removal of arsenic from the leach liquor ［J］. Korean Journal of Chemical Engineering，2012，29（11）：1638~1642.

[86] 汤海波，秦庆伟，郭勇，等. 高砷烟尘酸性氧化浸出砷和锌的实验研究 ［J］. 武汉科技大学学报，2014，37（5）：341~344.

[87] 张荣良，丘克强，谢永金，等. 铜冶炼闪速炉烟尘氧化浸出与中和脱砷 ［J］. 中南大学学报（自然科学版），2006，37（1）：73~78.

[88] 徐志峰，聂华平，李强，等. 高铜高砷烟灰加压浸出工艺 ［J］. 中国有色金属学报，2008，18（s1）：59~63.

[89] 张雷. 铜冶炼过程中高砷烟尘的湿法处理工艺 ［J］. 四川有色金属，2002（4）：21~23.

[90] 徐静. 含砷烟尘提取白砷的实验研究 ［J］. 天津冶金，2013（5）：35~37.

[91] 覃用宁，黎光旺，何辉. 含砷烟尘湿法提取白砷新工艺 ［J］. 中国有色冶金，2003，32（3）：37~40.

[92] 易宇，石靖，田庆华，等. 高砷烟尘氢氧化钠—硫化钠碱性浸出脱砷 ［J］. 中国有色金属学报，2015，25（3）：806~814.

［93］寇建军，朱昌洛．硫化砷矿合理利用的湿法氧化新工艺［J］．矿产综合利用，2001（3）：26~29.

［94］王成彦，陈永强，邢鹏，等．一种从含砷烟尘中脱除砷的方法［P］．中国专利：CN105907982A，2014.

［95］易求实．弱碱性氨浸中的铁盐两段除砷方法［J］．化学与生物工程，2000，17（2）：35~36.

［96］贾荣．铜冶炼含铅废渣（料）集中处理的方案［J］．有色冶金节能，2005，22（1）：22~24.

［97］杨天足，陈霖，刘伟峰，等．一种从含砷烟尘还原挥发分离砷的方法［P］．中国专利：CN104294053A，2014.

［98］柴立元，王庆伟，李青竹，等．重金属污酸废水资源化回收装置［P］．中国专利：CN201320656399.X，2013，4.

［99］王庆伟．铅锌冶炼烟气洗涤含汞污酸生物制剂法处理新工艺研究［D］．长沙：中南大学，2011.

［100］HJ 2059—2018，铜冶炼废水治理工程技术规范［S］.2018.

［101］张全喜，张林雷．铅冶炼过程中的污酸污水处理及中水回用系统［P］．中国专利：CN201920149472.1，2019，3.

［102］李晋生．中条山冶炼厂铜转炉烟尘的综合利用［J］．有色金属（冶炼部分），1996（6）：27~28.

［103］阮胜寿，路永锁．浅议从炼铜电收尘烟灰中综合回收有价金属［J］．中国有色冶金，2003，32（6）：41~44.

［104］陈雯，沈强华，王达建，等．铜转炉烟尘选冶联合处理新工艺研究［J］．有色矿冶，2003，19（3）：45~47.

［105］Ke J J，Qiu R Y，Chen C Y．Recovery of metal values from copper smelter flue dust［J］．Hydrometallurgy，1984，12（2）：217~224.

［106］袁海滨．高砷烟尘火法提取白砷实验及热力学研究［J］．云南冶金，2011，40（6）：27~30.

［107］李伟，丘克强．锡烟尘的真空脱砷预处理［J］．广东化工，2013，40（13）：17~18.

［108］黎明．中和铁盐污染处理高砷污酸废水［J］．有色冶炼，2000，29（3）：2.

［109］柳建设，夏海波，王兆慧．硫化沉淀-混凝法处理氧化钴生产废水［J］．中南大学学报（自然科学版），2004，35（6）：942~944.

［110］李亚林，黄羽，杜冬云．利用硫化亚铁从污酸废水中回收砷［J］．化工学报，2008，59（5）：1294~1298.

［111］尚念刚，李天文，孙烈刚，等．液体硫磺与氢气合成硫化氢新工艺［J］．现代化工，2012，32（12）：90~92.

［112］张洁．烧结处理对含砷废渣中砷的环境释放行为的影响研究［D］．咸阳：西北农林科技大学，2013.

［113］杨子良，岳波，闫大海，等．含砷废物资源化产品中砷的浸出特性与环境风险分析［J］．环境科学研究，2010，23（3）：293~297.

［114］Nelson L O．BDAT Vitrification of ICPP HLW（1991）［EB/OL］．https：//www.osti.gov/biblio/5491676.

［115］胡菁菁，张惠斌，曹华珍，等．有色冶炼过程砷高温熔融固化技术研究进展［J］．冶金工程，2018，5（2）：55~61.